2017 年度全国优秀工程勘察设计行业奖获奖项目选登

中国建筑设计行业奖作品集

中国勘察设计协会建筑设计分会 编

中国建材工业出版社

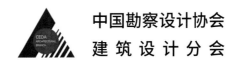

中国勘察设计协会
建筑设计分会

本书编委会

顾 问

施 设　王树平　王子牛　文 兵　徐全胜　陈 轸　周文连
刘小虎　龙 革　刘 军　丁洁民　娄 宇　陈 勇　王 军
崔景山　刘恩芳　李 霆　马立东　徐千里　曾宪川　王兰玫
周鹤龙　庄 葵

总 编

张 宇

主 编

张 力

编 辑

宋淑环　李浩田

责任编辑

孙 炎

重塑中国工匠精神

培养既有国际视野又有民族自信的建筑大师

　　"技可进乎道，艺可通乎神。"这是中国古代对"工匠精神"的定义。党的十九大报告指出，"弘扬劳模精神和工匠精神，营造劳动光荣的社会风尚和精益求精的敬业风气"，重提弘扬"工匠精神"，有着深刻内涵。一方面，我国经济进入高质量发展阶段，制造业正处在提质增效的关键时期，培育和弘扬工匠精神，不仅是传承优秀文化和价值观，更是破解转型发展难题、推动产业迈向中高端的务实举措。另一方面，从世界工业化200多年的发展历程来看，制造强国的实现路径和支撑条件各不相同，但追求卓越、严谨执着的工匠精神却是共性因素。工匠精神，作为推动现代制造业发展的灵魂，不仅对提升中国制造的核心竞争力至关重要，对推动我国建筑业高质量发展、培养一支既有国际视野又有民族自信的建筑师队伍也至关重要。

　　如何重塑当代建筑师的"工匠精神"？我觉得，可以从三个方面进行探讨。一是"学西而贯中"。既要学习西方先进的建筑理念与技术，又要将中华传统建筑文化中"天人合一、道法自然、和谐共生"等理念融入到现代建筑体系之中，形成自己的独特思考。在这方面，梁思成、刘敦桢等中国建筑界的先驱是我们的楷模。二是"青出于蓝而胜于蓝"。既要汲取先人的智慧，又要鼓励建筑师特别是青年建筑师勇于创新，洋为中用、古为今用、由此知彼、由表及里，真正将"适用、经济、绿色、美观"的新时期建筑方针贯彻到建筑设计中，打造享誉世界的"中国设计品牌"。三是"时不我待、只争朝夕"。习总书记指出，从十九大到二十大，是"两个一百年"奋斗目标的历史交汇期。当此紧要之时，必须要有时不我待的紧迫意识和实干精神，不驰于空想，不骛于虚声，攀登世界建筑创作的新高峰。

　　培育当代建筑师的"工匠精神"是一项系统工程，行业奖的评选是其中的一条重要途径。作为建筑设计行业的风向标，行业奖评审工作的意义不仅是推选获奖项目，更重要的是为我们的设计创作树立标杆，促进建筑师不断地拿出更新的创作、更优的设计，满足人民日益增长的美好生活需要。近几年，行业奖的参评作品越来越成熟，原创作品越来越多，客观上反映了中国建筑师整体创作水平有了很大的提升。2017年行业奖评审工作坚持"重塑中国建筑文化精神、突出民族民风原创"的时代宗旨，评选出了一大批优秀作品，很多都是出自中国建筑师原创，而且原创作品的比例和水平大幅提升，这是广大评委与社会各界的共识。这些成绩的取得殊为不易，凝聚了每一位建筑师的心血，值得每一位建筑师自豪。

更令人欣慰的是，地方政府、各省建设厅、省勘察设计协会对行业奖高度认可，各级政府主管领导、房地产企业、建材企业、设计软件企业、高校师生都广泛参与到优秀作品的学术交流与宣传之中。在国际上，许多国际主流建筑评选机构、媒体对我们的行业奖也十分认可，这次我们评选出的优秀作品许多都在国际上获过大奖，或者在国际知名建筑类杂志、网站刊登过。比如，青龙山国家地质公园恐龙蛋博物馆、侵华日军第七三一部队罪证陈列馆、哈尔滨大剧院等。这些都表明，行业奖评选的方向跟世界主流大奖是一致的，这既是对行业奖的肯定，也是对中国建筑师创作水平的肯定。

回望过去，我们不能忘记中华五千年的璀璨文明。我们应认真梳理和汲取中国传统建筑风格和元素，把东西方建筑文化融会贯通，在继承民族优秀传统的过程中吸收西方优秀建筑理念，在与西方建筑技艺交融对话中不断发展中国建筑文化，努力建造地域性、文化性、时代性和谐统一，富有中国特色与时代精神的现代建筑。

放眼未来，是高质量发展的新时代。建筑业发展的环境和条件正在发生深刻变化，我们既面临建筑师负责制、工程总承包、全过程工程咨询等新变革新挑战，又面临建筑业大发展大繁荣的难得机遇。只要我们能够重塑中国"工匠精神"，少些浮躁，多些纯粹，少些急功近利，多些专注持久，少些千篇一律，多些个性创新，不断提高设计和服务水平，就一定能够培养出更多既有国际视野又有民族自信的建筑大师，推动行业的高质量发展迈上新的台阶。

中国勘察设计协会建筑设计分会会长

回顾建筑评优历程，展望中国设计走向世界
——关于提升中国建筑设计奖项影响力的思考

回顾中国建筑设计历程：40 年前的 1978 年，改革开放的大门刚刚打开，现代化洪流一骑绝尘，取而代之的是规格化、标准化与同质化；40 年后的 2018 年，随着市场化的形成与转变，中国建筑设计从深圳到浦东，从浦东到北京，现在又迎来雄安时代。展望中国设计走向世界，在一切讲求品质与效率、减少成本而尽力获得为人民服务利益最大化时，离不开传承、坚守与创新。建筑设计如何服务于新时代高质量建设、如何服务"一带一路"倡议走向世界，也令建筑设计改革之思不断深化。

围绕建筑设计作品的"答卷"有如下观点：时代是出卷人，建筑师是答卷人，而公众总是阅卷人。优秀设计项目有它的"养成方式"，这里需要去寻找创作的"先锋精神"，更要对建筑文化有守望与创新。唤醒、活化，无论用什么形式，意义都在提升人的素养及设计的品质。读书读建筑，仿佛是漫步在纸与砖的交响中，总能感受到心灵的慰藉：思想无形，而文字有形；经验无形，而建筑有形；时间无形，而泛黄的书页和变旧的砖木有形。正可谓，在研讨中国建筑评奖事项中，若思想不"深"，遑论设计之"远"。

一、中国建筑设计评优的发展历程

认识中国建筑设计评优的历程，必须回望全国科学大会从筹备到召开的那九个月时光。全国科学大会从 1977 年 5 月开始酝酿，随之进行了声势浩大的宣传，召开了一系列筹备会议及两次科学规划会议，邓小平召集的科学与教育工作座谈会也与此相关。1978 年 3 月 18 日—31 日，全国科学大会在北京召开。在会上，邓小平提出"科学技术是生产力"的论断，为中国制定科教兴国与人才强国战略奠定了基础，被誉为"科学的春天"。重要的是，大会颁发了全国优秀科研成果奖 7675 项，1978 年，北京市属设计单位获奖项 21 项，中央在北京建筑设计单位获该奖 27 项，其意义是标志着中国建筑设计界进入了优秀的设计研究奖励"元年"，这归功于中国改革之初的开放力量。

1986 年，据国家计委颁发的《优秀工程设计评选办法》，北京市在 1986 年度评选中，

增加勘察、规划与标准规范项目，1991年又增加了优秀住宅设计评选、优秀专业设计评选、优秀计算机软件评选等。

过去的四十年，激荡而伟大。1978年，中国怀着"摸着石头过河"的心态，掀起了一场伟大革命。建筑设计界与国家一样，完成了从思维、经济的贫瘠到富强，从禁锢到自由勃发，从陷入低迷到奇迹重生的阶段。中国建筑设计作为中国对外开放与合作的"桥头堡"与"试验田"，成就与问题都有其先锋性。设计评优是新中国设计改革史的一部分，它又可印证伟大的建筑是何以崛起的。

二、"新八字"建筑方针与《河北雄安新区规划纲要》的启示

1. 我国建筑方针演变与八字"建筑方针"的要点

邹德侬教授在《中国现代建筑二十讲》中通过分析"歌颂人民胜利的民族形式"间接地用史实讲出了新建筑方针的历程。1952年中央在提出过渡时期总路线的同时，即编制第一个五年计划（1953—1957年），重点是由苏联帮助设计156个建设项目。苏联建筑理论最响亮的两个口号是"社会主义内容、民族形式"和"社会主义现实主义的创作方法"，它们本是苏联文学艺术中的两个口号，但由于苏联的文艺传统，建筑列入艺术门类，因此建筑也执行这个口号。1954年9月15日—28日，第一届全国人代会第一次会议上，周总理在《政府工作报告》中批评了太原热电建设工程中的惊人浪费现象，足见浪费事态之严重。1955年2月4日—24日，建工部召开设计施工会议，在全国范围内对全苏联建筑工作者会议予以反应。会议批判了"设计工作中的资产阶级形式主义和复古主义倾向"，点名批评了梁思成。建工部的报告中说"要注意到脱离建筑物的适用和经济原则，只注意或过多地追求外形美观和豪华装饰的倾向"。全国反浪费活动旨在降低造价，1955年5月，党中央特别要求降低非生产性建筑标准，在1954年已削减的基础上，民用建筑再减30%～77%，这是一个何等危险的异乎寻常的幅度，致使

不少项目简陋而无法使用，超过了节约的底线。在此之后，建筑界正式形成了一个"建筑设计方针"，即"适用、经济、在可能的条件下注意美观"。早在 1952 年 8 月 20 日，建工部在第一次全国建筑工程会议后的报告上说："设计的方针必须注意适用、安全经济的原则，在国家经济条件许可下，适当照顾建筑外形的美观，克服单纯形式美观的错误。" 1955 年 2 月，建工部党组向中央的报告中说"建筑设计方针是适用、经济、在可能条件下注意美观"。

2016 年 2 月 6 日党中央提出的"适用、经济、绿色、美观"八字新建筑方针，不是什么新词，但内涵是崭新和科学理性的，对此马国馨院士在《建筑师的自白》中对此有极到位的表述："我认为对于建筑：第一要看使用起来好不好；第二要看花钱多不多，是不是符合我们国情；但第三要看上去大多数国人是不是喜欢。我觉得这是几条很朴素但最基本的标准。"

如果中国建筑师要从新"八字"方针中悟到文化自信真谛，建筑设计就不可违背建筑本质，建筑设计不可放弃与城市文化相协调的建筑美学思想；更不能弃公共公众审美于不顾、而一味追求标新立异的作品。从理论上讲，在建筑界要克服"以洋为尊""以洋为美""唯洋是从"，凡设计新作品并跟在洋人后面亦步亦趋，热衷于在城市建设中"去历史化""去中国化""去主流化"等这些沸沸扬扬、光怪陆离、无奇不有的现象，是有理论基础的。

可悲的是，不少大型项目戏弄中国建筑师智商的"以洋为美"的思潮与做法是某些城市管理者所为。客观地看，"唯洋是从"是"以洋为尊""以洋为美"的逻辑结果，它们之所以在中国兴盛，有其历史合理性，如中国改革之初必须学习西方，源于我们工业文明不发达，源于中国建筑界、城市界的视野落后于世界。

当下，中国城市建筑乃至文化界已开始洞察各种文明，并且分析其长处和短处，所以要摒弃"唯洋是从"之痼疾，对"洋人"设计要同样经受严格审视，不可简单地顶礼膜拜。

此外，中国建筑界崇尚大师，但殊少研究其成功之径。近来媒体热议的"工匠精神"确有实实在在的可借鉴之处，无论从有 600 年历史的故宫博物院古建筑群设计世家样式雷，到北京上世纪五十年代"十大建筑"之首的人民大会堂的建筑师张镈；从做第十一届北京亚运会奥林匹克公园总体设计的马国馨院士，到 2008 年北京奥运会的一批标志性建筑的设计者，都在中国建筑史上留下了集科技、文化、艺术为一身的"工匠献身精神"；它是一种追求完美的精益求精的精神；它更是一种符合规律的实践真善美的创新精神。"工匠精神"对建筑师审美的助力是一个建筑师不能只满足于知识发挥自我的个性、灵性、想象力，还必须练就扎扎实实的功力。

2.《河北雄安新区规划纲要》引领高质量的城市建设模式

其一，中国建筑设计要汲取正确的美学观。

《纲要》第三章系塑造新时代城市风貌主题，其内容在为雄安城打造设计方向与规划时，也从总体设计、城市风貌特色、历史文化保护三个方面对全国的城市建筑设计有启迪与引导作用。在建筑美学风格上，进一步解读了国家"适用、经济、绿色、美观"的新建筑方针，如强调"坚持中西合璧、以中为主、古今交融、弘扬中华优秀特色文化，保留中华文化基因，彰显地域与文化特色"。在雄安新区建筑规划设计集中展现中国建筑艺术精髓中，《纲要》明确限定：严格控制建筑高度，不能到处是水泥森林与玻璃幕墙；雄安遵循平原建城、尊重自然规律、建筑体现鲜明的"中国范儿"；雄安建筑的美学既有古典神韵又有现代气息，融于自然、端庄大方，不搞奇奇怪怪的建筑。

纵览中外不同格调的优秀建筑作品，其美学与艺术都如诗意一般：从可以让人在循环木材怀抱中入睡的酒店，到体贴入微的幼儿园、住宅及趣味性十足的"重茧"机场及办公楼，乃至用土木再释中华文化的佛教与山居建筑等，都可真切感受到当代社会文明与先进工业文明创造出的美的感受。应当告诉今天及未来的建筑师，竖立正确的建筑美学观，重在克服建筑创作中的盲目性，树立一个职业建筑师应遵循的创作原则。从此种意义上讲，《纲要》已为中国建筑设计提供了"度量衡"。为此要杜绝某些设计形象先行、功能后装，力争出奇制胜、只求漂亮一时、不计后果的作法；要反对某些创作过分穿凿附会的人造主题，造成牵强低俗、弄巧成拙的后果；尽管从建筑美学上不反对仿生学意义的启发，但也不必让当今的建筑去承载它本不应也不必负担的东西。只有这样，才有希望实现真正的文化传承与创新。

其二，中国建筑设计要从传统生态文化汲取营养。

《纲要》除第四章"打造优美自然生态环境"与第八章"建设绿色智慧新城"外，还有多处渗透着生态环保绿色的设计观。生态保护与城市建设不是"零和博弈"，执迷于旧有开发模式、以牺牲环境为代价取一时经济发展的作法，从古至今都无法走上人与自然和谐共生之路。无论是人与生态，还是绿色为形，《纲要》都强调尊重自然、传承文化、优化发展并统筹生产、生活、生态三大空间，高起点布局和高水平建设绿色之城。在中国五千年历史长河中，独树一帜的当属生态文明与智慧的宝藏，结合时代创新是建筑师、规划师应树立的生态观。

"道法自然"系朴素深刻的世界观，核心议题是人与自然的关系。老子《道德经》是这种观点的典型代表，老子认为，无论是山河大地、日月星辰乃至飞鸟走兽，都要按照"道"的节奏完美运转，这个"道"既是万物之母、万物之始，也是万物之源，天、地、人等宇宙万物在"道"中实现着生态自然的和谐统一。他强调人与生态自然万物同生共运，强调天、地、人之间的自然生态平衡。

"天人合一"的思想影响千载世界的整体观。中国古代哲人沿着"道法自然"的观察与实践，又从中悟到"天人合一"的价值，"天人合一"强调人与自然界存在的统一性，人依自然界而生，要与自然界遵循同样的运行法则。恰如《庄子》说"天地著，万物之父母也……有人，天也；也天，亦天也！"这就是说人对自然要依赖，此乃人类本身赖以生存和发展的前提。从另外意义上讲"天人合一"，也是古今中外都需要的悲悯观与敬畏观，中共十九大报告中说，人与自然是生命共同体，意在指出人类工业化、城市化深度开发自然的同时，也在一定程度上与自然形成对立，"生态赤字"危机已经比比皆是，建筑师、规划师要利用闪耀古今的"慈俭让"的方法，做造福城市的设计。

"天无弃物"是心向光明的人生观。认为道家文化崇尚无为、与世无争属消极的学问，这是对华夏文化的误解。事实上道家的深意是：无为是并不乱为、有所为有所不为，遵从自然的规律又并非让人们回到原始生活状态，要积极面对人生人世间。如老人告诫人们：善于行走的，不会留下辙迹；善于言谈的，不会发生病疾；善于计数的，不必用竹码子，要善于学会物尽其用，所以世间就没有被废弃之物品。这正是生态保护与利用需要的"天无弃物，人无弃人"的积极理念，对于今天与未来的生态建设是有文化价值的。在今日令人头疼的城市生活垃圾、建筑垃圾、工业垃圾，在垃圾自然化利用者眼中，是极有价值的财富，是"济世利人"物尽其用的伟大生态循环工程设计。

三、拓展中国建筑设计奖项影响力的思考

如果说一个全社会尊重建筑师及其创作思想的氛围尚未建立，如果说设计行业还要从改革中获得再出发的动力，那么请相信，时间是位伟大的书写者，它不仅将曾经的辉煌留给历史，也将带来明天无限的希望。要承认中国建筑设计尚不是"王牌"，也尚未形成"品牌"，但具备"以改革开放生、以改革开放兴"的底蕴与豪气，中国建筑设计的国际化影响力奖项更是可以实现的目标。为此，不仅行业要赋能其重点领域，还要大胆设立"升级"的建筑师人才发展政策，具体建言：

1.建筑师创优素质的培养要植根中国文化

好设计必定是与深入的学术研究、调研分析为前提的。建筑师的社会责任要求其创作立意不可以自己的好恶为中心，要勾连起时代、社会、文化的立意，尤其要以真正惠及公众为目标，不仅要让人感受到作品的温度，更要有设计为民的初衷。我理解建筑创作需要考量，一是建筑师的系统性学习够不够，二是原创或创新的根基稳不稳。要深入省思一系列创优的要点，即：以术为基，追求在学习中提升；以史为鉴，懂得在传承中汲取；以博识为辅，在感悟联想中进步；以思辨为径，在创作中寻求发展。事实上，一个优秀建筑师要全面做到这些很困难，还是

要有修炼，为此要在建筑技术根基下自觉培养自己的人文素养。这里强调"知与行"的统一，强调在市场竞争激烈的浮华纷繁社会中培育自己职业操守。用文史哲的人文思想，做到文化为开拓视野之眼；历史为认识古今中外脉络之基石；哲思为处理好天地人生、时空广域关系的魂魄。只有这样，才可培养建筑师一种文化脉络的可持续性，一种设计文明精神的有效传播力。

2. 获奖项目作品集的出版是重要的宣传环节

学术界有句俗话"不出版便出局"，大致意思是说研究成果只有发表在同行评议的学刊或著作上，才可得到认同，否则便无人知晓。如今，业内外人士获取信息渠道多元，设计作品获奖的发布不应成为终点，而应是传播的起点。175 年以来，施普林格·自然集团出版了涵盖自然科学、工程技术、人文等诸多学科的期刊，乃至种类丰富的学术著作，推动各类研究成果得到更广泛的传播、分享和使用。2016 年，施普林格·自然集团便推出一项内容免费的分享服务"Sharedlt（易分享）"，涵盖旗下及千种合作期刊，影响力很广泛。中国勘察设计协会建筑设计分会所评全国建筑设计行业奖在 2011 年以后也推出获奖作品集，但无论是在传播广域上、传播效能上都有差距。希望协会不断提升作品集的编辑品质，丰富宣传渠道，进一步提升这个全国性大奖的影响力。

3. 获奖项目的全国巡讲巡展是提升行业奖品牌的重要途径

自 2012 年中设协建筑设计分会在成都召开建筑设计行业奖巡讲巡展以来，在社会各届领导的支持下，获奖院士、大师及主创建筑师、工程师纷纷登台演讲，分享他们的获奖作品及创作思想，参会的建筑师、工程师越来越多，取得了很好的宣传效果。

行业奖的巡讲巡展成为了协会一个品牌活动，得到了地方政府、省建设厅、省勘察设计协会的认可与支持。2017 年 12 月，中设协在福建省政府支持下组织的"创新创优大会及优秀建筑设计作品展示交流会"，请省里的领导、协会的领导、院士、大师颁奖，多位院士、大师登台演讲，对获得建筑工程一等奖的 95 个奖项进行展览，并举办了庄重的展览开幕式，参会代表达 1200 多人，盛况空前，是中国建筑设计行业奖宣传史上的一个里程碑。除了广大建筑师积极参与外，各级政府主管领导、房地产商、建材企业、设计软件企业、高校师生都在广泛参与。

2017 年行业奖作品除整体水平较往届有大幅提升外，还有一个重要特点，获奖作品中有部分在国际上获过大奖，或者在国际知名建筑类杂志、网站刊登过：比如青龙山国家地质公园恐龙蛋博物馆、侵华日军第七三一部队罪证陈列馆、哈尔滨大剧院等，这表明行业奖的评奖方向跟世界主流大奖是趋同的，这是对中国建筑师的肯定。

随着"一带一路"倡议的逐步推进，一些国际重大项目也出自中国设计师之手，我们期望中国设计走向世界，中国建筑师走向世界。

张　宇

评审
专家

张宇

全国工程勘察设计大师

评选组：主任委员
专　　业：建筑设计
职　　称：教授级高级建筑师
单　　位：北京市建筑设计研究院有限公司

沈 迪

全国工程勘察设计大师

评选组：副主任委员、组长
专　　业：建筑设计
职　　称：教授级高级建筑师
单　　位：上海现代建筑设计（集团）
　　　　　有限公司

赵元超

全国工程勘察设计大师

评选组：副主任委员、副组长
专　　业：建筑设计
职　　称：教授级高级建筑师
单　　位：中国建筑西北设计研究
　　　　　院有限公司

梅洪元

全国工程勘察设计大师

评选组：副主任委员、组长
专　　业：建筑设计
职　　称：教授级高级建筑师
单　　位：哈尔滨工业大学建筑设计
　　　　　研究院

丁洁民

全国工程勘察设计大师

评选组：副主任委员、组长
专　　业：结构设计
职　　称：教授级高级工程师
单　　位：同济大学建筑设计研究院（集团）
　　　　　有限公司

娄 宇

全国工程勘察设计大师

评选组：副主任委员、组长
专　　业：结构设计
职　　称：教授级高级工程师
单　　位：中国电子工程设计院

汪 恒

评选组：副主任委员、组长
专　　业：建筑设计
职　　称：教授级高级建筑师
单　　位：中国建筑设计院有限公司

庄惟敏

全国工程勘察设计大师

评选组：组长
专　业：建筑设计
职　称：教授级高级建筑师
单　位：清华大学建筑设计研究院
　　　　有限公司

倪 阳

全国工程勘察设计大师

评选组：组长
专　业：建筑设计
职　称：教授级高级建筑师
单　位：华南理工大学建筑设计
　　　　研究院

杨 瑛

全国工程勘察设计大师

评选组：组长
专　业：建筑设计
职　称：教授级高级建筑师
单　位：湖南省建筑设计院

孙宗列

评选组：组长
专　业：建筑设计
职　称：研究员级高级建筑师
单　位：中国中元国际工程有限
　　　　公司

郭卫兵

评选组：组长
专　业：建筑设计
职　称：正高级建筑师
单　位：河北建筑设计研究院
　　　　有限责任公司

钱 方

评选组：组长
专　业：建筑设计
职　称：教授级高级建筑师
单　位：中国建筑西南设计研究院
　　　　有限公司

范 重

全国工程勘察设计大师

评选组：副组长
专　业：结构设计
职　称：教授级高级工程师
单　位：中国建筑设计院有限公司

陈 雄

全国工程勘察设计大师

评选组：副组长
专　业：建筑设计
职　称：教授级高级建筑师
单　位：广东省建筑设计研究院

曹跃进

评选组：副组长
专　业：建筑设计
职　称：教授级高级建筑师
单　位：浙江省建筑设计研究院

傅绍辉

评选组：副组长
专　业：建筑设计
职　称：教授级高级建筑师
单　位：中国航空规划设计研究
　　　　总院有限公司

桂学文

评选组：副组长
专　业：建筑设计
职　称：正高职高级建筑师
单　位：中南建筑设计院股份
　　　　有限公司

陈国亮

评选组：副组长
专　业：建筑设计
职　称：教授级高级工程师
单　位：上海建筑设计研究院有限
　　　　公司

屈培青

评选组：副组长
专　业：建筑设计
职　称：教授级高级建筑师
单　位：中国建筑西北设计研究院
　　　　有限公司

徐　锋

评选组：副组长
专　业：建筑设计
职　称：教授级高级建筑师
单　位：云南省设计院集团

陈众励

评选组：副组长
专　业：电气设计
职　称：教授级高级工程师
单　位：上海建筑设计研究院有限
　　　　公司

王立军

全国工程勘察设计大师

评选组：组员
专　业：结构设计
职　称：教授级高级工程师
单　位：中冶京诚工程技术有限公司

冯远

全国工程勘察设计大师

评选组：组员
专　业：结构设计
职　称：教授级高级工程师
单　位：中国建筑西南设计研究院
　　　　有限公司

高　松

评选组：组员
专　业：建筑设计
职　称：正高职高级建筑师
单　位：安徽省建筑设计研究院
　　　　有限责任公司

董　明

评选组：组员
专　业：建筑设计
职　称：教授级高级建筑师
单　位：贵州省建筑设计研究院

李　纯

评选组：组员
专　业：建筑设计
职　称：教授级高级工程师
单　位：四川省建筑设计院

申作伟

评选组：组员
专　业：建筑设计
职　称：工程技术应用研究员
单　位：山东大卫建筑设计有限
　　　　公司

冯高磊

评选组：组员
专　业：建筑设计
职　称：成绩优异的高级工程师
单　位：山西省建筑设计研究院

韩冬青

评选组：组员
专　业：建筑设计
职　称：教授级高级建筑师
单　位：东南大学建筑设计研究院
　　　　有限公司

徐千里

评选组：组员
专　业：建筑设计
职　称：教授级高级建筑师
单　位：重庆市设计院

肖伟

评选组：组员
专　业：建筑设计
单　位：中信建筑设计研究总院
　　　　有限公司

薛绍睿

评选组：组员
专　业：建筑设计
职　称：高级建筑师
单　位：新疆维吾尔自治区建
　　　　筑设计研究院

朱铁麟

评选组：组员
专　业：建筑设计
职　称：正高级建筑师
单　位：天津市建筑设计院

马震聪

评选组：组员
专　业：建筑设计
职　称：教授级高级建筑师
单　位：广州市设计院

侯朝晖

评选组：组员
专　业：建筑设计
职　称：研究员级高级建筑师
单　位：山东省建筑设计研究院

评审
专家

蓝　健

评选组：组员
专　业：建筑设计
职　称：研究员级高级建筑师
单　位：南京市建筑设计研究院
　　　　有限责任公司

冯志涛

评选组：组员
专　业：建筑设计
职　称：教授级高级建筑师
单　位：甘肃省建筑设计研究院

王洪礼

评选组：组员
专　业：建筑设计
职　称：教授级高级建筑师
单　位：中国建筑东北设计研究院
　　　　有限公司

杨欣刚

评选组：组员
专　业：建筑设计
职　称：教授级高级建筑师
单　位：辽宁省建筑设计研究院

陆晓明

评选组：组员
专　业：建筑设计
职　称：正高职高级建筑师
单　位：中信建筑设计研究总院有限
　　　　公司

张鹏举

评选组：组员
专　业：建筑设计
职　称：教授级高级建筑师
单　位：内蒙古工大建筑设计有限
　　　　责任公司

王振军

评选组：组员
专　业：建筑设计
职　称：总建筑师
单　位：中国电子工程设计院

张伶伶

评选组：组员
专　业：建筑设计
职　称：教授级高级建筑师
单　位：沈阳建筑大学建筑与规划
　　　　学院

庞　波

评选组：组员
专　业：建筑设计
职　称：教授级高级建筑师
单　位：华蓝设计（集团）有限
　　　　公司

雷世杰

评选组：组员
专　业：给排水
职　称：教授级高级工程师
单　位：香港华艺设计顾问（深圳）
　　　　有限公司

程波文

评选组：组员
专　业：建筑设计
职　称：研究员级高级建筑师
单　位：吉林省建苑设计集团有限
　　　　公司

陶云飞

评选组：组员
专　业：建筑电气
职　称：副总工程师
单　位：深圳华森建筑与工程
　　　　设计顾问有限公司

黎小清

评选组：组员
专　业：建筑设计
职　称：教授级高级建筑师
单　位：江西省建筑设计研究总院

荆　涛

评选组：组员
专　业：建筑设计
职　称：研究员级高级建筑师
单　位：黑龙江省建筑设计研究院

杨　武

评选组：组员
专　业：建筑设计
职　称：教授级高级建筑师
单　位：河南省建筑设计研究院有
　　　　限公司

胡东祥

评选组：组员
专　业：建筑设计
职　称：高级建筑师
单　位：青海省建筑勘察设计研究院
　　　　有限公司

张洛先

评选组：组员
专　业：建筑设计
职　称：教授级高级建筑师
单　位：同济大学建筑设计研究院
　　　　（集团）有限公司

李铽

评选组：组员
专　业：建筑设计
职　称：正高职高级建筑师
单　位：中南建筑设计院股份
　　　　有限公司

尹冰

评选组：组员
专　业：建筑设计
职　称：总建筑师
单　位：宁夏建筑设计研究院有限
　　　　公司

惠群

评选组：组员
专　业：给排水、暖通
职　称：副总工程师
单　位：吉林省建苑设计集团有限
　　　　公司

李俊民

评选组：组员
专　业：电气设计
职　称：教授级高级建筑师
单　位：中国建筑设计院有限公司

乐慈

评选组：组员
专　业：结构设计
职　称：正高级工程师
单　位：天津市建筑设计院

焦舰

评选组：组员
专　业：建筑设计
职　称：教授级高级建筑师
单　位：北京市建筑设计研究院有
　　　　限公司

黄春风

评选组：组员
专　业：建筑设计
职　称：教授级高级建筑师
单　位：福建省建筑设计研究院

徐延峰

评选组：组员
专　业：建筑设计
职　称：研究员级高级建筑师
单　位：江苏省建筑设计研究院有限
　　　　公司

马伟竣

评选组：组员
专　业：暖通设计
职　称：教授级高级工程师
单　位：华东建筑集团股份有限
　　　　公司

公建类

住宅类

结构类

绿建类

公｜建｜类

2011 西安世界园艺博览会天人长安塔

设计单位：中国建筑西北设计研究院有限公司
建设地点：西安市浐灞生态区世界园艺博览会园区内
建筑面积：14095m²
基地面积：3950m²
设计时间：2009-12
竣工时间：2011-03

设计团队：

张锦秋

徐嵘

万 宁　　贾俊明　　董凯利　　赵凤霞　　殷元生
薛 洁　　杜 乐　　曹逸明

设计说明

　　天人长安塔的设计构思源于此次西安园艺博览会主题"天人长安·创意自然——城市与自然和谐共生"。该建筑作为四大主体建筑之一，既需要体现我国数千年来"天人合一"的宇宙观，又需要明显突出长安的地域特色，因此它应当能够通过"塔"这一概念充分地反映出中国建筑文化的内涵，又彰显出时尚现代的都市风貌。

　　天人长安塔位于全园主轴端景位置，坐落于人工土山"小钟南"之上。长安塔总高 95 米，共有 13 层，是 2011 年西安世界园艺博览会的标志，也是园区的观景塔。

　　长安塔按照一层挑檐上面有一层平座的做法，逐层收分，这样设计符合古塔塔身收分的韵律。内部分别形成七明、六暗的层次。挑檐尺寸较大，体现唐代木结构建筑出檐深远的造型特色，具有隋唐时期方形古塔神韵。

　　设计采用了传统建筑的革新方式，选用钢结构外框内筒结构形式。平座栏杆内侧是圆形的金属檐柱，檐柱之间在柱顶的高度上通过同样简洁的金属梁连接，金属梁之上的檐柱截面变为正方形，这样处理是对传统建筑柱头和栌斗的高度概括。柱头与檐下之间层层出挑的金属构件相互搭接组合，是中国传统木结构建筑檐下构件系统的溯源和回归，比传统的斗拱系统更古朴，造型却由于更真实地反映结构的力学特性而显得更具有现代性。屋顶、挑檐采用体现时代感的超白玻璃，明层玻璃幕墙采用中空安全玻璃；外露结构构件和檐下创新构件均采用沙光不锈钢色金属构件。这样的处理方式使天人长安塔成为闪亮、透明的"水晶塔"，为整个世博园区增添了无限风韵。

　　挑檐玻璃下设遮阳百叶，所有百叶与屋面"瓦"的走向相同，遮阳百叶在透明的玻璃挑檐下面形成一个半透明的层次，给挑檐的透明玻璃与钢结构梁强烈

总平面图
N

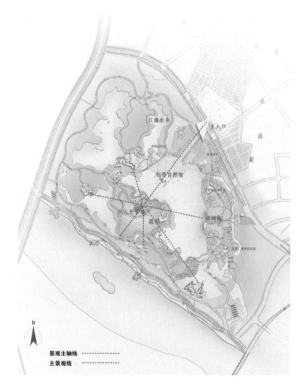
景观主轴线
主景观线
N

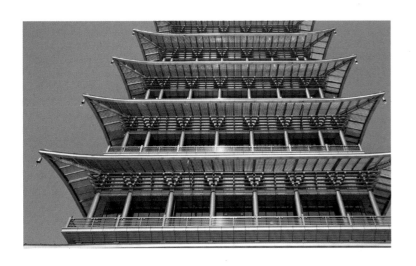

的质感对比，增加了一个细腻的中间层次，使气势恢宏、雄浑大气的唐风建筑多了些许柔和、娟秀。顶层屋面为钢框架结构梁之上安装了中空夹层玻璃，玻璃之下结构梁间的铝合金百叶可电动调角度，冬天遮阳百叶全部打开，使阳光透过玻璃照进室内，在顶层形成温暖的阳光房。夏季遮阳百叶全部关闭，攒尖顶部的天窗打开，利用热空气上升产生的"烟囱效应"，在建筑室内形成自然气流，有效地降低建筑室内温度。　主体以钢结构为主，绝大部分构件工厂化加工，现场拼装，施工文明快捷，现场湿法施工大量减少，施工现场噪音小，散装物料减少，废物及废水排放很少，施工环境好，钢结构可循环利用，墙体为轻质填充墙，减轻了结构自重，增加了建筑物的使用面积和使用价值，减轻了对不可再生资源的破坏，完全符合绿色环保的社会发展趋势。体现了环境友好、可持续发展的科学发展观思想，同时与本届世园会天人长安·创意自然之理念相吻合。

本工程空调用冷、热媒由地源热泵机组提供，结合项目具体地形状况，利用天人长安塔旁边的湖底及周围大面积的绿地铺设地埋管，不影响园内景观。

长安塔室内设计把七个明层的塔心筒墙面视作一幅巨画，用油画的手法绘出一组菩提树林。大型油画从一至七层分为七段，表现主题从菩提林的树根到树梢逐层渐变。菩提树象征着圣洁、和平、永恒。这是园中塔、塔中树的生动畅想。行走在这样的观光塔中，无论塔外四时作何变化，都能感受到蓬蓬勃勃、郁郁葱葱、万古长青、绿色永恒的意境。

博建中心（重庆房子）

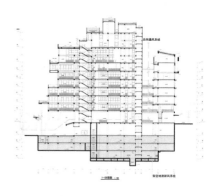

设计单位：重庆博建建筑规划设计有限公司
建设地点：重庆
建筑面积：20000m²
设计日期：2010-03/2010-08
竣工日期：2014-05

设计团队：

陈航毅　　　　　　贾　静

王　敏　　周　莲　　陈国姣　　屈纪贵　　周　霖
刘　华　　邓志刚　　夏继东　　刘　轶　　黄　盛
闫兴旺

一、设计理念：山坡上的重庆房子

以吊脚楼、步道、退台、院落、下沉庭院等山城地域建筑元素为意向，采用现代建筑词汇，结合地域文化，被动绿色技术营造，创造富有识别性和地域感的当代体验性办公建筑。同时，这也是一个文创综合体，已经入驻优秀创意企业二十余家，它将唤醒属于重庆人熟悉的生活方式和集体记忆，创造一个重庆新地标。

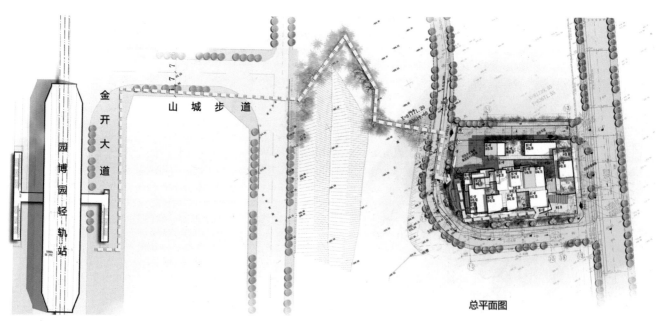

总平面图

二、技术难点

1.利用坡地特征，创造出不同的标高、大小、形态的院落和场所空间。

2.通过主附楼的配置和底层架空，最大限度地组织建筑自然通风环境。

3.以顶部体量堆积感、多层手法和下部高层简约绿色外墙，使建筑简约，而富有变化。

三、技术创新

1.低成本的被动绿色技术：整个建筑符合重庆市绿色建筑二星标准，目前已授牌金级绿色建筑竣工标识证书，二星级绿色建筑设计标识证书。

2.大楼主体采用一次性清水混凝土模板技术，内外一体；公区整体为金刚沙地面，与清水混凝土相得益彰。

3.大楼入口采用大桃檐定制锈钢板雨棚，突出昭示性；顶部小体量外墙采用定制干挂花岗岩，突出工匠感。

西正立面傍晚

主入口

山城步道

呼吸式外墙

平台庭院环境

中庭艺术空间

办公室内景

办公室内景

一层架空空间

成都大慈寺文化商业综合体（成都远洋太古里）

设计单位：中国建筑西南设计研究院有限公司
合作单位：The Oval partnership（HK）欧华尔（香港）
　　　　　Make Architects 建筑事务所（英国）
建设地点：四川省成都市春熙路商业区，环抱大慈寺
建筑面积：24.61 万 ㎡
设计时间：2012-02/2014-03
竣工时间：2014-03

设计团队：

李峰　　　　饶雪松　　　　佘龙

张纪海　冯远　迟春　朱彬　张敏　李波　杨槐
路越　王周　杨明　熊志伟　李铭

一、设计理念

　　融合成都历史文化遗产与创意时尚都市生活，复兴片区城市活力。以"都市更新"为理念，用现代语言演绎传统空间，将成都的文化精神注入建筑群落之中，建立一个多元化的可持续发展的街区型商业综合体。

二、规划结构

每个城市都有属于自己的记忆，虽然保护区部分因为历史的原因已经消失，但历史烟云中的无数记忆却依然对规划有着积极的启发。规划无意重建历史的物质形态，只是希望重构历史记忆的精华，将历史地段的风貌衔接到现代城市的总体结构和发展之中。

三、技术难点

1. 如何在历史保护区修建现代商业综合体项目。

2. 解决国际一流标准要求的超大型城市商业综合体涉及的复杂技术问题。

3. 作为主体设计单位总体协调融合境内外顾问公司、材料厂家、施工单位及业主。

4. 绿色建筑和可持续发展设计。

四、综合效益

城市空间新陈代谢是社会发展的必然规律。当历史原因使场境不再时，本项目从场域元素的视角重构场境，或许为未来历史文化保护区的更新提供了一种可能。

第十三届全国冬季运动会冰上运动中心

设计单位：哈尔滨工业大学建筑设计研究院

建设地点：乌鲁木齐

建筑面积：78000m²

设计日期：2012-03/2014-04

竣工日期：2014-12

设计团队：

梅洪元　　　　　　初　晓

魏治平	陆诗亮	张玉影	费　腾	彭　颖
戴大志	刘海峰	冷润海	卢艳秋	史建雷
王洪国	赵　建	王少鹏

设计理念

　　本工程是目前我国最大规模的冰上运动建筑综合体，由速滑馆、冰球馆、冰壶馆及媒体中心、运动员公寓等功能组成。设计从新疆自然环境与历史文脉入手，以天山雪莲与丝绸之路为创作主题，将体育建筑与自然景观有机融合，塑造了鲜明的当代体育建筑地域特色，营造了丝路花谷的建筑群体意向。设计中采用围合式的建筑布局抵御冷风侵袭，利用离效导风的流线型屋盖形态减少屋面雪荷，优化建筑形体实现节能消耗。功能布局与交通流线充分考虑建筑之间的便利联系以及赛事的合理组织，全面提供灵活的赛时及赛后空间环境，创造多样化的活动空间。在建筑、结构、设备、材料等方面充分应用四新技术，致力于实现本项目的绿色建筑目标。

经济技术指标

用地性质			体育用地	
总用地面积		300600 ㎡	地上总建筑面积	72548.55 ㎡
总建筑面积		78334.45 ㎡	地下总建筑面积	5785.90 ㎡
其中	速度滑冰馆	28288.7 ㎡	地上建筑面积	26765.17 ㎡
			地下建筑面积	1523.56 ㎡
	冰球馆	17217.6 ㎡	地上建筑面积	16216.36 ㎡
			地下建筑面积	1001.24 ㎡
	冰壶馆	7555.12 ㎡	地上建筑面积	7093.02 ㎡
			地下建筑面积	462.10 ㎡
	餐厅宿舍		18545 ㎡	
	媒体中心及组委会		3929 ㎡	
	附属用房		2799 ㎡	
建筑基底总面积			43022.80 ㎡	
容积率			0.24%	
建筑密度			14.31%	
绿地率			49.74%	
汽车停车泊位数			372 辆	

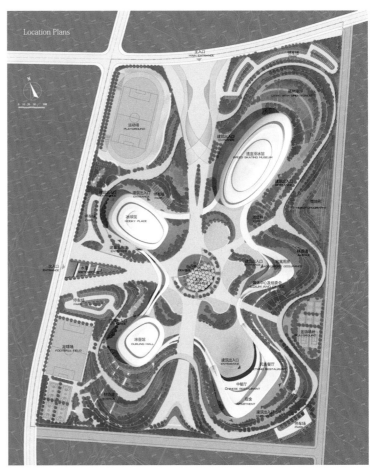

Location Plans

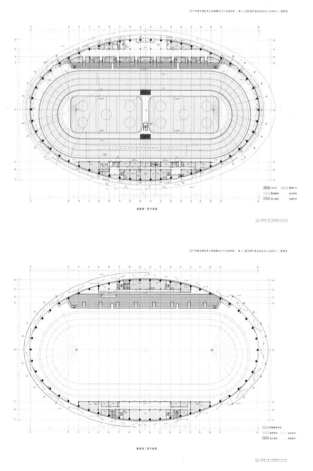

滇海古渡大码头

设计单位：同济大学建筑设计研究院（集团）有限公司
建设地点：昆明晋宁县晋城镇新街片区三合村委会
建筑面积：5641.94m²
设计时间：2012
竣工时间：2016-03

设计团队：

任力之

董建宁　宋黎欣　虞终军　刘　魁　鄢兴祥
顾　勇　沈雪峰　季汪艇　秦立为　孙　峰
俞亮鑫　张　深

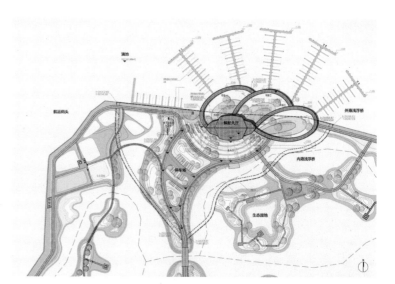

一、项目概况

滇海古渡大码头北邻滇池，其余三面被生态湿地公园环绕。建筑主体南侧布置广场，方便游人由此进入码头的主入口。北面环廊连接码头主体和登船浮桥。

滇海古渡大码头由候船大厅和码头环廊两部分组成。候船大厅为单层双坡屋面建筑，中间进深大，两端进深浅的梭形平面隐含着对古滇"渔"文化的继承。

候船大厅北侧与其相连的三条弧形码头环廊为单斜屋面，环廊连接候船大厅和浮动式栈桥，为即将登船的游客提供等候场所，同时也作为环湖道路的观景廊。弧度饱满的外形放大了视野角度，创造出开阔的观景休闲平台，将滇池美景尽收眼底。

与传统的地域建筑相比，整体建筑以五百里滇池为底景，更像一个植入环境的巨大的艺术装置，其营造意义也是多维度的：场所特质的塑造与意向表达、材料建构与文化传承、码头与休闲功能的结合、景观系统的关联与重塑等等。

二、总体意向

总体设计以"云南印象——彩云之南"为创作原点，利用环廊勾勒出"滇海浮云"的总体形态意向。

以"根植于环境，融合于自然"为创作理念，将自然界的生长逻辑——"斐波那契数列"作为平面弧线生成的内在数理关系。

三、建构表达

作为昆明古滇文化旅游名城内一处颇有意义的文化地标，大码头主体建筑设计对传统古滇长脊短檐的建筑语言进行了提炼概括，利用拱券式的结构屋架整体搭接而成，在内部形成完整开阔的拱形大厅，在外部挑檐形成连续的灰空间。整体结构外包仿木铝板，诠释了地域文化语境下木构建筑的建构特征。

设计强调了建构理念：结构构造完成的同时，空间与造型表现随即完成。每一榀结构屋架形成了完整的拱形空间，在外部挑檐形成连续的灰空间。横向檩条与屋架纵横搭接完成屋顶结构，同时塑造出"长脊短檐"的古滇传统建筑意向。

四、材料运用

码头环廊作为滇海游客游憩登船寄情山水的场所空间，建筑的饰面材料大量采用了竹材，竹材作为一种具有本土特色自然生长的材料在感知上也更加怡人。

环廊立柱应用了原竹大幅面弯曲和无缝拼接技术，呈现出"多重V形"的独特造型，原竹立柱在环廊居中，使长达500m的环廊两侧没有任何遮挡，创造出震撼的视觉效果。

吊顶的原竹经弯曲处理配合顶面芦苇席的应用，与湖光山色相映成趣，营构出融情融境融景的人与建筑、建筑与自然、人与自然的和谐关系。

广州珠江新城商业、办公楼 1 幢 B2-10 地块（财富中心）

设计单位：华南理工大学建筑设计研究院
建设地点：广州市珠江新城
建筑面积：210360m²
设计时间：2007-10
竣工时间：2015-08

设计团队：

倪　阳　　　　　韦　宏

林　毅　方小丹　李炳魁　陈昳宏　陈欣燕
王琪海　陈祖铭　吴小卫　黎少华　欧阳锐坚
杨　毅　张敏婷　曾宪武

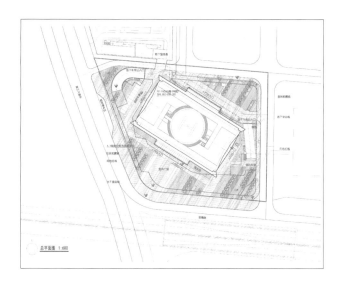

总平面图 1:600

一、设计理念

1. 环境友好的建筑。建筑总平面逆时针偏转约 30° 设置，使写字楼的南向景观面最大化，同时与西边的珠江城大厦取得十分协调的呼应关系，顺应城市肌理，与未来城市中轴线形成良好的对应关系，成为整个城市中轴空间的重要组成部分。

2. 造型创新的建筑。建筑从梭形的中央绿带得到灵感，以优雅的曲线收分和动感的折线形成修长、简洁、具有精致几何造型的建筑塔楼，既似萌发的春芽，又似虔诚的合十双掌，用创新的外形设计，摆脱了呆板的传统方盒子写字楼形象，形成地标。

3. 绿色高效的建筑。建筑采用多种绿色建筑技术，尤其是带水平遮阳的幕墙系统，使本幢大厦成为节能环保的先锋。

二、技术特色

本项目采用合理高效的矩形平面。合理的柱网开间和进深，紧凑的核心筒布局使平面实用率可以达到 78%~80%。标准层层高为 4.2m，按常规做法大致可以得到 2.7m 的净空。在结构、设备各工种及采用 BIM 技术预先模拟配合下，项目最终实现了 3.0m 的净高，为使用者提供了更高的使用空间。项目采用了全玻璃幕墙的外围护结构，设计从材料选择和构造设计两方面入手：一方面通过采取更节能的玻璃来改善外表皮的热工性能，另一方面通过幕墙节点的构造设计实现遮挡直射阳光。通过不同朝向立面的差异化设计，在顾及建筑立面整体效果的基础上，实现节能和立面效果的统一。项目获得美国 LEED 金级预认证和国家三星级绿色建筑设计标识证书，是广东省最早获得该标识证书的超高层建筑之一。

三、幕墙设计

项目采用了全玻璃幕墙的外围护结构，一方面通过采取更节能的玻璃来改善外表皮的热工性能，另一方面通过幕墙节点的构造设计实现遮挡直射阳光。通过不同朝向立面的差异化设计，在顾及建筑立面整体效果的基础上，实现节能和立面效果的统一。在南北侧立面，大厦每层设置了两条通长的水平铝合金遮阳板，既形成立面的韵律，又有效地遮挡夏季的阳光直射；在建筑东西侧立面，采取了"外呼吸双层玻璃幕墙＋电动百叶遮阳帘"的组合——即在双层玻璃幕墙之间设置电动遮阳帘，由电脑控制、可根据光线的强弱自动调节叶片角度和收放程度。下午至黄昏时分，阳光以很小的高度角直射西侧时，遮阳帘可以完全封闭，将强烈的太阳辐射遮挡在幕墙之外。为了实现自然通风目标，本大厦对南北立面和东西立面采用了两种不同的构造方式。在南北侧玻璃幕墙上，设置线性通风器，将遮阳板作为导风装置，利用遮阳板与玻璃幕墙横框之间的缝隙进风，将室外的新风导入室内。东西侧立面上，双层玻璃幕墙形成了一个室内室外之间的缓冲区，内侧幕墙则可以按自然通风需求设置开启扇。

合肥工业大学宣城校区二期教学楼

设计单位：华南理工大学建筑设计研究院
建设地点：安徽宣城
建筑面积：36750m²
设计时间：2012
竣工时间：2014-07

设计团队：

陶 郅　　　　　谌 珂

郭钦恩　涂 悦　陈 韬　孙传伟　赖洪涛
黄晓峰　岑洪金

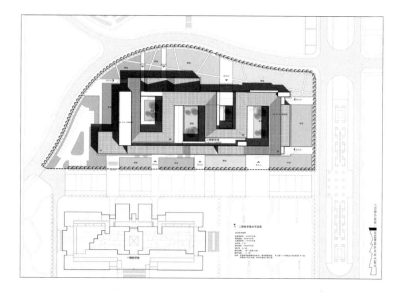

一、项目概况

项目位于安徽省宣城市宣州区薰化路301号，总用地面积42230m²，建筑面积36750m²，框架结构，地上5层，地下1层，属于多层公共建筑。

二、项目特点

新安学堂又名二期教学楼，位于整个校区的东北部，东侧毗邻学生生活区，西侧是已建成的一期教学楼。为了满足整体规划上有徽派建筑语言的要求，通过体块的组合化解过大的建筑体量，获得更为宜人的建筑尺度；通过对徽州民居内天井空间和街巷空间的模拟，吸取徽派建筑布局的灵活多变，按照现代的形体逻辑生成，模拟传统徽派民居的宽高比例，以及屋面朝向内庭的坡向，再通过立体的交通空间组织联系了各功能空间，在现代的教学建筑空间里融入了浓浓的徽派味道；在利用这种山墙面与坡屋顶组合的基础上，结合西立面的走廊，用连续的坡屋顶创造出一条连续起伏的折线屋面，与西立面平直的山墙形成对比，在更大的尺度上运用传统的徽派符号实现了创新组合的可能。

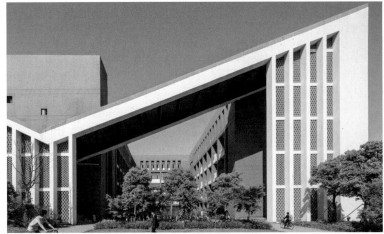

淮安市体育中心

设计单位：华南理工大学建筑设计研究院
建设地点：江苏省淮安市
建筑面积：157450m²
设计时间：2009-11
竣工时间：2014-05

设计团队：

孙一民　　　　陶 亮　　　　叶伟康

申永刚　邓 芳　徐 莹　冷天翔　杨 定　孙文波　王琪海
林伟强　高 飞　耿望阳　胡文斌　周华忠

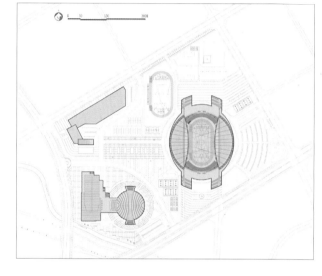

一、总体规划

　　淮安体育中心是为 2014 年在淮安市举办的江苏省第
十八届省运会而建造的。基地选址于淮安城市规划中的新
城西区，希望通过兴建这一体育中心，带动新城区的发展。
项目用地面积约 428949m²，建设包括一个体育场，一个体
育馆、游泳馆综合体，一个运动员宾馆，以及远期规划的
综合训练馆及网球中心，和一系列的室外运动场地。

　　传统的体育中心规划和建设中，往往过于强调对体育中心自身标志性特征的突显，希望将体育中心对城市土地运营和城市纪念性景观营造方面所发挥的推动作用最大化。这样容易忽视考虑体育中心与城市肌理的融入、与未来社区生活的衔接，从而常常产生体育设施面向城市生活社区的可达性差，日常使用不便，人气不足等孤岛效应，进而导致后期闲置与运营困难的困境。这不仅成为政府财政的负担，也难以发挥体育设施服务大众的积极作用。

　　因此，规划将淮安体育中心定位为运动型城市活力中心，规划通过功能策划、规划布局、建筑设计，整体实现体育设施的可持续性营运、体育场馆的低造价建设与使用和市民使用的便利性。

　　我们根据这一片区的城市总体规划，为该片区做了城市设计。通过功能策划，我们将该区域定位为：以体育产业为主导，以运河文化为纽带，集竞技比赛、休闲健身、商务会展、创意产业、生态体验、文化娱乐、体育旅游、健康宜居等多功能于一体的运动型城市活力中心。

　　在规划布局上，我们的设计试图改变将体育场馆作为"纪念物"的单一做法。我们区别对待体育场与体育馆和游泳馆。体育场设计力图简单、完整，有一定的纪念性，满足市民与决策者的需求。将体育馆、游泳馆作为城市肌理的一个部分，强调与街道融合。主要建筑沿街布置，面向街区使用，以创造积极多元的生活界面，更好地满足社区化的服务需求。

二、建筑设计

　　在建筑设计上，我们通过功能上的设置，在满足赛事基本需求的基础上，让体育中心具备最大的对外运营的灵活性，让更多的人能使用我们的设施，也使其在经济上能尽量自我维持。基于以上功能策划、规划布局、建筑设计的成功，体育中心实际运营一年，功能和实用性良好，受使用者欢迎，给运营商利好。共接待了大约1万名运动员、19.8万普通使用者以及23.8万观众，是淮安市承办2014年江苏省第十八届运动会的主要赛事场馆。

　　淮安在中国古运河文化时代，是一个重要的交通枢纽。在体育场建筑形象构思上，我们抽象出"运河文化"中最重要的运输工具"船"的一些形象要素，例如拉索、帆等，以此对城市历史有所回应。在体育馆、游泳馆综合体建筑形象构思上，取"水波"之意。创新性地将这两个功能结合在一起。电气主机房消防水池以及新闻发布厅，这些能共用的功能用房我们都进行了整合，减少了总体的投资，在建设面积一定的情况下，将用于体育的设施面积最大化。

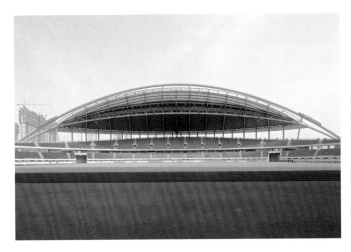

嘉定新城 D10-15 地块保利大剧院项目

设计单位：同济大学建筑设计研究院（集团）有限公司
合作单位：安藤忠雄建筑研究所
建设地点：上海市嘉定区嘉定新城 D10-15 地块
建筑面积：55904m²
设计时间：2009
竣工时间：2014-12

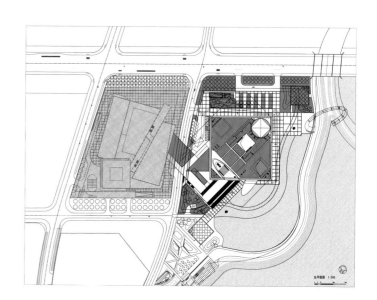

设计团队：

陈剑秋

戚　鑫　　虞终军　　林建萍　　谭立民　　蔡英琪
严志峰　　刘　瑾　　张　瑞　　汤艳丽　　陆　燕
韦建成　　安美子　　陆伟宏

一、设计理念

如同将周围的光线导入，通过漫反射展现绚烂夺目光影效果的万花筒一般，剧院提供了一个人与自然、与文化碰撞的华丽而盛大的场所。上海保利大剧院由"文化的万花筒"这一理念演绎生成。一个 100m×100m×34m 的立方体被四个内径 18m、不同角度的圆筒及一个内径 30m 的纵向圆筒相互切割，从而在简洁形体的内部形成了丰富变化的空间。

二、技术难点

为获得国际一流的音质效果，上海保利剧院进行了多项声学专题研究和技术创新。还对清水混凝土的技术进行了多方面的研究分析，使整座建筑呈现出结构施工与装饰施工一体化的特点。

三、技术创新

开展了符合声学规律的形体研究，并通过计算机声学模拟技术和缩尺模型测试技术检验研究成果确定观众厅形态、平面、体积和座椅数；研发符合声学条件且满足美学要求的内装材料及构造；隔声降噪技术的综合运用等，实现了一流音质。另外独创六项清水混凝土技术"清水混凝土配合比研究"、"118 超薄钢木组合模板体系研究"、"清水混凝土裂缝控制技术"、"清水混凝土成品保护综合技术"、"异形清水混凝土构件施工技术"与"清水混凝土末端预留预埋技术"，并且在该项目成功实施，填补了国内外在清水凝土成套技术上的空白。

九江市文化中心

设计单位：东南大学建筑设计研究院有限公司
建设地点：江西九江
建筑面积：27572m²
设计时间：2009-08/2011-05
竣工时间：2016-03

设计团队：

高庆辉　　　　　徐 静

钱 晶　韩重庆　鲍迎春　包向忠　周桂祥
章敏婕　陈丽芳　钱瑜皎　蒋 澍　朱 坚
唐伟伟　张 翀　叶 飞

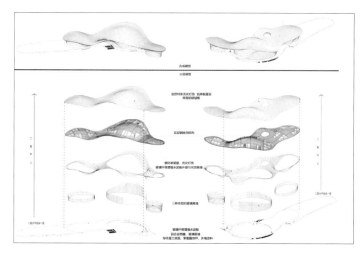

山水一脉，艺术与技术高度融合。本案是一座无论从创作理念创新，还是新材料、新技术、新工艺应用的建造设计方面，都达到高品质、高水准的建筑作品。建筑学的两大要素——艺术与技术高度融合，形成一座与九江山水地域文化场所情境相吻合，高完成度的当代地域性观演建筑。以下为三大亮点：

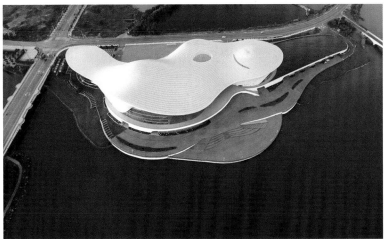
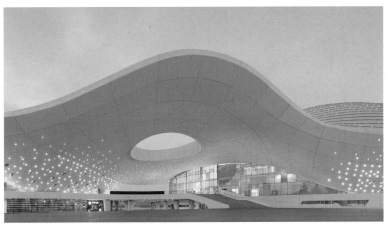

1. 基于九江山水地域文化与传统水墨画方法的地域空间营造

"山水一脉"灵感来自周边庐山、长江与鄱阳湖形成的山水地景以及催生而出的山水地域文化,以"非线性"、有机流畅的当代建筑形态抽象表达,师法自然,形成一幅有着国画散点透视特征的水墨意境般的空间场所,谓之"山水一脉"。

2. 基于现代城市设计与城市形态学方法的山水地景建筑创作

"现代城市设计形态学"利用三维实景视景等新技术,从宏观地理到中观场所进行研究,设置"城市廊道"、"城市客厅",

并通过错层地景、被动节能等措施，实现地域、场所、建筑的共生。

3.基于当代新材料、新技术、新工艺基础的专业协作建造

技术难点：采用适应"非线性"自由曲面形态所需的三维建造技术设计，多专业联合在同一个犀牛（Rhino）三维系统环境进行高精建造设计。

技术亮点：多功能舞台、自由曲面双层钢网壳、金属屋面系统（包含铝单板隔热通风层）、GRC工业化大板幕墙系统（包含表面光触媒与碳纤维密实等新型工艺技术与亮化照明集成表皮技术）以及管索桁架拉索点支式玻璃幕墙系统。

南京大学仙林国际化校区大气科学楼

设计单位: 南京大学建筑规划设计研究院有限公司

建设地点: 江苏省南京市栖霞区

建筑面积: 19214.9m²

设计时间: 2010-01/2010-07

竣工时间: 2012-11

设计团队:

冯金龙 　　　　陈晓云

王蕾蕾　程　超　荣　琦　曾　征　肖玉全
范玉越　胡晓明　施向阳　桑志云　夏智梅

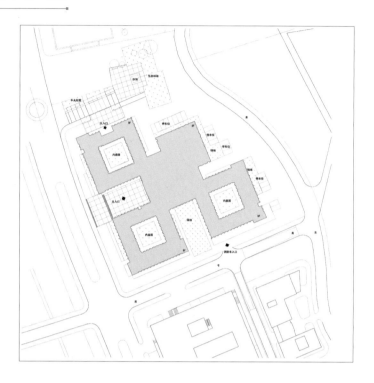

一、总体布局

建筑的主入口位于西侧，紧邻校区主干道，次入口位于北侧，面对生态广场。每个院落单元的交通围绕内院的单廊，单廊的一侧布置辅助卫生间和交通核。通过交错的布置使个院落单元的交通连成一体。

二、平面组合

大气科学楼以各院系为基本的组成单位，以内院为核心构成院落单元。院系以建筑单元划分，使各个院系单元组合既相对独立又连成一体。建筑分为四个区，由西北侧体块、南侧体块组成科研区单元，东北侧体块组成公共单元。其中东北侧的公共单元在室内空间的营造方面进行了精心设计。

三、内部空间

公共单元里主要是大会议室和图书馆功能，这两种功能需要的空间要比普通科研教学用房高，建筑师把这两种空间作为一个单元单独叠加设计，再利用和其他三个科研教学单元的层高差别，用室内楼梯连接半层空间，这样不仅避免了不同使用高度的空间在同一单元引起的空间浪费，还营造出了一个立体丰富的中庭共享空间。

四、立面设计

大气科学楼立面以浅灰色面砖为主，穿插深灰色面砖体块，整体造型结合平面功能，利用平面布局悬挑营造出了凸凹有致的立体效果，稳重大气独特的造型，在南京大学仙林校区已经建成的系科楼里独树一帜，赢得了师生们的一致好评。

金奥大厦

设计单位：南京市建筑设计研究院有限责任公司
合作单位：美国 SOM ARCHITECTURAL GROUP
建设地点：南京河西新城区中心商务区
建筑面积：231440m²
设计时间：2004-09/2014-01
竣工时间：2014-09

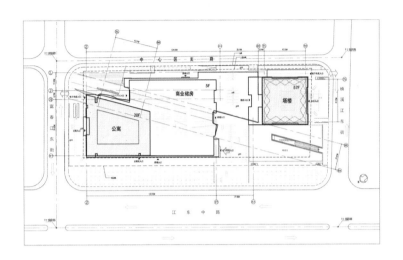

设计团队：

路晓阳　　　　　　李永漪

左　江　李超竑　卢建峰　朱金坤　章征涛
蒋　珂　刘　斌　陈晓虎　刘清泉　王瑞年
陈　平　张建忠　顾诚新

一、设计理念

金奥大厦结合地面与屋面景观设计，整个项目形成了丰富、活泼、现代的城市环境，将成为本区活力的象征，与相临开发相互呼应，保持一致的同时又不失自己的特色。

二、技术难点

跨越办公楼和公寓楼之间的开敞的对角线型中庭使商场充满活力。多层商场沿中庭一侧是水晶般明亮的玻璃形体，另一侧是石材墙面，两者相映成趣。中庭两边由一系列钢和玻璃建造的桥有机地连接在一起。自然光透过天窗顶照进中庭，创造出一种舒适的购物环境。

三、技术创新

双层墙之间的空间有助于建筑物应对南京"火炉"之称的炎热环境，通过在所有空间周围建立一个隔热缓冲区而实现。建筑功能的不同表现在内部材料的变化上，办公楼部分和主楼顶部强调透明，在酒店部分，内表面变得实而不透明，重在光的引入并指示空间，双层墙之间的玻璃阳台的引入，为升级的房间提供了预期的舒适性。多棱外壳和对角线结构构件在主楼基座的顶部终止，增加加了地面与主楼之间的视觉分隔。

牛首山文化旅游区一期工程入口配套区

设计单位：东南大学建筑设计研究院有限公司
建设地点：南京牛首山景区
建筑面积：91670m²
设计时间：2013-02/2014-02
竣工时间：2015-10

设计团队：

王建国　　　　朱　渊

吴云鹏　张　航　梁沙河　孙　毅　钱　锋
龚德建　张　磊　姚昕悦　蒋剑峰　李斯源
史海山　毛树峰　孙　逊

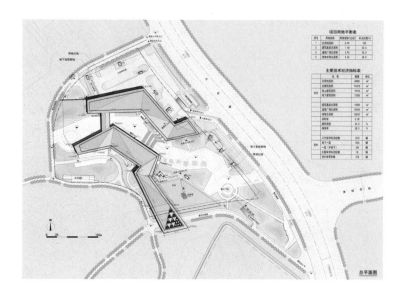

一、项目概况

　　牛首山景区是南京市的重大文化项目，以长期安奉释迦牟尼佛顶骨舍利为主题。本项目是牛首山东麓入口处的标志性建筑，既是景区接待量最大的游客中心，也作为公共广场为城市服务。景区运行至今，接待游客达日均3000人，高峰日1.5万人，总计超过120万人次，东入口承担了其中的90%。

二、设计理念

1. 建筑形体之于入口功能和自然地形特征的自明性

根据场地地形标高的变化采用两组在平面上和体型上连续摺叠的建筑体量布局，高低错落、虚实相间。起伏屋面和深灰色钛锌板的使用，是对山形的呼应和江南灵秀婉约建筑气质的演绎，也隐含了"牛首烟岚"的意境。

2. 建筑意象之于佛教文化主题和牛首山历史意象的视觉相关性

审美意象上考虑了佛祖舍利和牛首山佛教发展的年代属性，总体抽象撷取简约唐风，并在游客的路线设计上融入禅宗文化要素，回应了社会各界和公众心目中所预期的集体记忆。

3. 建筑功能之于景区入口容量和城市公共广场的合理性

建筑功能包括售票、电瓶车换乘、智能控制中心、展览、小型放映、售卖、办公及停车库等。建筑围合出的公共空间从城市道路延伸至景区内部，不同层次的场所设计兼顾了参禅人流的礼仪性空间和市民休闲的亲和性空间，建筑、景观的一体化设计使整个场地具有整体秩序和可识别感。

侵华日军第七三一部队罪证陈列馆

设计单位：华南理工大学建筑设计研究院
建设地点：黑龙江哈尔滨市平房区
建筑面积：9997m²
设计时间：2014-04
竣工时间：2015-08

设计团队：

何镜堂　　　　　倪　阳

何炽立　何小欣　刘　涛　罗梦豪　方小丹
周越洲　黄璞洁　陈欣燕　俞　洋　耿望阳
晏　忠　伍朝晖　苏　皓

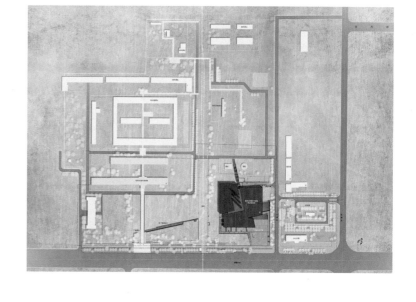

项目简介

　　侵华日军第七三一部队始建于1933年，他们犯下了细菌战、人体实验等战争罪行。1945年8月，日本投降前夕，七三一部队败逃之际炸毁了大部分建筑，形成了现在遗址的整体格局。设计任务包含遗址场地设计和罪证陈列馆设计两大部分。

由于城市的快速发展，现在遗址周围已经是哈尔滨平房区中心区域，如何界定陈列馆范围与城市的关系就成为我们要解决的主要问题。首先，我们用绿地公园将遗址与周边的城市分离，缩小周围的空间形态与其形成的巨大反差，以期形成良好的过渡环境。其次，在场地内以保护原有遗迹为原则，设计专用导游线路，同时恢复七三一部队时期原有路网及周边的围墙作为场地设计的记忆框架，有选择性地还原已有的历史场景。

罪证陈列馆选址于现存日军本部大楼遗址东南，铁路专用线以东。为了降低其高度及减少体量感，我们把建筑体块斜插入基地之中。下沉的入口场地过滤了城市街道的影响，让广场成为一个可供集会的纪念性场地。

建筑以消隐、低调而有力的方式介入到场地之中，最终与场所及周边城市形成一个新的整体氛围，试图用一种平静的态度表达对这段反人类历史的反思。

侵华日军南京大屠杀遇难同胞纪念馆三期扩容工程

设计单位：华南理工大学建筑设计研究院
建设地点：南京
建筑面积：54636.3m²
设计时间：2013
竣工时间：2015-08

设计团队：

何镜堂　　　　　倪　阳

包　莹　刘宇波　赖洪涛　陈欣燕　俞　洋
陈昳宏　黄璞洁　曹小梅　黄艳芳　晏　忠
郑　炎　李恺欣　舒　鑫

项目简介

　　侵华日军南京大屠杀遇难同胞纪念馆三期扩容工程建设是纪念侵华日军1945年9月9日在南京投降事件，凸显抗战胜利的主题，构思立意为胜利、圆满的情感表达。

　　三期扩容工程是纪念馆的一个补充和延续，兼具开放性与公共性，日常性与纪念性。这里是一个容纳历史记忆与当前生活、胜利喜悦与死亡悲痛的场所，人们可以在这里纪念、休息、放松、漫步、玩耍。我们希望通过一方公园、一个广场、一条道路的设计带给南京城市、南京市民喜欢的城市公共空间。

　　三期建筑建筑面积约55000m²，是一个功能复合开放的综合体。整体性对周边城市交通进行梳理与更新，有效地完善和补充了纪念馆的参观流线与交通组织，能够为城市提供一个方便可达、开放复合的城市空间节点。

　　整个工程处处体现生态绿色设计理念，通过采用绿植屋面、光伏发电、中水回收、透水混凝土选材、下沉庭院及天井、热风压拔风效应等多个生态低碳措施，创造出一个既满足空间艺术气氛又能够体现可持续理念的生态纪念性建筑。

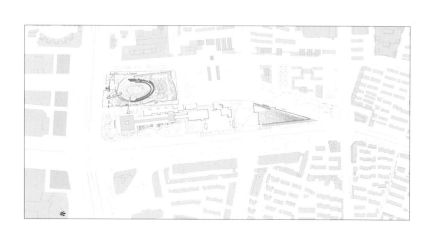

如东县县级机关幼儿园

设计单位：东南大学建筑设计研究院有限公司
建设地点：江苏省如东县朝阳路西侧
建筑面积：4999.4m²
设计时间：2013-08/2014-02
竣工时间：2015-05

设计团队：

马晓东

谭 亮

钱 洋 赵 元 罗振宁 章敏婕 朱筱俊
孙 毅 钱 锋 臧 胜 孟 媛 蒋剑峰
张咏秋 范大勇 陈洪亮

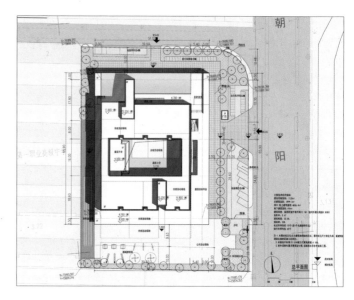

背景

    如东幼儿园位于如东县具有高密度特征的老城区内，设计需要在有限且局促的用地范围内为15班共约450个学前儿童提供生活、学习、游乐的场所。

理念

本设计基于建筑、场地、景观的整合设计理念，以积极的姿态介入城市环境当中，通过建筑要素的整体统筹，在有限的空间中营造适于儿童成长的生活环境。

策略

复制场地：在现有用地范围内"复制"一块 50m×66m 的场地，通过 500mm 厚 BDF 现浇空心楼板的结构方式"悬浮"于二层平面，最大限度向外扩充儿童活动场地。15 个班的教学用房采用传统的"院落"布局模式，这一内向的"聚合"型空间和二层悬浮大板外向的"开放"型空间上下叠加，形成儿童生活、学习、有了交融穿插的乐园。

人造缓坡：将二层悬浮大板北侧缓缓向上翻卷，形成一个柔软的曲线形轮廓，温和地与周边环境相融合。板下高大空间可作为多功能厅、夹层办公使用；板上则成为"自然草坡"、"儿童攀岩"、"儿童滑梯"等室外活动空间。

低技建造：面对较低的建设预算，设计最大限度地利用场地现有条件和低技工艺，化解建造成本与建造品质的矛盾。

上海东方肝胆医院

设计单位：上海建筑设计研究院有限公司
合作单位：山下设计株式会社
建设地点：上海市嘉定区墨玉北路 700 号
建筑面积：180576m²
设计时间：2008
竣工时间：2015–10

设计团队：

陈国亮

唐茜嵘	邵宇卓	周雪雁	朱建荣	朱学锦
朱 文	周宇庆	朱 喆	张 隽	刘 兰
李敏华	华君良	杨 洋	康 辉	

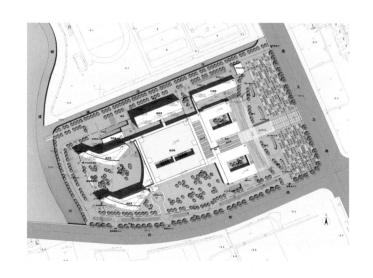

一、设计特色

1.短捷高效的运营体系

为提高本项目的功能性，诊疗·治疗区以医技楼为中心，住院区和门诊区等紧密地围绕其布置，构成功能关系明确、流线易懂方便的综合体。三栋住院楼环绕医技区错落布置，构成疗养区域。上下重叠的构成使疗养区与外部绿地形成直接的联结关系，创造出癌症患者所需要的安心疗养的环境。

2. 灵活转换的空间模块

设计门诊单元时，将交通竖井集中布置于使用空间的两侧，在构成上提高使用空间布局的柔软对应变更的能力。

3. 自然充足的通风采光

建筑在总体布局设计时，适当引入了绿化庭院，并结合实用的绿色技术，使得每一个功能单元都能够享受到自然的采光通风。同时利用巧妙的形体构成及总体布局，使得前后几栋病房楼相互不遮挡，并将所有病房都布置在有充足日照的南侧，且在室外设置了尺度适宜的遮阳板，既有效地遮挡了夏日强烈的日照又不影响病人在冬日享受温暖的阳光。

4. 绿色生态的医疗环境

项目景观设计采用了点、线、面的布局手法，设置了中心广场、医疗园道、屋顶花园等可供医生、患者及患者家属休憩的场所，对患者的心理产生积极的影响，从而实现环境对生理的附加治疗。

二、技术难点与创新

1. 立面"层间带状落地窗"的设计

在病房楼外立面设计时，原方案采用了玻璃幕墙，而在方案设计深化阶段，上海市出台了"关于禁止医院建筑采用玻璃幕墙"的规定，如何在原有结构体系不变的情况下将幕墙体系调整为窗墙体系是本项目立面设计创新性的体现。

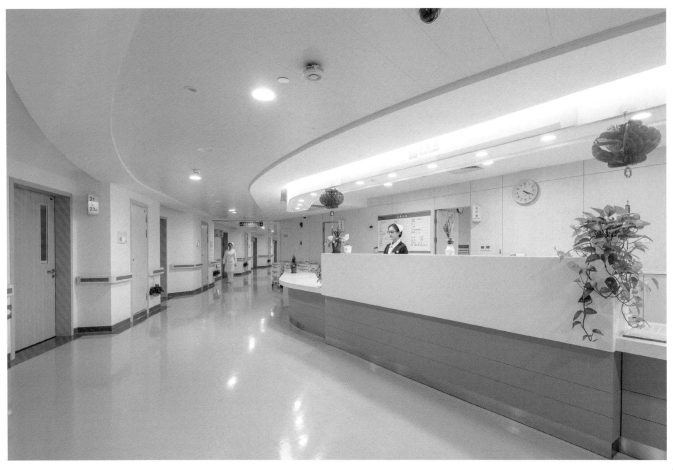

最后，设计团队设计出一套适合本工程外立面的"层间带状落地窗"系统，这套体系借助每层挑出结构梁板，在每层结构梁之间设计制作带状中空断热窗，使幕墙体系转化为窗墙体系，而又不破坏原有设计效果，这种窗既保证了采光要求，又避免了传统大面积玻璃外墙的碎裂隐患。层间带状窗使建筑外立面效果美观大方，安全环保。由于楼层较高，经过结构计算，采取了稳固结实的铝合金横竖料。并且为了突出建筑立面竖向效果，带状窗的竖向装饰盖板比横向盖板高，增强立体感，使建筑稳重大方。

2. 共享中庭顶部天窗设计

本项目的门诊楼和医技楼分设在基地的东侧和中部，通过一个面积约为 3760 ㎡ 的共享中庭相连。在原方案设计时，中庭顶部都为玻璃采光窗，但考虑到如此大面积的玻璃采光中庭在夏季是对空调能耗的巨大挑战，而且实际效果往往更差，设计团队结合了太阳能热水系统对中庭的顶盖外形做了改进，将其设计成连续的锯齿形，锯齿形的一边为南向与地面成水平 22° 的太阳能集热板，这是上海地区太阳能集热板与太阳之间最有效率的角度。锯齿形的另一边为北向且与太阳能集热板成 90°，这一侧采用夹胶中空玻璃的消防联动排烟窗。南侧太阳能集热板进行遮阳，北侧消防联动排烟窗进行中庭采光，消防联动排烟窗与地面成水平 68°，在多雨的季节可以利用雨水达到自清洁的目的。在节点处理上排烟窗的开启面在太阳能集热板的下方并内凹，使开启口不会暴露在雨水中，减少使用中的渗水情况。在过渡季节的使用中锯齿形空间具有引导热气流上升的作用，可以利用排烟窗为中庭提供必要的通风换气。

四川绵竹历史博物馆

设计单位：中衡设计集团股份有限公司
建设地点：绵竹市西北角的"诸葛双忠祠"内
建筑面积：5600m²
设计时间：2009-01/2009-05
竣工时间：2010-07

设计团队：

冯正功　　　　　平家华

王志洪　牟德亚　相　超　邹　嵘　冯洪斌
李　铮　李丹华　陈　浩　廖　晨　廖健敏
傅卫东　杨俊杰　孟莉莉

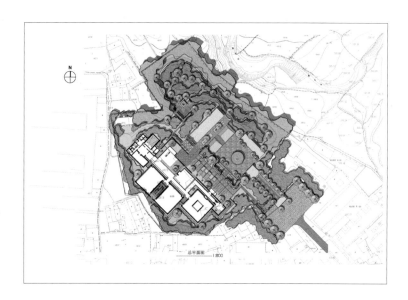

总平面图 1:800

项目简介

　　绵竹市历史博物馆于 2011 年 10 月 1 日正式开馆。其建筑面积 5600m²，地上 2 层，地下 1 层，总投资 2100 万元。历史博物馆是由江苏南通援建的绵竹市的一座现代化的博物馆，整个博物馆按国家三级博物馆标准建设，馆内设有红外监控系统、可视性报警系统、消防喷淋系统及中央空调系统等现代化安全设施，是西南地区县级市博物馆中设施设备最齐全、最先进的一个博物馆。

三亚太阳湾柏悦酒店

设计单位：北京市建筑设计研究院有限公司
　　　　　DENNISTON
建设地点：海南省三亚市田独镇六道村
建筑面积：66706m²
设计时间：2007-06/2009-12
竣工时间：2014-12

设计团队：

杜 松　　　　　倪 琛　　　　　王宇石
于东亮 周 恬 秦锦红 范传新 段 钧 周小虹 王 权 吴 飞
魏广艳

一、设计理念

　　站在三亚久负盛名的亚龙湾海滩眺望，湛蓝的大海尽收眼底。天际隐隐有淡青色的山影，这便是太阳湾，一块被称之为中国最后尚未开发的美丽海滩。在太阳湾的青山碧水之上，几块光洁的白色玉石掩映其间。自然的质朴雄浑与玉石的柔雅端丽，构成了难以名状的对立统一之美，这便是柏悦酒店设计概念的缘起。由此生发，建筑布局化整为零，数幢简洁的条块体量形成穿插错落的格局，或起于林语山间，或止于碧池之上，给予游客出世脱俗的空间体验。建筑以纯净的U玻覆面，温润如玉，给予建筑清新浪漫的休闲气质。

二、技术难点

　　基于优美的山海自然环境，如何最大化地利用和融入，并保持各处客房适宜的均好性？基于复杂地势，丰富的体量和空间如何以简洁的结构和建造逻辑构建？基于三亚酒店建筑风格芜杂的现状，如何营造自身独特的品味，以臻和而不同的共存之境？

三、技术创新

　　项目整体布局依山就势，各栋建筑布置于不同标高，层次错落。通过平面和高度的退让以及单侧外廊的布局，保证每间客房皆有海景可观。建筑的核心筒位于各栋客房楼主体的两端，结构逻辑清晰合理。两个核心筒一个面客，另一个服务，提供垂直交通及机电路由，保证垂直流线的高效，并成功营造出客人尊贵的体验。酒店虽布局复杂，但统一于6.6m的标准柱网。这一尺度造就了舒朗的客房空间，起居空间和卫生间均临外窗，进而享有开阔的海景。卫生间不但干湿分离，而且淋浴与盆浴亦精细地加以分隔。靠窗空间设置整石雕刻的浴盆，客人临苍天碧海入浴，体验独特难忘。建筑整体风格简约现代，其间插入若干中式风格的茶室小品。空间、材料及构造方式皆为中式。这一看似信手拈来的设计，令建筑在现代风格的基调之下，透露出活泼自然之气。

太原南站

设计单位：中南建筑设计院股份有限公司
建设地点：山西太原
建筑面积：183952㎡
设计日期：2005-12/2010-12
竣工日期：2014-06

设计团队：

李春舫　　　　　　王 力

周德良　　曹登武　　张 继　　孙 行　　张 卫
李功标　　秦晓梅　　骆 芳　　冯星明　　魏素军
马友才　　刘华斌　　聂 刚

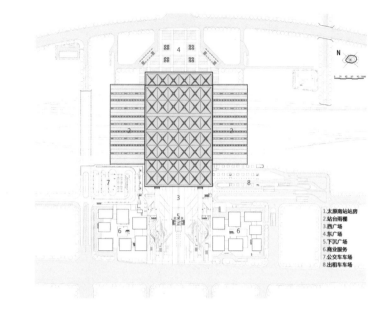

1.太原南站站房
2.站台雨棚
3.西广场
4.东广场
5.下沉广场
6.商业服务
7.公交车车场
8.出租车车场

一、项目简介

　　太原南站是石太铁路客运专线上最重要的枢纽站之一，是一座集铁路、城市轨道及多种交通换乘功能于一体的现代化大型交通枢纽。太原南站车场规模为10台22线，最高聚集人数为6500人。总建筑面积为183952㎡。

　　太原南站通过以旅客动态流线为本的空间布置和流线组织，通过与城市各类交通体系紧密结合、无缝衔接，使旅客换乘流线明确便捷，体现综合交通枢纽"效率第一"的功能设计原则。

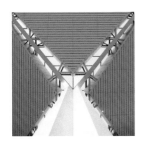

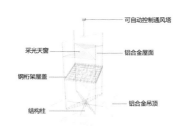

可自动控制通风塔

采光天窗 — 铝合金屋面

钢桁架屋盖

结构柱 — 铝合金吊顶

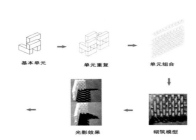

基本单元 → 单元重复 → 单元组合

↓

光影效果 ← 砌筑模型

二、设计理念：唐风晋韵

中国现存最完整的唐朝木构建筑，超过 80% 集中在山西省。中国木构建筑中灿烂辉煌的篇章——"唐风建筑"分布在太原四周。太原南站的设计传承这一历史文脉，体现地域文化特色。

太原南站站房主体汲取唐朝宫殿斗拱及飞檐的形象特征——并通过现代结构、建筑空间、技术与材料的完美统一，展现"唐风晋韵"的地域文化。借鉴传统建筑形式之美，使人感受到中国传统空间的华丽与典雅。

三、技术难点

　　站房主体采用独树一帜的钢结构单元体结构体系，将"唐风晋韵"的历史文脉与当代先进建筑技术巧妙结合，是国内少有的、典型的钢结构单元体大空间交通建筑。

　　站房主体由48个"伞"状结构单元体组合而成，每个单元体为"1根X形变截面钢柱＋沿柱肢方向布置的大跨度悬挑变截面钢桁架"结构，覆盖面积1548㎡。

四、技术创新

　　前瞻性地采用新材料、新设备、新技术，实现生态、绿色、环保，达到国家现行绿色建筑三星级标准。设计综合运用建筑体量自遮阳、可调节自然采光、热压自然通风等被动式节能措施，同时也采用了地源热泵及地板热辐射采暖等清洁能源技术。使太原南站这座全新的交通枢纽成为一个具有示范效应的绿色生态型客站。

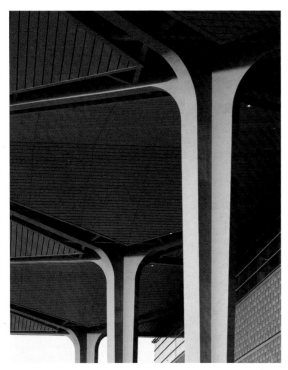

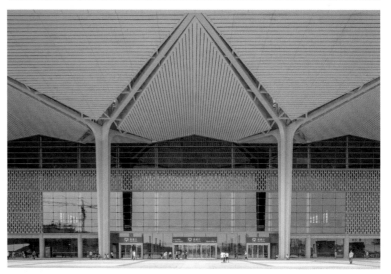

天津大学新校区图书馆

设计单位：天津华汇工程建筑设计有限公司
建设地点：天津大学北洋园校区
建筑面积：49532.38m²
设计时间：2012-07/2013-01
竣工时间：2015-08

设计团队：

周 恺

张莉兰　章　宁　王力新　汪寅光　刘若谷
李　博　刘志成　郭恩健　封新华　安　君
张树立　杨　琳　张月洁　李　江

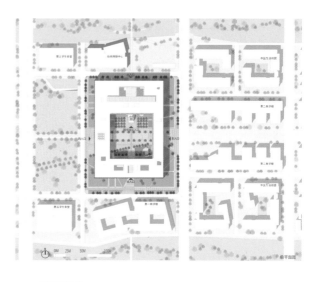

一、设计理念

　　天津大学新校区图书馆位于校园主轴线上，在处理建筑与轴线的关系上，我们采取的方式是打开内院，首层开放。建筑功能分区明确，空间特征与使用需求有机结合，充分利用自然光线和庭院景观，营造出简洁大方、典雅恬静的"书院"意境。建筑立面语言简明有力、一气呵成，立面幕墙以玻璃、铝板为主，水平延展，展现出既有传统韵味又不失现代气息的建筑形象。

二、技术难点

本项目采用围合式的平面布局，经调整和优化建筑、结构方案，采用了不设变形缝的实施方案；建筑东西两侧中部首层架空形成过街楼，上部设两层阅览厅，架空部分跨度达35m，钢结构下挂连廊采用钢梁－钢管混凝土柱混合结构，采用4榀钢桁架实现，既满足了建筑美观要求，又能体现结构美，保证结构安全。

武汉光谷国际网球中心一期 15000 座网球馆

设计单位：中信建筑设计研究总院有限公司
建设地点：湖北武汉
建筑面积：54340m²
设计时间：2013-12
竣工时间：2015-09

设计团队：

陆晓明　　　　　　叶炜

刘文路　姜瀚　郭雷　李鸣宇　程凯
沈湲杰　温四清　董卫国　赵文争　谢丽萍
王疆　喻辉　蔡雄飞

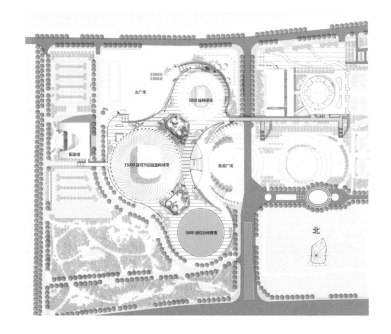

项目简介

　　光谷国际网球中心 15000 座网球馆作为武汉国际网球公开赛赛事中心场馆，建筑面积 54340 ㎡。位于武黄高速公路以北，三环线东侧，省奥体中心以西，二妃山以南，由中信建筑设计研究总院有限公司设计，武汉光谷建设投资有限公司建设。于 2013 年 12 月完成设计，2015 年 9 月竣工投入使用。

　　相较于国内相同规模的体育场馆，15000 座主场馆体量大、结构特殊、交叉作业繁多、施工难度极大。该馆为国内开启面积最大的体育馆，活动屋盖开启面积为 60m×70m，最大开启面积（水平投影）为 4200 ㎡；立面采用 64 根自下而上向外倾斜的立柱既形成"旋风"的造型意象，又充当外幕墙结构的主支架，形成富有张力的空间效果；外围护"旋风"结构采用菱形网格曲线拱结构形式，主体结构形式为下部钢筋混凝土框架、上部空间网格钢结构的超限大跨高层混合结构。

武汉理工大学南湖校区图书馆

设计单位：华南理工大学建筑设计研究院

建设地点：湖北省武汉市

建筑面积：47557.6m²

设计时间：2010-10

竣工时间：2016-01

设计团队：

陶　郅　　　　　郭钦恩

陈健生　柳一心　王学峰　黄晓峰　王　钊
舒宣武　陈天宁　陈卓伦　陈子坚　陈向荣
刘伟庆　邓寿朋　谌　珂

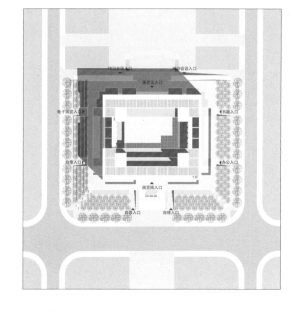

　　图书馆位于武汉理工大学南湖校区中轴线的中心位置，中轴线东西宽160m、南北纵深900m，尺度宏大，图书馆所处轴线中心是校园中心区的高潮与焦点，代表南湖校区标志性的新形象。

南面日景

一、楚风汉韵

设计力图用现代建构方法塑造一个极具荆楚特色的当代图书馆，探寻地域传统文化在现代建筑的新发展和新思路。

图书馆将首层设计为基座——五级的跌层绿化，营造楚地"高台"的建筑意向，图书馆主体建筑立于高台之上，力图以书山之势为学校创造庄重大气而具有凝聚感的图书馆。

"楚人尚赤"，设计在建筑整体白色基调的基础上对入口构架、立面金属遮阳板等重点部位施以木色的"红"，以此唤起人们对楚文化的共鸣。

主入口通过对传统斗拱排架的拆分和重组，以钢结构构架演绎传统木构的形态。东西立面覆以木色金属板，并将校园历史文化通过抽象篆书文字镂刻之上。

二、书山绿谷

针对武汉气候特点，设计提取传统院落的精粹，以立体庭院的方式争取最大限度的自然通风采光，同时将绿化往上延伸，形成舒适、静雅、健康的绿色环境。玻璃中庭悬挂绿色垂幔，不仅形成对直射阳光的遮挡，也营造出绿意盎然的立体文化中庭氛围。

同时通过水景营造强化水的理念和意向，为武汉炎炎夏日带来清凉，降低空调能耗，实现节能环保。首层基座跌台绿化设置雾喷，解决绿化的浇灌问题，也极大改善图书馆建筑的微气候。南侧设置水院和喷水，夏季可将冷却的南风引导至建筑室内，强化自然通风。

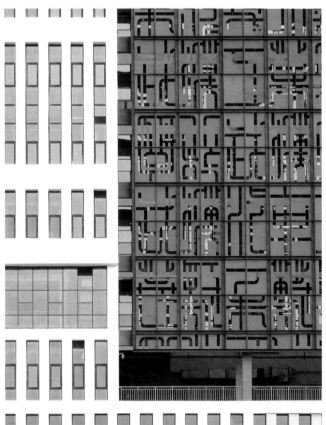

西安北站

设计单位：中南建筑设计院股份有限公司
建设地点：西安市未央区
建筑面积：332000m²
设计日期：2008-09/2009-07
竣工日期：2010-12

设计团队：

唐文胜　　　　　　　陈兴

李霆　王新　熊伟　江红　周佳冲
袁波峰　杜金娣　吕勇　倪冰　王波
严阵　徐鸿　乐红利

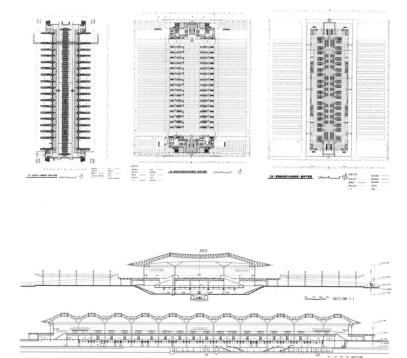

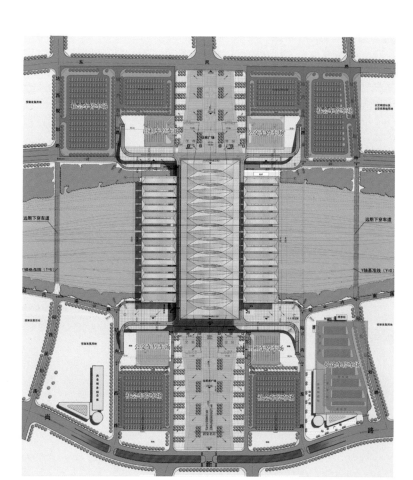

　　西安北站是亚洲最大的火车站，位于西安城市中轴线北端。

一、尊重总体规划，注重城市设计，强化并完善城市中轴线景观。

　　旅客流线"上进下出、立体分离"与城市地铁公交等多种交通方式无缝接驳。

二、古都西安门户标志性建筑的地域文化的精炼表达。

　　建筑形态通过提炼汉唐屋顶飘逸深远和西安古城墙的形象特征，用现代的折板钢网格结构体系进行形态转译，让人们感受到中国传统建筑的华丽空间，传达出古都西安的"唐风汉韵，盛世华章"。

三、建筑形态、空间与结构逻辑有机统一。

　　屋盖由十一个折板钢网格结构单元体组成，结构形式属国内外首创。形成优美的弧形屋脊，与舒展的两翼形成出檐深远的"唐风"庑殿顶意向。树状钢柱节点细部精细，又体现了中国传统木构建筑特点。每个屋盖单元体在中间高起的屋脊处开以梭型的天窗，将结构的受力特点与建筑形态、建筑采光完美结合。

四、结构技术创新。

独创而巧妙的单元体折板钢网架结构体系属国内外首创。"树状"支撑与屋盖结构和下部钢管混凝土柱的连接采用独创的关节轴承。国内外首创的刚度好且自重轻的单元式空间网格折板结构屋盖。国内外首创的采用钢管混凝土柱与钢框梁及预应力钢拉杆组成的斜拉预应力"伞"状结构单元组合而成的站台雨棚。创造性在43米大跨度楼盖采用TMD阻尼消能减振系统。国内首创采用柱顶设置水平滑动支座相结合的分缝方式。

五、广泛运用被动式绿色建筑技术。

通过建模分析,在自然通风、自然采光、建筑遮阳、外围护结构的保温隔热及建筑声学等多方面,制定了符合地域气候环境特点的切实可行的绿色建筑策略;并且在运营中实测加以验证,获得了全面的技术数据,对当今高铁车站及其他类似大跨度建筑的绿色建筑设计具有普遍的针对性的指导意义。

西安大华纱厂厂房及生产辅助房改造工程

设计单位：中国建筑设计院有限公司

中国建筑西北设计研究院有限公司

西部建筑抗震勘察设计研究院

建设地点：西安市

建筑面积：80220m²

设计日期：2011-07/2014-05

竣工日期：2014-10

设计团队：

崔　恺　　　　　屈培青

张超文	王可尧	崔　丹	魏　婷	陈梦津
白　雪	王　婧	张　耀	李　浩	冯　君
王　璐	郑铭杰	季兆齐		

一层平面

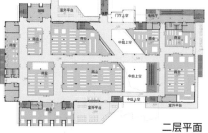

二层平面

一、项目概况

西安大华纱厂改造项目位于太华南路，大明宫遗址公园东侧。前身为始建于 1935 年的民族资本主义企业，其占地 175 亩，现状建筑面积约为 10 万平方米。该项目拟通过对原有老厂房的改造，建成融合美食、文化、娱乐、购物等城市综合消费的跨界文化商业社区。

二、技术难点

1. 厂区内的厂房建成时间从 30 年代到 90 年代不等，建筑尺度和结构类型较为多样化、复杂化。

2. 综合商场原为纺纱车间，共二层，结构形式为装配式钢筋混凝土框排架结构，纵横两个方向结构刚度、质量分布不均匀。纵向屋面不连续，且改造后需要拆除中部部分楼面、屋面，增设高大的屋面造型，致使结构整体性差，抵抗水平作用的能力不足，抗震性能纵向严重不足。

三、技术创新

1. 改造设计中根据现状建筑的规模、尺度、位置、空间状态，在各部分区域内布置相应的功能，在保证分区明确的基础上实现各功能之间的交叉混合。厂区南侧主要以30年代的单层建筑为主，故利用其小的空间尺度和历史氛围，设置以餐饮、酒吧及会所为主的院落建筑。东南角原有锅炉房及其相关构筑物，结合现有的开敞空间，形成以艺术中心、画廊为核心的都市艺术区。

2. 鉴于纵向刚度与强度均小于横向，着重对纵向进行加固，目的在于提高纵向刚度

和变形能力。可在纵向布置一定数量
的剪力墙，或布设支撑，经与建筑专
业协商，在纵向两侧布设防屈曲约束
支撑，每层 4 个共布置 8 个，采用的
防屈曲约束支撑屈服位移为 1.5mm，
屈服承载力为 800KN。防屈曲约束支
撑为单斜杆布置，每跨一根。

通过改造最大限度改变了国有资
产闲置的情况，对其功能进行重新定
位，充分考虑改造的经济性和使用的
合理性，解决诸多技术难题，使其重
新焕发光彩，成为该片区的娱乐文化
经济中心，创造了新的社会价值。

新疆大学科学技术学院（阿克苏）一期工程建设项目—图书馆

设计单位：清华大学建筑设计研究院有限公司
建设地点：阿克苏地区
建筑面积：21298m²
设计时间：2014-08/2014-12
竣工时间：2015-12

设计团队：

卢向东

霍春龙　刘霄　刘湘　崔艳辉　李冰
徐丹　郭海宾　郭璇　孙中轩　王丽莉
王敬舒

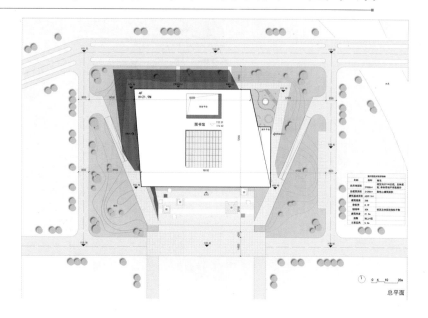

总平面

项目简介

    为深入贯彻第四次全国对口支援新疆工作会议和《中共中央、国务院关于推进新疆跨越式发展和长治久安的意见》精神，主动适应"一带一路"新疆核心区建设以及阿克苏和南疆地区对人才的需求，新疆自治区教育厅决定新疆大学与阿克苏地区合作办学，将新疆大学科学技术学院搬迁至阿克苏办学，成立新疆科学技术学院阿克苏校区。

    新疆大学科学技术学院位于阿克苏地区温宿县新城区学府路 1 号，校园占地面积 2856 亩，规划建筑面积 68.7 万 m²，分三期建设，其中一期占地

面积1700亩，建筑面积近27万 m²，共投入建设资金15亿元，规划在校生6000～8000人。二期规划建筑面积21.7万 m²，远期规划建筑面积17万 m²。远期规划在校生15000人。学院包含教学楼、图书馆、实验楼、工程实训中心、学生宿舍、风雨操场、会堂、学术交流中心、行政楼及后勤楼等。

图书馆建筑在校区规划中位于主校门正对的中轴线上，成为整个校区的核心建筑。根据校方的需要，图书馆的建筑规模为21298m²，包含藏书、档案、阅览、研究等功能，此外，还将学校的信息中心也安排在此图书馆建筑中。

新疆霍尔果斯综合服务中心

设计单位：中衡设计集团股份有限公司
建设地点：新疆霍尔果斯口岸
建筑面积：10434.70m²
设计时间：2012-09/2013-03
竣工时间：2014-07

设计团队：

冯正功　　　　　高霖

张　允　郑郁郁　朱晶秋　王　伟　邹　嵘
钱　昀　李　军　黄富权　丁　炯　符小兵
王志翔　钮剑平　叶云山

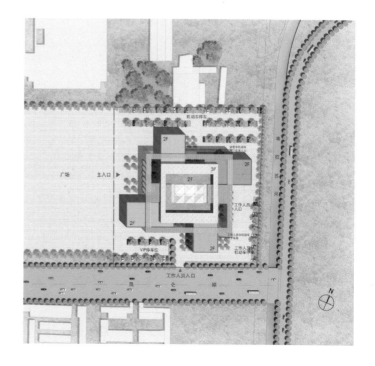

项目简介

　　创造实用美观的绿色建筑是本次设计的初衷。在功能布局上，设计将四个建筑体量围绕中心半开敞空间布置，让使用者的行进流线最短，最为方便，同时中心半开敞空间也为各功能空间提供了缓冲和等待的区域。

　　建筑尽最大可能地利用当地自然环境，通过建筑形体错动布局形成若干庭院，可以最大限度地提供自然通风和自然采光的可能性。对于新疆地域来说，由于建筑性质决定使用人群会出现排队等候的现象，因此建筑的遮阴是至关重要的因素，设计中借用新疆"风房"的设计理念，采用金属镂空板形成有效的遮阴空间，提供给使用者心仪的凉爽感觉。

　　在建筑色彩上，设计中充分考虑了新疆的地域特征，并运用各种设计手法将地域特色融入建筑之中，比较具有地域特色的颜色有以下几种：蓝色的天空，白色的雪山，红色的红土地，绿色的大草原以及黄色的胡杨林，设计中将这些颜色运用到了建筑中，给建筑赋予了浓重的地域色彩。

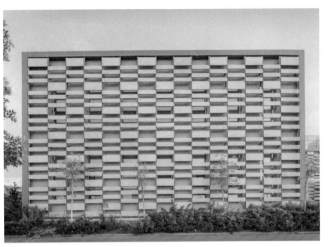

武清文化中心

设计单位：天津华汇工程建筑设计有限公司
建设地点：天津市武清区
建筑面积：34381㎡
设计时间：2012-04/2012-05
竣工时间：2014-10

设计团队：

周 恺

王建平 唐 敏 王 晨 胡敏思 黄 菲
马 颖 林 波 毛文俊 肖 微 陈太洲
黄 婷 邵 海 王裕华 郝文凭

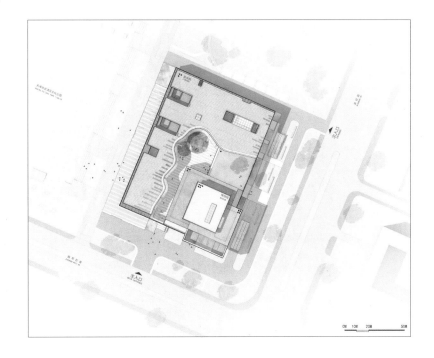

项目简介

　　武清文化中心是天津市武清区重点的城市功能项目。项目与2012年由武清区政府委托华汇进行设计，并且由总建筑师周恺先生亲自设计主持。

　　在委托方任务书里，要求设计武清区博物馆、图书馆、剧院，三个建筑并列布置在10万余平方米的文化广场上，其中一个建

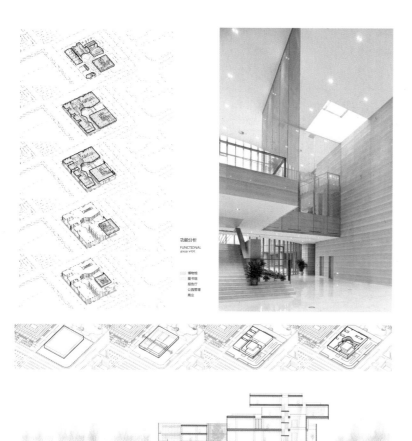

功能分析
FUNCTIONAL
ANALYSIS

- 博物馆
- 图书馆
- 报告厅
- 公园管理
- 商业

筑须位于广场中轴线上，建筑功能单一、面积过足。建筑师与委托方进行了多次讨论之后，建筑师拟出了新的设计任务书：让出中轴线，博物馆与图书馆合为一组成为文化中心，与剧场分置轴线两侧。

武清文化中心的设计中，建筑师一直保持"宁拙毋巧，宁丑勿美"的淳朴态度，其形态简单到大盒子摞小盒子，虽然有着尽量淡化建筑形象的态度，却很轻松地为武清文化中心营造了足够的标识性。

武清文化中心是一个方便人从任何方向进入的建筑。图书馆的首层除了沿广场一侧布置的商业之外，大部分面积是架空的，使得市民广场得到了延伸，同时让四面人流很自然地进入到建筑内院，从而使得建筑与周边的场所彼此渗透，共同构筑了一个完整的文化空间。

在武清文化中心的内院，沿图书馆的外墙设计了一条流畅自由的曲线，为严谨的阅读空间带来了轻松活泼的氛围，同时也增加了室外空间的趣味性。

外檐材料选用金属铝板和玻璃作为主要材质，建筑主体的二层、三层用穿孔铝板将图书馆与博物馆整体围合，柔和地强调了整体感与体量感。金属铝板的穿孔方式通过计算机辅助生成流水的肌理，整体效果若隐若现，恰到好处。

又见五台山剧院

设计单位：北京市建筑设计研究院有限公司

北京建院约翰马丁国际建筑设计有限公司

建设地点：山西省忻州市五台山风景名胜区

建筑面积：27836.72m²

设计时间：2013-10/2014-05

竣工时间：2014-09

设计团队：

朱小地　　　　　高　博　　　　　朱　颖

罗　文　田立宗　孔繁锦　贾　琦　韩　涛　田玉香　赵　伟　赵　阳
王　越　张　胜　章　伟　江雅卉

Site Plan 总平面
A. Steam Mount Rubai Theatre 又见五台山剧院
B. Ticket Office 售票处
C. Wall Square 幻影广场
D. Parking 停车场

设计理念

　　项目的设计通过综合运用当代艺术表现方法，创造出全新的场所空间。力图激发观众停留的欲望，在一场场跌宕起伏的"经折"之间驻足凝思，在一幕幕触碰灵魂的演出中留恋回味，展开自己与空间、与情景之间的对话。从当地材料的一石、一木和光影变幻中发现自然的力量与规律，唤起大众对彼岸世界的关注。抛弃世间的杂念，开阔眼界和胸襟，体味人生的价值，感知佛陀的智慧。这不仅带来感官上的震撼，更多地引发观者的思辨。

项目位于五台山景区南入口附近的北面，在左右两座小山前的开阔场地上。由于大型情景演出的需要，剧场空间是一个长 131m、宽 75m、高 21.5m 的大空间。然而，当你走近她，你却不能完整地了解她的全部，这恰恰是不同于其他剧场建筑的独到之处。

她以约 700m 长、徐徐展开的"经折"置于剧场之前，由高到低排列形成渐开的序列，成为剧场表演前奏的序曲，承载着让游人平复情绪、感知所在的功能。而剧场就成为了还没有、或正在被打开一本博大的经书，预示蕴藏着知识和智慧的宝库。每一页被打开的"经折"空间都是独特的，通过当代装置艺术的表现方式，展现了一个个与宗教有关的创作题材。这一多重演绎的"经折"借助于中国传统造园的方式，注重意境的营造，运用空间秩序建构内涵丰富的精神场所。剧场建筑的外表同样采用相同的建筑材料试图消隐自己的存在，石材、玻璃和不锈钢的不同反光效果和与周围山体相近的形状组合，破解建筑体量对周围环境的压力。整栋建筑物都随着周围环境的变化而变化，记录着一天的朝暮、一年的春夏秋冬。

云南省博物馆新馆建设项目

设计单位：深圳市建筑设计研究总院有限公司
合作单位：许李严建筑师事务有限公司
建设地点：云南省昆明市官渡区
建筑面积：57787.4m²
设计时间：2009-01/2012-05
竣工时间：2015

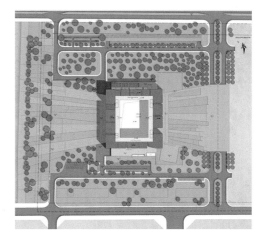

设计团队：

陈邦贤　　　　　　冯　春

樊　勇　唐　箴　邓伟润　廖述江　吴宏雄
刘　涛　黄汝强　许学华　李　扬　蔡丹确
王　健　潘京平　吴　江

一、设计理念

　　云南悠久的历史积攒了丰厚的历史文化资源，许多文化留存在我国乃至世界文明史上都有着重要的历史价值。云南博物馆新馆的纯粹正方几何体造型，源自于云南传统民居"一颗印"的建筑形态。新馆外墙交错折叠虚实相间，隐现着云南著名地质景观——石林风化的特征。采用了镀铜色金属穿孔板的外表皮，与古滇国文化"主角"——滇国青铜器相呼应。

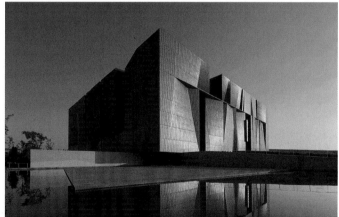

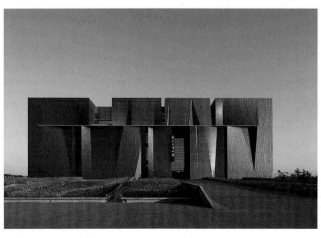

二、技术难点

新馆中庭空间高大，由环廊联通各展厅，并且局部悬吊玻璃展厅。由于其空间复杂性，难以设置特级防火卷帘将每层回廊分开。新馆藏品库区面积 5000㎡，按普通库房消防要求，需多个出口，这将对库房的安防工作产生非常不利的影响。

三、技术创新

设计首先将一层中庭大堂和各层回廊设置为同一分区考虑，但其面积叠加已超过一个防火分区面积，因此将与中庭回廊相通的房间、过厅、通道等均设置能自动关闭的乙级防火门或耐火极限大于 3h 的防火卷帘分隔；加之回廊均设有通往疏散楼梯的安全出口，满足了防火规范的要求。

藏品库区的消防设计不能等同于普通库房设计。新馆中，库区内不设安全疏散出口，只设一个库区总门，一出总门即可通过门厅直接疏散到室外，且在库区内部设置自动报警系统及气体灭火装置。

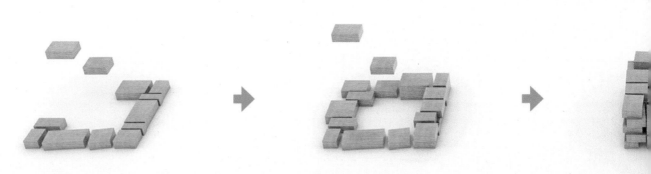

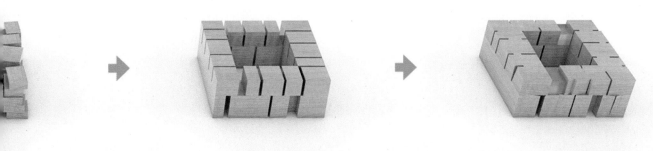

中衡设计集团新研发设计大楼

设计单位：中衡设计集团股份有限公司
建设地点：苏州工业园区八达街与崇文路交叉口
建筑面积：77008.29m²
设计时间：2010-05/2012-11
竣工时间：2015-11

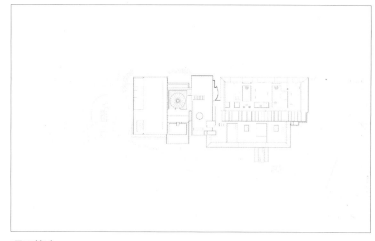

设计团队：

冯正功　　　　高 霖

平家华　黄 琳　杜良晖　赵 栋　张 谨
姚玉生　邓继明　薛学斌　殷吉彦　付卫东
徐宽帝　张 勇　周冠男

项目简介

　　中衡设计集团新研发中心大楼秉承中衡设计一贯的"延续"创作理念，借鉴苏州传统园林与民居中的空间，通过地域文化转译，延续人文记忆。大楼内部对空间、建筑、园林三要素进行有机整合，光影交织。既是一座兼具现代性与匠人精神的绿色三星建筑，也是为集团员工提供良好生活和工作环境的设计师之家。

在尊重区域环境的前提下，研发中心依旧选择了高层建筑的体量关系，但它并没有回避高层体量可能产生的问题，而是通过整体建筑的园林化，主动在高密度的体量后用低密度的生态处理作出弥补，将自然交还给自然本身。传统园林通过现代的手法融入建筑的室内外空间，使传统园林的理念在建筑经度及纬度上得以进一步延续。

北京 161 中学回龙观学校

设计单位：北京市建筑设计研究院有限公司
建设地点：北京市昌平区
建筑面积：53050m²
设计时间：2010-08/2013-08
竣工时间：2015-07

设计团队：

石　华　　　　褚奕爽

谢晓栋　任　艳　张　力　张　晋　郭　雪
王　璐　王英童　王　芳　杨　帆　李　楠
韩起勋　张连河　向　怡

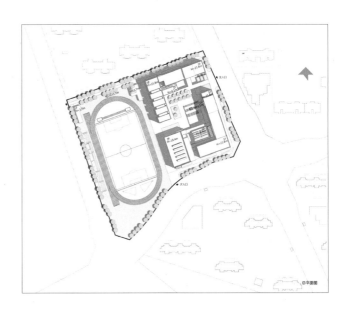

一、设计理念

选取"围合式院落"作为空间设计的原型——传统的院落空间在面对城市具有的内向性和面对自身具有的互动性方面与这个项目希望达成的愿景是相似的，形成由两栋教学建筑围合而成的矩形庭院式校园空间。项目以简洁的现代建筑的形态体现校园建筑的气质，穿插的几何形建筑体块与景观充分结合，形成建筑环境一体化的特征。

二、技术难点

城市边缘新区的高密度环境为这所学校的设计带来了限制，学校用地周边高楼林立的状态使学校所处的区域成为了一个"孤岛"，在这样高密度的城市环境下，如何创造一个既能有效避免城市的繁杂，又顺应当下开放教育理念的校园，是设计的难点。

三、技术创新

光线的设计是这个校园实践中另一个关注的内容。作为旧城定向安置的配套教育设施，这所学校的办学标准是比较高的，然而校园用地的限制，使大量的学校使用空间需要安排在地下，有效地利用地下空间，让地下空间呈现出如地上空间一样的开放性与积极性，为教学带来帮助，是设计中着重考虑的问题。设计将两个下沉庭院嵌入到校园的中央庭院中，一方面丰富了中央庭院的层次，为多样化的教学带来可能，另一方面也现实地解决了大量地下教学空间的采光问题。我们尝试了将光线引入室内的不同方式，包括顶光、侧天光、漫射光等形式，这些光线的不同处理，适应了不同教学空间的需求，也为教学场景融入了自然的因素。

北京建筑大学新校区图书馆

设计单位：同济大学建筑设计研究院（集团）有限公司
建设地点：北京市大兴区
建筑面积：35625m²
设计时间：2010
竣工时间：2014

设计团队：

任力之

张丽萍　陈向蕾　郑毅敏　刘　瑾　钱必华
金　海　高一鹏　刘　魁　王　聂　张　深
王　昌　邵　正

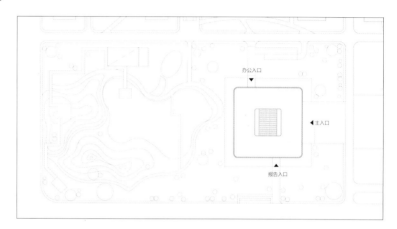

　　北京建筑大学新校区图书馆处于校园中央核心景观区，功能包含大学既有的图书馆，以及国家支持的中国建筑图书馆。设计采取高度集中的设计策略来实现图书馆的内在文化承载力度，以此留出宽敞的馆前多层次景观空间作为校园整个学术氛围的延伸与渗透。

　　图书馆处于校园中轴线最中心的位置之上，需满足来自正交网络校园各个方向的核心性视线需求，我们采用纯粹几何形体来表征建筑的抽象性核心意义。建筑中的咖啡休闲、与沙龙结合的展览空间，代表以藏书为中心的图书馆逐步向人本位与合作交流转型的趋势。中庭螺旋上升布置的楼梯串联起各个楼面的阅览空间，形成螺旋式无缝检索流线。建筑的上部立面的 GRC 网格包覆，根据不同朝向的日照及遮阳要求，融入中国传统五行的抽象图解。建筑表皮抽象地对传统镂空花格窗进行了现代诠释，并衍生出了新的形式与意义。

　　表皮网格在 grasshopper 中以 4.2m×2.1m 的模块重复形成菱形基本骨架，根据采光需求定量起翘，并控制为九种单元模块以降低成本。双层表皮幕墙是将四片 L 形角钢置入 GRC 纤维水泥壳体，通过铰接方式与不锈钢抓手相连，形成隐藏式节点。

东北大学浑南校区文科2楼

设计单位：清华大学建筑设计研究院有限公司
建设地点：沈阳市浑南新城
建筑面积：28377m²
设计时间：2012/2013
竣工时间：2014-12

设计团队：

庄惟敏

张 维　张 红　龚佳振　李若星　解志军
张 葵　李滨飞　李青翔　王一维　刘力红
徐京晖　蒋会来

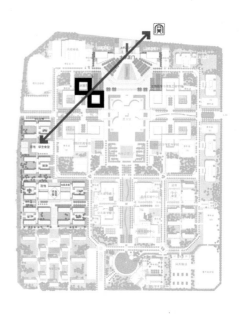

项目简介

　　东北大学浑南校区一期建设工程位于沈阳市浑南新城，距离沈阳市中心约18公里。文科2处于校园核心教学区，规划将其与其他三大学院对称布置在校园主轴线和次轴线两侧。项目分为A区（4层）、B区（6层）建筑；A座建筑为建筑学院办公及教学用房；B座建筑为文化创意学院及国际交流学院办公及教学用房。总建筑面积为28377m²，地

上建筑6层。通过形体的扭转在两个单体之间创造了一条通廊，以此流线为主线，在两侧建筑立面、景观上进行空间与场景的设计。打开两侧建筑底部空间，使内外空间产生联系，进而促进活动交往的产生。整个流线上，通过不断变化的视觉焦点形成连续而活跃的空间序列，使静态界面转变为动态的故事。同时扭转也有功能上的意义，通廊成为新校区北大门地铁站和文科2楼南侧学生宿舍之间的一条捷径和便道，沿路布置艺术工坊让所有学生在穿行其中能感受到设计学院扑面而来的艺术的气息，使建筑成为学校开放式的艺术馆。一层开放式的院落将学生吸引进来，多样性的活动也丰富了建筑的内涵。建筑景观采用绿色草坪为主要绿化元素，同时结合场景绿化，移动绿化，室内绿化，空间绿化等多种手段，强调绿化手段的丰富性和绿化效果的整体性。

淮安大剧院

设计单位：浙江大学建筑设计研究院有限公司
建设地点：江苏省淮安市
建筑面积：29837m²
设计时间：2009-09/2010-09
竣工时间：2016-03

设计团队：

沈济黄　　　　　曾　勤

孙啸野　王　嵩　黎　冰　秦从律　张正雨
曹志刚　李　平　王铁风　江　兵　岑　伟
袁松林　沈月青　王云峰

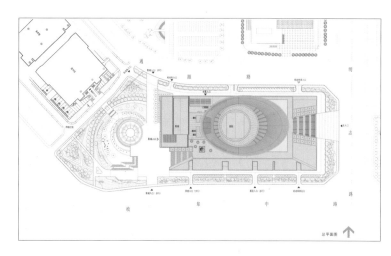

总平面图

一、设计理念

设计通过对基本几何形——圆形进行简单而直接的形式操作，以几个简单体块的组合，结合外倾的竖向表皮的向上势态，形成强烈的"绽放"意向，象征漂浮于台基之上的一朵艺术之花，优雅地绽放在淮安新城。双曲面玻璃幕墙竖向线条产生的韵律犹如悠扬的旋律，向外传达剧院内部的演艺功能。设计融建筑的功能性于雕塑性的造型中，使剧院成为淮安的标志性建筑，同时也是向城市开放并融于城市的透明剧院和市民享受生活的城市客厅。

二、技术难点

"绽放"造型的实现——剧院看似复杂的形式，由7个椭圆与2个正圆及其投影共同定义，主体结构在两个不同斜向的空间椭圆上通过上下等分点来确定梁柱位置。其外设置最大索长20m的自平衡单向预应力拉索玻璃幕墙，立面仅由165根钢索支承，最大程度地弥合了室内外的界限。竖向线条通过杆件脱离幕墙150mm安装，配合超透玻璃生动地塑造了建筑体形，将花瓣的意向阐释得淋漓尽致。

三、技术创新

淮安大剧院充分运用旨在提高"亲密感"的观众厅设计策略，综合运用视线设计、声学设计等手段，采用了三面围合的新型马蹄形观众厅。侧面楼座观众席延伸至前端，池座视线适当提高，并使后部五排坐席形成与两层楼座平面尺寸相同的假楼座，得到了视觉上为三层楼座的具有竖向序列感的观众厅，有效缩短了视距，配合三面围合的观众厅，使演员和观众之间的互动与交流成为可能。

南京金陵饭店扩建工程

设计单位：江苏省建筑设计研究院有限公司

建设地点：南京市鼓楼区新街口

建筑面积：172902.5m²

设计时间：2009-03/2009-05

竣工时间：2014-05

设计团队：

徐延峰　　　　　李戈兵

赵北平　宋　华　金如元　李爱春　郭　飞
王　瑛　陈礼贵　周海新　杨　博　史小伟
许姗姗　朱　波　朱　莉

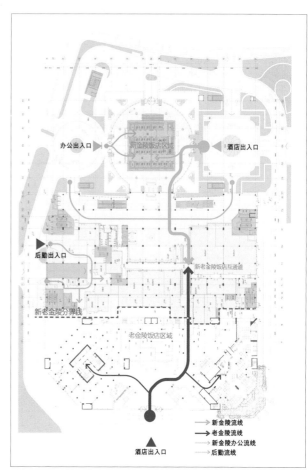

项目简介

原有金陵饭店为南京市中心地区的标志性建筑。本工程致力于描绘金陵饭店整体发展蓝图，既充分尊重及延续原金陵饭店的建筑风格，又加入新时代的设计元素，从而成为一个经典、简约、具有永久吸引力的标志性建筑。

总图布局结合现有金陵饭店的布局，将新建塔楼放置在原有金陵饭店裙楼中轴线的延长线的最北侧上，以达到新、旧金陵饭店的紧密关系，塔楼四个主面正对东南西北，与城市主干道平行。同时从酒店营运方面考虑，新建的裙楼部分紧靠原有裙楼，并与其连通，达到功能共享，从而成就最大的利用率。

塔楼平面与原有金陵饭店之平面相呼应，但采用"阴"之手法来处理四个边角，使之与原有金陵饭店塔楼形成一"阴"一"阳"之对比；立面外墙采用中国传统的窗花形式，既延续现有金陵饭店的立面风格，又有创新，此外外墙两边成"虚"角，使整个立面不因标准层面积较大而变得笨拙，令建筑物外观之比例与体量等关系均达到和谐，以使塔楼从视觉上更加高耸挺拔。

青龙山国家地质公园恐龙蛋博物馆

设计单位：武汉华中科大建筑规划设计研究院有限公司
建设地点：湖北十堰
建筑面积：1000m²
设计日期：2010-06/2011-05
竣工日期：2012-04

设计团队：

李保峰

陈海忠　　丁建民　　徐昌顺　　聂华波　　李明武
申安付　　甘文霞　　何建宏　　张全华

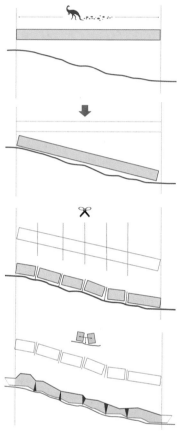

一、设计理念：关注场所的谦和建造

该博物馆与周围环境高度融合，在建造方式上以积极保护与
展示珍贵展品——恐龙蛋为出发点，运用适宜的技术创造出
舒适，戏剧性的观赏氛围。同时该博物馆还利用当地易于获
取的建筑材料，比如竹模板、废弃旧瓦、大颗粒鹅卵石，不仅
大大减少建造费用还使得建筑展现了地域性以及历史感。项
目建成后成为地质公园的一个亮点，为当地吸引了大量游客。

总平面图

0　　5　　10m

二、技术难点

1. 如何使较大体量的建筑自然融入 70 米长、15 米高差的复杂场地之中？

2. 如何实现"透风阻光"的效果，从而在保证良好展示效果的前提下实现节能？

3. 何种适宜技术策略可行且有效？

三、技术创新

本设计并未使用任何高新技术，但在策略整合上做了如下创新：

1. 在外墙形变处设置了"透风阻光"构造，在控制光线进入的同时保证良好的通风；

2. 使用当地农民废弃的旧宅之瓦作为新建筑的第二层屋面，旧瓦下面流动的空气层带走热量，从而减少热辐射继续向室内传递；

3. 使用当地生产的竹跳板作为建筑的外墙模板，可生长的材料具有生态效益，肌理粗糙的建筑表皮则为遗址博物馆提供了与建筑性质相一致的沧桑感。

8.11-8.12 室内外温度变化图（C）

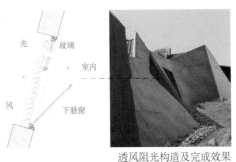

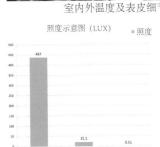

室内温度
室外温度

室内外温度及表皮细节

照度示意图（LUX）

透风阻光构造及完成效果

传统民居之旧瓦再利用

栈道　蛋区

室内照度及采光构造

立面 1

立面 2

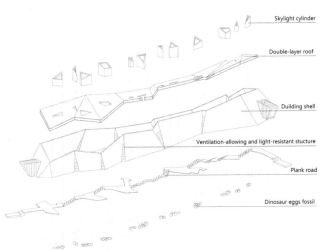

Skylight cylinder

Double-layer roof

Duilding shell

Ventilation-allowing and light-resistant stucture

Plank road

Dinosaur eggs fossil

上海德达医院

设计单位：上海建筑设计研究院有限公司

合作单位：perkins+will,Inc

建设地点：上海市青浦区

建筑面积：51642m²

设计时间：2008

竣工时间：2015-10

设计团队：

张行健

唐茜嵘　邵宇卓　徐晓明　葛春申　杜　清

张士昌　万　洪　张　协　倪添麟　毛仕宏

史炜洲　严晓东　徐哲恬　邓俊峰

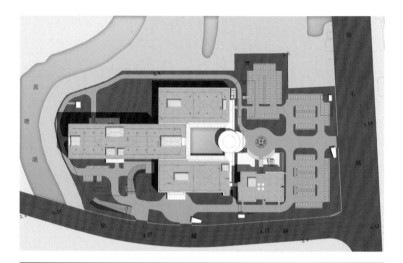

设计特色

1. 生态的景观体系

本项目的景观体系从立体空间上可划分为下沉式景观广场、地面景观庭院和屋顶花园三个层面。不仅在建筑布局上争取最大化的景观视线，使患者在建筑内部时刻感受到美好的空间环境，同时院区内部绿地、建筑围护的内庭院和屋顶花园的设计也强调人的可达性，最大程度地深化建筑空间、创造场所精神，对患者的心理产生积极的影响，从而实现环境对生理的附加治疗。

2. 精致的立面造型

上海德达医院的立面造型设计符合医院建筑的功能特点——简洁、明快、大方、美观。摒弃烦冗的建筑符号，通过纯粹的几何形体穿插，石材、铝板、玻璃材质脉络的延续，强化了群体建筑的整体性。建筑形式与医院功能有机结合，方正的平面布局符合各种功能的使用要求，建筑造型在方正中又有适度变化，达到简洁而不失变化、大方而不失温馨的效果。

3.温馨的空间营造

建筑内各个空间的大小、形状、尺寸以符合医疗流线的导向性需求为标准，比例合理、尺度宜人，具有综合性、多样性和舒适性的特点。主体建筑入口大厅被设计成充满艺术感的立体化的空间，通过落地玻璃可直接观赏到中心庭院景色。入口大厅两侧的横向回廊缩短了门诊、急诊、医技间的流线，便于医疗资源共享。回廊空间局部放大，形成等候、休憩的场所，同时又具有很强的识别性，使患者能在功能复杂的综合楼内迅速找到目标科室，完成医疗活动。中心庭院四周的回廊空间采用大面积透明玻璃，在保证采光的同时，也增强了与外部环境的融合，从而减轻患者的就医压力，改善室内就医环境。

建筑在各楼层均为患者和医护人员营造了各类休闲空间，如鲜花礼品店、餐厅、服务中心及家属休息室。特别为医护人员提供了休息室、图书室、健身房和瑜伽房。这些空间既舒适又具有私密性，可以使患者和医护人员从紧张的氛围中解脱出来，有助于提高使用者的满意度和工作人员的工作效率。

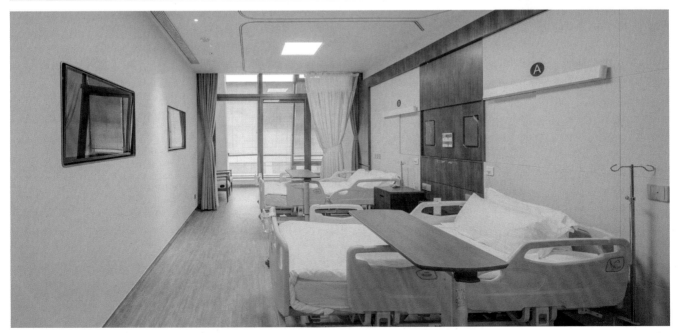

上海交响乐团迁建工程

设计单位：同济大学建筑设计研究院（集团）有限公司
合作单位：矶崎新工作室
建设地点：上海
建筑面积：19950m²
设计时间：2008
竣工时间：2013

设计团队：

徐风　　　　马长宁

吕晓钧　周韵冰　王亮　丁洁民　陆秀丽
居炜　冯玮　赵晖　王坚　廖述龙
徐桓　曾刚　周致芬

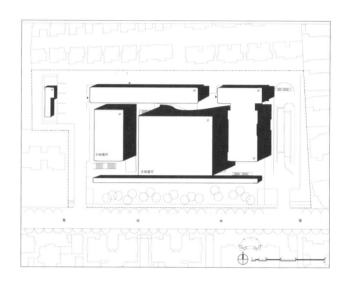

设计理念

　　由于剧院、音乐厅等建筑对振动和噪声的要求比常规建筑物要高，而位于交响乐团音乐厅场地下方的地铁距离建筑最近距离仅为6m。设计师在这里选择了将整座箱型音乐厅置于隔振弹簧上，从而形成了一只完全悬浮的盒子。

鸟瞰图

休息区室内

从行政楼入口看大排演厅

地下庭院

大排演厅室内

　　大排演厅的基本设计概念采取了整体鞋盒式加局部葡萄园式的布局，这种排布形式的优点在于观众席上的竖向墙体更利于声音的反射，使听众能更好地感受到充实的音量感、亲临现场的直觉感、柔和而丰富的音质音域。为了达到上述声学目标的同时保证室内空间的建筑品质，建筑师与声学团队经过了十几次的反复协调，并通过1：10的室内模型反复进行推敲，在此基础上形成了箱体最终的内部空间。

大排演厅室内

通用电气医疗中国研发试产运营科技园

设计单位：北京建院约翰马丁国际建筑设计有限公司
建设地点：北京经济技术开发区
建筑面积：74200m²
设计时间：2013-04
竣工时间：2015-11

设计团队：

张 宇

朱 颖

邹雪红

葛亚萍　鲁 晟　朱 琳　周彰青　张 涛
田玉香　张 胜　常 青　赵 伟　彭晓佳
李 轩　刘 昕　杨一萍

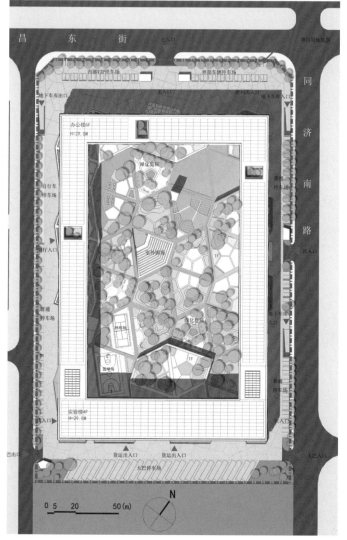

一、设计理念及技术创新

建筑采用了中国传统的方形，是国际企业与中国传统"天圆地方"文化的集合；建筑营造的空中漂浮的合院，是美国企业文化与中国传统文化的完美结合。塑造一幢符合全球化企业形象的创新型总部、一处富有归属感的企业园区、一个孕育梦想的场所——座"筑梦之城"。

GE北京科技园为国际化的大型研发型企业自建研发总部园区打造了合理的内部共享办公模式，园区内配置全方位的服务和生活配套设施，成功打造了GE北京科技园内部办公生态社区；格子间的取消，设计灵活的智能数字化办公空间为未来多变空间创造了无限可能；网络地板应用，随时按需求更新，做出改变；取消管理者办公室，实现扁平化管理的理念，提高企业效率，创造更多交流机会和空间；智能运营和办公管理系统为企业对外高效沟通奠定基础。GE北京科技园作为目前国内最大规模的集团内共享办公项目之一，对传统跨国公司在新时代的未来办公模式进行了有益的探索。

二、项目特殊性

1. 本项目需通过美国LEED绿色建筑认证；

2. 根据GE的全球资产的保险要求，本项目在设计和施工的全过程均接受FM Global工程风险评估；项目在按照国内的验收标准验收之后，均需通过FM Global的工程风险评估。

三、技术难点

1. 每个标准层设置有5个大跨度无柱办公空间，分别为20米×24米1个、17米×21米1个、18米×24米1个、16米×17米2个，大跨度无柱空间需为办公布局提供最大的灵活可变性。

2. 本项目实验室是GE医疗全球最重要的研发实验室之一，对于专项实验室的各项特殊要求均需提出详尽的解决方案。

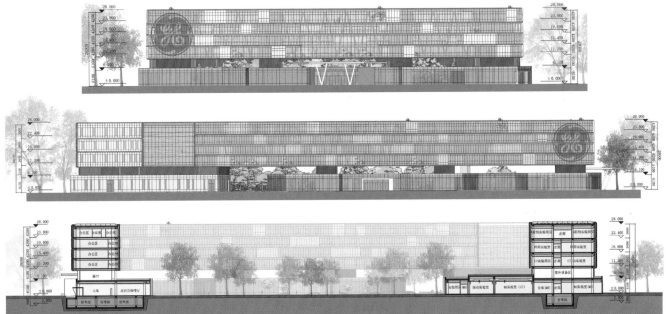

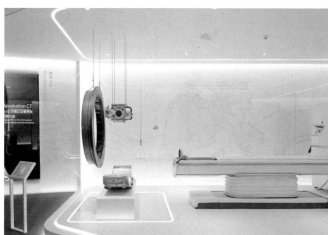

青岛邮轮母港客运中心

设计单位：悉地国际设计顾问（深圳）有限公司
合作单位：青岛腾远设计事务所有限公司
建设地点：青岛市市北区胶州湾内青岛老港区6号码头
建筑面积：59920m²
设计时间：2013
竣工时间：2015

设计团队：

曾冠生　　　　　　禹　庆　　　　　　尹慧英

李思伟　孙绍东　李建峰　胡海涛　王再峰　薛明玉　徐少华　杨洪伦
王培海　韦锡艳　杨映金　吴龙君

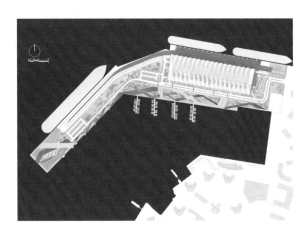

海·建筑·城市

　　青岛市民对海的眷恋是一种根深蒂固的情节，这种情节体现在这个城市无处不在的海滨公共生活中。客运中心所处的六号码头，在一片碧海的包围之中，具有结合游艇功能开发休闲娱乐公园的先天优势。加上商业和景观配套，以及固定展区和出入境大厅增设的临时展区，客运中心的功能多样性为城市滨海生活的丰富延续创造了可能。考虑到青岛的冬季盛行西北风向，且场地南侧港湾的景观条件更为优越，设计中

在南向大跨钢结构下进行了逐层退台，形成主要的室外公共平台；北立面则在三层设计有少量的室外观海平台，并且局部实现南北室外空间的相互贯通。这些平台犹如船身的甲板，为人们提供了休憩活动的场所。建筑造型的灵感，来源于帆船之都的"帆"和青岛历史建筑连绵的"坡屋顶"。为了体现力学之美，室外立面钢结构外露，省去幕墙表皮，结构形式本身成为了最有力的立面语言；室内空间在吊顶的设计上也尽量不遮挡主结构，让人们在室内依然能够阅读结构的逻辑和感受力学之美。

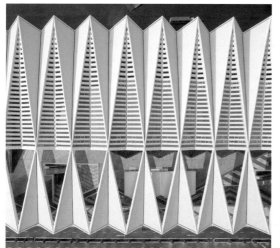

室内与光

　　一层的出入境大厅为地面架空层进入的人们提供办票及行李拖运服务；之后人们便可通过垂直电梯和自动步道到达二层的休息大厅等待出境；复杂的一关三检通关功能也布置在二层。二层通高空间的采光顶，通过铝板与玻璃的结合，将屋顶斜面造型转换成阶梯式的语言，一方面巧妙地解决了屋面汇水排水的问题，另一方面在光影韵律感中引入了更为柔和的光线。同时，客运中心的公共大厅还可以举办临时展览等公共活动。复合的功能使客运中心也成为市民日常休闲的场所。夜晚的时候，人造光打亮建筑内部，通透的玻璃使建筑如同一个折叠灯笼照亮着周围的公共广场与绿地。

渭南市文化艺术中心

设计单位：清华大学建筑设计研究院有限公司
建设地点：陕西省渭南市
建筑面积：3.4 万 ㎡
设计时间：2009-01/2010-09
竣工时间：2014-08

设计团队：

庄惟敏

张 维　高国成　梁思思　康立桥　潘安平
刘忆川　罗新宇　米 忠　高桂生　徐 华
李淑琴　孟秀婷

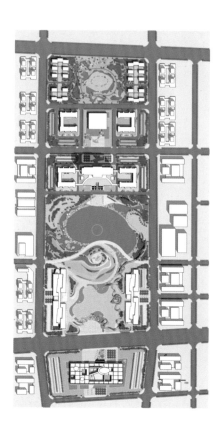

项目简介

　　渭南地处关中平原东部，以在渭水之南得名。渭南人文气息深厚，是《诗经》开篇之作《关雎》的诞生地，也是司马迁的故乡。为实现建设秦晋豫黄河三角地区区域中心城市的城市总体规划目标，作为提升城市活力和完善城市功能的重大举措之一，市政府做出在规划中的行政文化区新建文化艺术中心的决定。

　　渭南市文化艺术中心包括大剧院（1200 座）、一个多功能展厅（含非遗展示传习中心）、电影院和艺术培训楼等内容，总建筑面积约 3.4 万 ㎡，投资金额 3.7 亿元。2009 年开始建设，2014 年投入运营。该项目剧场是我国第一个秦腔剧团驻场剧场，同时能兼顾其他类别演出需要。非遗展示传习中心以 15 项国家级、102 项省级、253 项市级非物质文化遗产代表性项目名录为重点。多功能厅和培训楼报告厅向社会开放，

承办包括全球第六次秦商大会，秦晋豫黄河金三角项目对接会、东秦大讲堂、渭水讲坛，市委、政府工作会议各种会议，培训楼 21 个培训教室承担大量社会文艺培训任务，创收持续增加为场馆运营提供保障，是目前国内三线城市中少有能"自我造血"的文化艺术设施。该项目建成以来，取得了良好的社会效益、经济效益和环境效益，获得文艺工作者和当地群众的好评。

卧龙自然保护区都江堰大熊猫救护与疾病防控中心

设计单位：中国建筑西南设计研究院有限公司

建设地点：四川省都江堰市青城山镇石桥村

建筑面积：12524m²

设计时间：2010-08/2011-10

竣工时间：2014-06

设计团队：

钱　方

茅　锋　戎向阳　刘　磊　高庆龙　胡　佳
吴小宾　杨　玲　李　波　李先进　朱新华
熊耀清　陈英杰　杜　欣　何海波

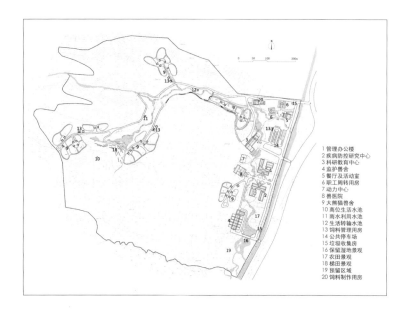

1 管理办公楼
2 疾病防控研究中心
3 科研教育中心
4 监护兽舍
5 餐厅及活动室
6 职工周转用房
7 动力中心
8 兽医院
9 大熊猫兽舍
10 高位生活水池
11 雨水利用水池
12 生活转输水池
13 饲料管理用房
14 公共停车场
15 垃圾收集房
16 保留湿地景观
17 农田景观
18 梯田景观
19 预留区域
20 饲料制作用房

存在建筑 摄影

存在建筑 摄影

项目简介

都江堰大熊猫救护与疾病防控中心是汶川5.12地震后由香港特区政府投资援建的项目，是世界首个熊猫医院，兼具大熊猫的疾病救治、疗养、疾病研究和科普教育等功能。项目设计贯彻"全寿命周期"内资源消耗最小的绿色建筑理念，已获得绿色建筑三星设计及运营标识。

设计结合熊猫医疗工艺及生态环保要求，总体布局顺应地形以川西"林盘"（小体量的簇群）特征聚落化布局，保护了基地内的原有生态系统及其湿地。单体建筑适应地形的视线对位摆布，与环境之间相互融入互为景观。建筑形态取自地域性民居意象，加以绿色创新性的建构，让视觉语境呈现出能指与所指的合理张力。项目中采用了多种适宜的绿色环保措施和技术，以单体建筑"隐"、"融"的策略获得整体环境品质的提升，摆明设计者对人、建筑、环境之间关系的态度，轻触式地还原了场所存在的意义。

存在建筑　摄影

除标注"存在建筑摄影"外，其余皆为建筑师自摄。

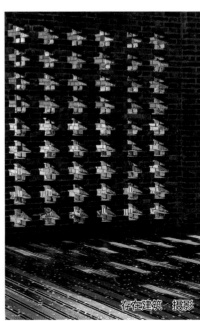

存在建筑·摄影

保利国际广场

设计单位：北京市建筑设计研究院有限公司
　　　　　SOM
　　　　　筑博设计股份有限公司
建设地点：北京市朝阳区崔各庄乡大望京村
建筑面积：167974m²
设计时间：2010-11/2013-06
竣工时间：2014-12

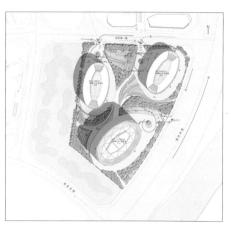

设计团队：

陈淑慧

盛　平

杨金红

甄　伟

王保国　庄　钧　顾　斌　李津津　周新超
王　轶　陈　雷　赵　明　孙　林　何晓东
孙　妍

一、设计理念

　　受到中国折纸灯笼的启发，T1的外观设计是由一个连续的斜向结构形成的，建筑像珠宝的表面一样，在反射天空和周围环境时闪闪发光。外露交叉网格结构与高性能的双层幕墙围绕着办公空间。大跨度的结构设计，创造了一个无柱的办公环境，并采用了高度可持续的设计，配以机械设备，应对北京的气候和空气质量挑战。T1中庭127m高，气势非凡，中庭提供了尽收眼底的城市景观，悬挑的螺旋楼梯增加了共享空间的艺术气息。

二、技术难点

　　T1结构体系采用交叉网格筒中筒体系，内筒为钢筋混凝土剪力墙核心筒，外筒为45度倾斜的钢管混凝土斜柱构成的交叉网格结构，无竖直柱子，楼盖隔层悬吊，通过吊柱将竖向力传到网格节点。该结构体系，圆满地实现了建筑艺术与建筑技术的统一，且结构体系与幕墙体系合一，大大节约了外围护结构造价。

三、技术创新

　　本项目进行了大胆探索，在大角度斜交钢管混凝土外框筒设计、钢管混凝土柱交叉网格节点设计和试验、127m超高中庭结构设计、不共面菱形单元格智能化幕墙设计、首层大堂单索支撑大玻璃幕墙设计等方面进行了技术创新，运用了三维辅助设计。本项目采用了低流量洁具、中水回用、雨水收集与节水绿化灌溉等技术；充分利用天然采光，采用了竖向遮阳、绿化屋面、辐射地板采暖等技术；设计了发光地面及顶棚；采用高效照明灯具及控制系统。

新建南宁至黎塘铁路南宁东站站房及相关工程

设计单位：中信建筑设计研究总院有限公司
建设地点：南宁市青秀区
建筑面积：119942m²
设计时间：2010-04/2013-08
竣工时间：2014-10

设计团队：

汤　群　　　　高安亭

刘　晶　杨　坤　桂　勇　汪　一　董争俊
邱　剑　李红萍　王劲草　吴　军　昌爱文
谢丽萍　喻　辉　李　蔚

一、设计的在地性

　　南宁东站设计结合广西壮族自治区南宁市的地域特点，以"南国大门、崛起绿城"为设计创意，打造了南宁市新的城市名片。区内形成了以南宁东站为中心的特大型综合交通枢纽区和高铁骨干网络。通过现代建筑设计手法，运用现代材料表达传统元素，融入现代高铁站房。南宁东站的建成加强了我国与东盟各国之间的联系，提升了西南部的客运能力。

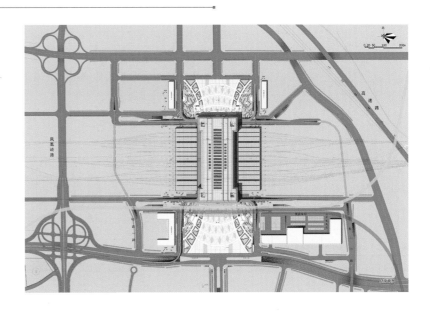

二、设计的独特性

1. 南宁东站建设体量庞大、系统复杂，采用了大跨度钢结构、太阳能光伏发电与建筑一体化、照明等机电设备智能控制等一大批先进技术及节能技术。

2. 南宁东站是我们国家新时期按照客运、商业一体化思路设计和建设的特大型铁路客运站，打造"立体出行 + 购物"的综合高铁站，纯商业面积约 3 万 m²。

3. 工程界面交织复杂，设计过程中需要与铁路运行直接相关的运营、信号、通信、信息、电力、接触网等多部门、众专业进行衔接。

三、设计的生态性

　　南宁东站站房根据南宁地区气候特点，通过改善建筑围护结构保温、隔热性能；提高空调、通风设备及其系统的能效，充分利用自然通风；南宁东站还采用了隔热、遮阳、照明智能控制、建筑设备智能控制等多项节能技术。除此之外，大跨度钢结构、空调通风系统、阳光板及电动遮阳蓬、虹吸与自然排水系统、能源管理系统等一大批新技术都在南宁东站的设计和建设过程中得到充分利用。

中国保护大熊猫研究中心灾后重建项目

设计单位：四川省建筑设计研究院

建设地点：卧龙国家级自然保护区内的耿达乡神树坪—幸福沟—黄草坪—天台山区域

建筑面积：19143.45m²

设计时间：2009-06/2011-10

竣工时间：2014-10

设计团队：

陈中义　　　　　付志勇

张　堃　熊静彤　曹　波　何小银　王家良
王　瑞　金　旋　周　翔

一、设计原则

出于对熊猫生存环境的尊重，为避免对原生态环境的过多干扰，摒弃对形式的刻意设计，在规划设计中，我们最大限度控制建设的动作，以几乎"零开挖"的控制来保留原生态环境，以"最简单、最本质"的建设态度在探索与营造大熊猫回归自然之路的同时，唤醒人们对生命同根性的意识，改善与自然间的关系。

二、建筑风格

采用"简单、实用、高效、经济"的建造逻辑，建筑依地形而建，以舒展的水平造型为主。严格控制总高度，结合山势、河道、入口广场，形成视线对景的同时，尽可能地留出生态通廊。外立面主要用材为当地石材、

竹材及玻璃，这恰恰与当地藏羌区域传统上因地制宜的建造手段，人力、物力有限而产生的地域建筑特色高度契合。跳脱对当地地域建筑文化符号的简单模仿，回归到"最简单、最实用"的逻辑，构建"世界的"熊猫科研中心，从而实现对藏羌传统文化的现代演绎。

三、绿色建筑

2009 年设计初期就开启了全国首例全园区绿建三星设计之旅，本着"结合地形、因势利导"的原则，强调青山背景，弱化建筑体量，提倡实用的、被证明是可操作的、节约成本的绿色技术，而非昂贵的、试验性的绿色方案，并提供健康、适用和高效的使用空间。

成都博物馆新馆

设计单位：中国航空规划设计研究总院有限公司（中国航空国际建设投资有限公司）
合作单位：1. 英国萨泽兰－弗塞规划建筑事务所 [Sutherland Hussey Architects（UK）]
　　　　　2. 泛道（北京）国际设计咨询有限公司
建设地点：四川省成都市
建筑面积：60104m²
设计时间：2007-12/2011-07
竣工时间：2016-03

设计团队：

傅绍辉　　　　刘 京

葛家琪　胡 林　Charlie Sutherland　白 雪
张 玲　刘 菲　陈泽毅　甘亦忻　高青峰
洪 芸　陈宇今　王明珠　孟凡兵

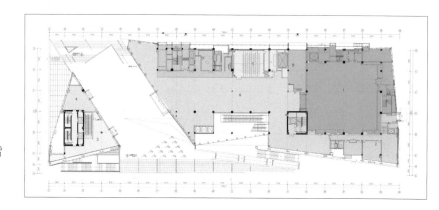

一、设计理念

　　金、玉是古蜀文明的象征，建筑通过金铜、玻璃的材质、色彩和质感隐喻"古蜀宝器"的韵意。建筑整体造型体现出连续折叠、简洁有力的特点，形象地表现出成都区域空间形态、生态的多样性。

二、技术难点

采用参数化设计方式确定建筑外表皮与主体建筑结构网格的构成模式和精确性。

消防性能化设计：多项设计内容超出现行消防规范设计要求，通过消防性能化设计，提出消防设计的解决方案。

建筑为避让地铁、减少对清真寺的挤压感以及建筑造型的需求，使结构成为集连体、错层、大悬挑等多项不规则几何力学特性的抗震超限结构体系。主展厅为 30m 跨无柱空间；建筑中部为 26 ~ 40m 跨度的连体结构；西南角设置 22m 悬挑结构；北侧为跨度 33m 且多达 5 层的多层大悬挑结构。

三、技术创新

参照欧洲相关标准（EN1172）来控制用于本项目的建筑用铜（金铜）的技术参数、生产标准、加工标准、安装要求。

提出基于文物安全的隔震结构减震系数确定方法；提出防震结构抗拉性能设计方法与指标，开发出隔震结构抗拉装置；开发出深基础隔震沟围护结构及配套结构。

开发了基于文物安全的展陈柜防震技术措施；实现了文物本体传统防震措施可靠性的量化评价；开发了展柜及文物本体防震设备的多元化系列产品；研发了博物馆文物防震监测系统。

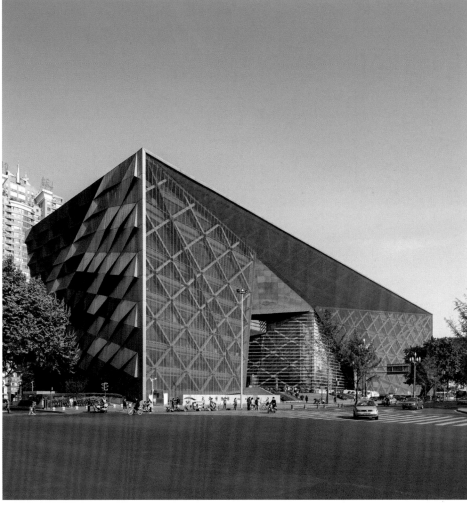

大连理工大学辽东湾校区
（原名盘锦地方大学）

设计单位：沈阳建筑大学天作建筑研究院
合作单位：沈阳建筑大学建筑设计研究院
　　　　　黑龙江省建筑设计研究院
　　　　　辽宁省建筑设计研究院
建设地点：辽宁省盘锦市辽东湾新区
建筑面积：38.33 万 m²
设计日期：2010/2012
竣工日期：2015-07

设计团队：

　　张伶伶　　　　　　赵伟峰

刘万里　黄勇　　夏柏树　侯钰　蔡新冬
焦洋　　巴音布拉格　郝阿娜　严云波　周志刚
朱士壮　张晓明　　王哲民

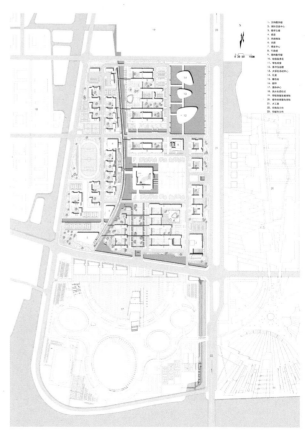

项目简介

　　大连理工大学辽东湾校区项目位于美丽的渤海之滨，辽宁沿海经济带辽东湾新区的东南部，占地56.3公顷，总建筑面积38.33万平方米。作为新区的引导性工程，方案构思从"关注城市，淡化建筑"的整体观念出发，通过指向性开放空间的塑造，构建校区空间与城市空间的衔接关系；以多层次的水体空间融入滨海水城的脉络肌理；以集聚式院落布局延承传统书院空间，着力打造契合寒地滨海气候特征的"水境书香"。

空间布局

　　校园总体布局分为理科教学区、文科教学区、基础教学区、图书信息区、科技创新区、行政办公区、生活区和后勤保障区八个区块；标志性建筑教学主楼、图书信息中心和国际交流中心分别构成校园中、北、南部的功能与景观核心，起到统领全局的作用。

形态塑造

　　教学区采取组群集聚式布局，单体建筑以均质的模块式组合为特征，形成空间界面，映衬水系的灵动与活力。组群中大型实验室被独立布置于模块组合之间，成为行列式组合的纵向连接，与联系各院系之间的短廊一起，将外部空间分隔成规则而又富有变化的自然院落。院落之间利用围合界面的局部架空得以相互渗透，并通过景框作用形成对景和借景，再现传统书院空间的意蕴。坐落于校园南北与东西轴线交汇处的教学主楼，囊括了普通教室、微机教室、语音室及阶梯教室等通用型教学空间，统领全局。建筑平面采用"口"字形布局，南、东、西三个方向的通透界面既保证从两个轴线方向都能取得良好的对景效果，也强调了院落才是建筑真正的主导空间，再一次强化了传统书院空间设计概念。

地域溯源

　　设计中把当地红海滩、芦苇荡、渔船等湿地地域景观进行抽象提取，以符号化、片段化的形式在教学楼、行政楼、宿舍等建筑上加以运用，凸显地域特色，营造文化氛围。图书信息中心组团以三幢高低错落的曲面建筑置于镜湖之上，寓意破浪远行的知识航船；建筑内部空间处理选择了"无边界空间"的理念，核心阅览空间的围护界面被消解，通过向腔体空间敞开来获得自然的采光、通风和各层空间之间的交融；外表面富有动感、不规则的窗是"芦苇荡"生长的意象，也带来了室内灵动的光影幻象，渲染出活跃而静谧的建筑氛围；内院采用的木材外墙饰面使外部空间获得一种室内空间的亲和力。

东湖国家自主创新示范区公共服务中心

设计单位：中信建筑设计研究总院有限公司
合作单位：美国这方建筑师事务所 Zephyr(US) Architects P.C
建设地点：武汉光谷
建筑面积：147391㎡
设计时间：2011
竣工时间：2014

设计团队：

汤 群　　　　杨勇凯

赵仲贵　邹淄旻　范志高　张 浩　李 岚
魏 丽　王 斌　谢丽萍　朱海江　王 疆
方 云　喻 辉　刘 闵

一、设计理念

利用地形特点，建立一个与自然环境协调的生态场所，而不是做一个单体建筑，由建筑群围合成几个空间各异的院落。

二、技术创新

结合地形高差设计架空停车区。

利用场地低洼水塘设计为景观水池，作为雨水收集系统蓄水池。

建筑设计采用局部架空，形成通风廊道，增加园区内部行人舒适度，在采用架空设计前后，场地平均风速由1.2m/s提升至1.8m/s。

三、绿色技术

1）多层次的绿化——屋顶绿化、透水地面、下沉庭院，室外透水地面面积比达到了 53.4%；

2）温湿度独立系统——年节能量 5 万 kWh；

3）可再生能源利用——太阳能集热系统提供热水量比例达到 48.4%；

4）能源监控平台——提供数据报表与趋势分析表，实现节能管理；

5）场地雨水收集——年节约水费约 2.26 万元；

6）建筑外遮阳一体化——降低太阳辐射，防止室内眩光；

7）自然采光——采用小进深使室内 76.7% 的面积满足采光要求；

8）自然通风——过渡季节部分取代空调的作用；

9）空气监控系统——通过 CO 感应器实现通风调节提升室内环境。

获得住房和城乡建设部颁发的三星级绿色建筑设计标识证书。

神农架机场航站楼工程

设计单位：中信建筑设计研究总院有限公司
建设地点：湖北神农架林区
建筑面积：3750m²
设计时间：2009-10/2012-03
竣工时间：2013-09

设计团队：

陆晓明　　　　　兰　青

范旭东　郭　雷　刘　莹　徐　玮　熊火清
张志刚　陈　渊　李传志　袁清澈　刘晓燕
郭永香　李　蔚　陈　车

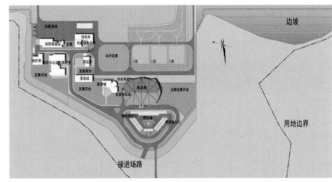

一、设计理念

架木为屋、师法自然。

通过以三角折板的屋面组合，体现与周边景观山体的回应与对话，天际线丰富；屋面的转折也能够呼应群山的连绵起伏。以营造方式作为独特的文化视角，以现代结构技术诠释了"架木为屋"的理念。

二、技术难点

　　神农架机场定位于旅游机场，将着力打造生态、轻松、能够反映地域特征的旅游机场航站楼。

　　设计生态概念突出，玻璃幕墙和钢架形成强烈对比，使建筑形象稳重而又不失自然，有机地融入了青山绿水之间。建筑屋面材料采用防木纹铝锰镁合金板，更进一步诠释"架木为屋"的设计概念。浓缩了地区特殊人文特色的造型设计，迎合旅游者轻松、愉快、好奇的心理特征，将使本案成为林区又一道亮丽的风景。

三、技术创新

　　本工程建筑为古朴丛林风格，为体现出原始森林中木屋的特点，建筑屋面由多种形状、不同角点标高的三角形屋面板组成，采用树干加树枝造型的钢柱形成钢框架支承整个建筑屋面。钢框架的最大跨度达到30m，结合树枝造型在钢柱顶部设置伞状斜钢柱支撑，有效地减少屋面梁的跨度，达到建筑设计理念与结构受力特性的完美统一。

福建医科大学附属第二医院东海分院

设计单位：中国中元国际工程有限公司

建设地点：福建泉州

建筑面积：108205㎡

设计时间：2007-03/2009-03

竣工时间：2015-07

设计团队：

黄锡璆　　　　　　唐琼

周　超　张春俊　周力兵　赵文成　胡剑辉
焦兴学　程　进　刘　宁　韩　丹　王　波
陈　婷　赵　薇　瞿俊章

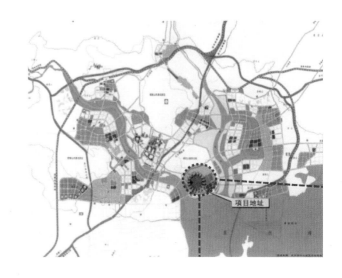

项目简介

　　设计合理解决狭长的建设用地内高大的地势高差与医疗建筑自身的医疗工艺布局的复杂性的冲突。

　　在设计中力求尊重历史和地域文化，在建筑空间及建筑风格中充分采用具有地域特色的建筑元素和传统工艺，并将医院特有的文化底蕴融入到建筑中来，形成具有独特地域气质、高辨识度的医院形象。

基于低造价控制下适应地域气候的"全开敞式医疗主街＋滴灌式垂直绿化"的创新模式设计。以及利用地域气候和地域建筑特点来达到绿色节能的效果，实现真正意义上的低造价的绿色建筑。

"以人为本"的绿色人文医院设计理念——医院不仅是身体康复治疗的场所，更是一个精神放松的场所；医院中以人为本的设计理念不仅体现的是对患者的人文关怀，还需要为医护工作人员提供良好的休息、放松的场所。

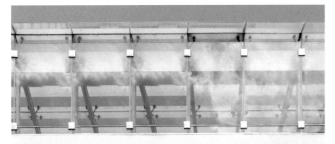

国家电网电力科技馆综合体
[菜市口 220kV 输变电工程及附属设施工程（电力科技馆）]

设计单位：清华大学建筑设计研究院有限公司
合作单位：北京市电力经济技术研究院
建设地点：北京市西城区
建筑面积：47767.75m²
设计时间：2009-03/2013-06
竣工时间：2014-05

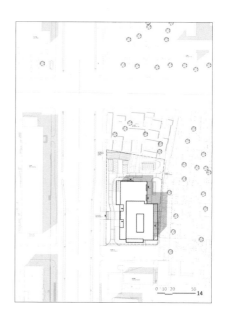

设计团队：

庄惟敏

张　维	杜　爽	任　飞	梁思思	王　威
王　禹	陈　宏	李征宇	王　岚	邵　强
李　晖	刘力红	孙国庆	强　芸	

项目简介

　　该项目为北京市新建地下市政基础设施和地上公共建筑工程综合体，建设地点位于北京市西城区。用地西侧临菜市口大街，北侧为文物保护建筑中山会馆，西侧为历史风貌街区。总建筑面积47767.75m²，含地上

24880.80m²，地下 22886.95m²，建筑高度
60m。可建设用地面积 7478.57㎡。项目包
括 220kV 变电站主厂房及电力科技馆两部分
内容。其中地下三～五层为变电站主厂房，
地下二层以上为科技馆及电力客服中心办
公用房。工程总投资 21.6 亿元，不含变电
站设备建筑工程投资约 4.3 亿元。2014 年 5
月建成投入运行发电。

　　该项目是我国市政商业地块混合利用
的典型案例，为我国新型城镇化背景下城市
用地存量优化开发提供了新思路。该项目也
是工业建筑和民用建筑规范双重应用的典型
案例，是世界第一个运行可参观地下 220kV
运行变电站上整体建设的高层建筑，为后续
城市用地存量优化积累了宝贵的技术经验。
该项目地下变电站是世界上首座全地下开放
式可参观智能化变电站，也是 2009 年市政
府重点工程煤改电工程的主要站点，在节能
减排和减轻雾霾方面具有示范作用。该项目
紧邻北京历史保护街区和文物保护建筑，在
造型和风貌方面与环境协调。同时在及其有
限的用地中打通与历史街区的视觉通廊，美
化环境延续城市文脉。

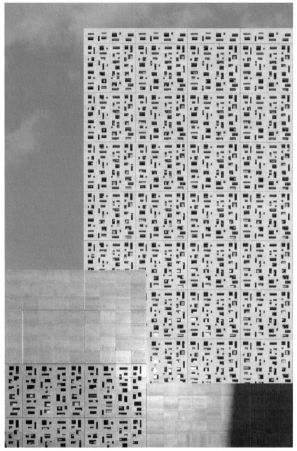

南京博物院二期工程

设计单位：江苏省建筑设计研究院有限公司
合作单位：杭州中联筑境建筑设计有限公司
建设地点：南京市中山门内南京博物院内
建筑面积：84849.4m²
设计时间：2009-05/2009-11
竣工时间：2013-11

设计团队：

程泰宁　　　　　王幼芬　　　　　周红雷

李戈兵　王大鹏　王晓斌　张　猛　李　进　张　伟　邱建中
柴　敬　王金兵　高　勤　董　伟　朱　琳

一、建筑创意

通过对金、玉器物原形、材质、颜色加以分析提炼融合，赋予新建建筑"金镶玉成，宝藏其中"的理念。

二、技术成就

南京博物院二期工程由于是改扩建项目，涉及扩建建筑与老建筑、地上建筑与地下建筑、开馆与闭馆以及建筑与场地改造等关系，整个二期工程实施分两大步。第一步是对新建的场馆实行分区建设、分区开放；第二步是对历史馆落架大修，老大殿抬升加固及保护修缮，同时结合老大殿月台的重修，完成老大殿的室外工程。

三、保护创新

新建、改建建筑在力求自身整体化的基础上与老馆在尺度、材质、色彩以及空间与形式上取得和谐统一之外，并且赋予南京博物院以历史文化特点和强烈的时代气息。在处理建筑墙面与屋顶关系时则借鉴城墙与城楼的手法，这样既彰显了历史馆，又把新老建筑有机地融为一体，并且与用地东边相隔不远的古城墙遥相呼应。

南洋华侨机工回国抗日纪念馆

设计单位：云南省设计院集团
建设地点：云南省德宏州瑞丽市畹町经济开发区
建筑面积：5378.3m²
设计时间：2014-09/2015-03
竣工时间：2015-08

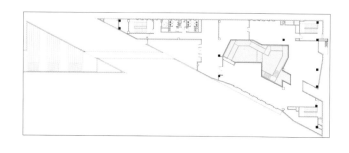

设计团队：

王宇舟　　　　　　胡弘杰

徐　锋　杨　欣　蔡世泽　陈安可　张典威
赵以轩　殷战棚　陈　倬　马庶平　余沁宸
杜江舸　陈宗琳　余朝玺

一、设计理念

1. 尊重

尊重历史，尊重既有建筑。方案以纪念碑（原有）为原点，新建筑放射展开；近五千平方米的大体量建筑，其高度低于纪念碑，整个建筑群由纪念碑、陈嘉庚塑像及纪念馆组成，以纪念碑为整个项目的制高点来控制，共同构筑完整统一的纪念公园。

尊重场地、尊重环境。新建建筑依山就势，顺应地形。建筑采取一定断开及架空等措施，使得总长九十米的建筑不破坏山体与城市之间的联系。

2. 提炼

畹町桥是整个事件的典型代表。方案将纪念馆提炼并抽象成为一座"意断形连"之"桥"。"断桥"被处理成三角形，隐喻了三千余名回国的南侨机工，又象征了历时三年的漫漫援战之路。同时，三角形本身强烈向前的视觉张力，也反映出南侨机工勇往直前的精神。

方案将整个纪念馆的参观路线组织并抽象成一条滇缅公路，虽蜿蜒曲折，但坚定前行，整个参观过程就是一条风雨生命线的体验过程。

二、技术特点

项目属于复杂山地中的重要文化建筑．既要结合场地依山就势，又要具备纪念性建筑的气质—庄重大气，沉稳厚重。同时还要考虑到参观流线的组织，场地关系的限制。为了更好地适应场地，方案中设计了二十米的架空，再加上中庭空间的复杂也带来了一定的结构难度。考虑到了山地建筑依山就势的特点和庞大建筑体量之间的矛盾，采用部分覆土的手法以减小体量。

三、创新情况

在深入研究该段历史之后，提炼出该段历史中最有代表性的事物：断桥和路。将桥的概念用于建筑的造型，整个建筑就是一座意段形连之桥，将室内的流线提炼成一条蜿蜒曲折的漫漫援战之路。所有的一切都统一在一个三角形之中，而三角形本身也和场地有较好的关系。

乔司镇中学新建工程

设计单位：浙江大学建筑设计研究院有限公司
建设地点：杭州余杭区乔司镇
建筑面积：64322.3m²
设计时间：2011-02/2013-08
竣工时间：2015-12

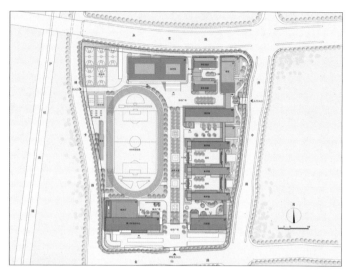

设计团队：

鲁 丹

王玉平

王启宇　潘加富　桑松表　王松青　丁　德
杨　鹏　王　俊　华　旦　金　杨　田向宁
王　雷　裘朝晖　楚　冉

一、设计理念

取传统建筑之韵，融现代建筑之意，营造一所富有传统韵味的现代"江南书院"。借鉴传统建筑空间的处理手法，塑造一所小中见大的学校。

二、技术难点

书院空间院落层级。总体院落：规划格局延续传统书院风范，建筑组团对体育场及校园公共空间呈U形三面围合之势，建构出一级院落。组团院落：建筑有机组合，并以书院传统秩序相连接，成为递进的二级院落。完成了校园环境从外围到内核的由"闹"及"静"的逐层过渡。内部庭院：通过交叠环绕的片墙、游廊等构筑物与单体建筑本身共构出小型庭院，既满足了各功能建筑内部使用要求，又与组团院落相互渗透。并以多样植被营造特色环境，有效保持教学内核不同功能的场所感知，使得校园空间层次更加丰富，同时满足现代学校对开放性和交互性的要求。

三、技术创新

江南地域特色及传统中式情境。（1）材质与基调：以白墙为主体，单坡青瓦屋顶挑檐，虚实相间的山墙、门洞、连廊，与背景园林共同构成刚柔结合、错落有致的轮廓线。平实素雅的整体基调也清晰绘制出宁静致远的校园意境。（2）细部与元素：檐，精巧的探出白墙之外，打破单调，为宽大墙面作点缀，引发联想；廊，外部空间的串联，既解决交通联系中遮蔽风雨的问题，又可驻足停留，丰富环境层次；窗，多样花格窗勾勒出传统建筑形态，旧装重生。墙：高低片墙，构建趣味空间，逐步化解建筑体量。

天府软件园（F 区）

设计单位：中国建筑西南设计研究院有限公司
建设地点：四川省成都市高新区天府五街
建筑面积：256360.88m²
设计时间：2012-02/2012-07
竣工时间：2015-08

设计团队：

钱　方

朱　健	陈红艳	银　雪	革　非	刘光胜
董　彪	朱新华	张　宁	郑祖雷	郭伟锋
王晓科	李剑群	余　强	詹巨聪	

项目简介

　　设计基于建构思想，关注人的使用功能、资源有效利用、建造技术逻辑，通过精细的设计和严格的现场管控，实现设计、建造的全阶段控制。

　　采用高贴线率，营造城市街道界面和整体形象。完备的交通组织和多样化主题景观设计构建项目的整体性。

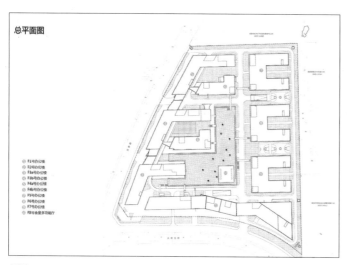

总平面图

针对项目诸多限制，将食堂的屋顶与地面连成一体，形成公共活动空间，并在建筑底层多处架空，营造出一个内外可视、空间通透的开放式园区。

结合 BIM 辅助设计进行管线综合优化设计和数据分析，优化空调风口布置和照明配置等。BIM 的应用获得省级一等、国家二等大奖。

工程全阶段的设计控制，采用了陶棍、锈钢板、隐框玻璃幕墙内倒窗（专利技术）、彩釉玻璃等新型材料和双曲面山丘形无梁楼盖、高空大悬挑结构等高难度的新工艺。满足业主的限额设计要求，最终结算仅为 2892 元 /㎡（含景观及室内公装），实现了高性价比的建筑品质。

厦门世茂海峡大厦

设计单位：奥意建筑工程设计有限公司
合作单位：晋思建筑咨询（上海）有限公司
          (Gensler Architecture Consulting (Shanghai) Co., Ltd.)
建设地点：厦门
建筑面积：349830.8m²
设计日期：2010-05/2014-12
竣工日期：2015-01

设计团队：

李晓梅

袁春亮

谢其杰　毛仁兴　周林森　张国庆　夏　兰
刘燕婷　朱永文　黄　卓　陈　君　恽日来
周晓夏　卢江华　刘海波

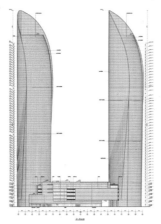

一、项目概述

厦门世茂海峡大厦为厦门第一高楼，位于厦门岛海上门户厦港片区，东依千年古刹南普陀寺和百年名校厦门大学，西望鼓浪屿和郑成功雕像。总建筑面积35万㎡，由两座300m超高层建筑组成，A座SOHO办公和公寓，B座五星级酒店（厦门康莱德酒店）、5A写字楼和"云上厦门观光厅"，裙楼SHOPING MALL。

二、设计理念

适应独特的基地环境及景观特点，塑造滨海新高度、美丽风帆造型双塔地标、厦门天际线的亮点；最大化利用海景资源，双塔三棱柱形平面，自下而上，层层递进和收分，凸显优美的风帆曲线；作为厦港片区旧城改造的先导，着力打造延续旧城文脉，发扬新城文明的滨海门户建筑。

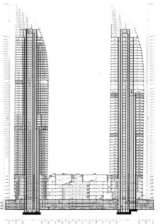

三、技术难点

着力解决风荷载和地震作用对海边超高层建筑影响，成为结构设计的挑战；在无法采取常规设置伸臂桁架等措施的情况下，充分利用避难层沿高度方向设置腰桁架以提高建筑整体刚度，利用外框架和中心筒体共同抵抗水平风力和地震力作用，形成有效、合理的多重抗侧力体系。采用ABAQUS进行罕遇地震下的结构动力弹塑性时程分析以反映结构的弹塑性性能，确保结构最优化。

新基础医学教学科研楼

设计单位：江苏省建筑设计研究院有限公司
建设地点：南京医科大学江宁校区
建筑面积：103046m²
设计时间：2012-02/2012-08
竣工时间：2013-12

设计团队：

周红雷　　　　　　徐延峰

章景云　陈运　李卫平　程湘琳　周岸虎
高勤　谢蓉　张伟　雍远　江文婷
王蕾　肖伟　徐卫荣

一、设计理念

方案打破了传统教学科研类建筑的布局方式，有机融入环境。既充分利用南侧面向校园中心景观区的人工湖，使景观与建筑充分呼应，同时，通过合理布局，强化用地西侧校园主要轴线的视觉通廊，使校园空间更具层次感。

二、项目特殊性

空间处理上，创造了人性化、灵活通用的教学与科研空间，塑造了面向未来的校园建筑。教研中心三栋多功能的教学单元围合中庭，主要交通空间通过中庭连接校园主要轴线，形成校园空间到教学公共空间，再到教学使用空间的合理过渡。教研服务中心延续围合的设计模式，建筑中庭向校园轴线及南侧湖面打开，提升了室内公共空间在视觉上的开放性，建筑在临湖一侧，通过大跨度的悬挑处理，仿佛张开双臂拥抱水面，使其成为校园景观上的重要标志。

三、技术难点及创新

本工程采用垂直埋管地源热泵冷热水空调系统，供应教学及教研服务中心的空调冷冻水及空调热水，夏季采用湖水作为冷却源，充分体现现代建筑科技及绿色建筑设计理念。

于庆成美术馆

设计单位：天津大学建筑设计研究院

建设地点：天津市蓟州区

建筑面积：1683m²

设计时间：2011-07

竣工时间：2016-03

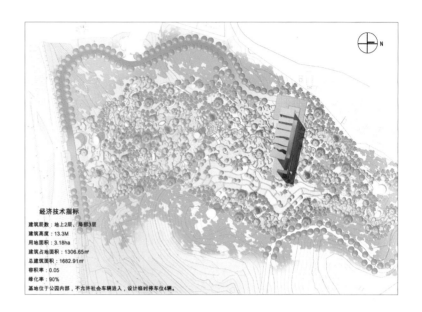

经济技术指标

建筑层数：地上2层、局部3层
建筑高度：13.3M
用地面积：3.18ha
建筑占地面积：1306.65㎡
总建筑面积：1682.91㎡
容积率：0.05
绿化率：90%
基地位于公园内部，不允许社会车辆进入，设计临时停车位4辆。

设计团队：

张　华

洪再生　于敬海　蔡　节　丁永君　张大昕

孟祥良　王　倩　黄南北　孙晴雯　翟相涛

李　倩　王品才　杨成斌　杨廷武

一、设计理念

于庆成美术馆坐落于天津蓟州区府君山南麓。构思用感性的词形容是"捏泥巴",理性的词是"流形",一个从头至尾充满运动变化的并有两个或多个不同表现形式端头的形体,表现的不是一个结果而是一个过程,一个不断流动变化的空间形体,一个从静态到动态的过程,一个时空演变的过程,一个机体生长的过程,一个没有焦点的建筑,一个从线性到非线性变化的几何构成,兼具拓扑与分形的特征。这个不方不圆的形体不合常理而合乎逻辑。曲线与直线不再以对比的,机械的,刚性的欧式几何面孔出现,而是从同胚、同伦到非同胚等一系列的拓扑变换下作非线性的变化。

于庆成美术馆建筑形体空间具有十个变化:

力学——体态从静到动	微分——形式从直到曲
层级——分块从大到小	光学——颜色从深到浅
测量——面层从厚到薄	计量——缝隙从宽到窄
物理——质感从粗到细	维数——空间从二维到三维
性状——气质从刚到柔	哲学——属性从阴到阳

玉树文成公主纪念馆

设计单位：中国建筑西南设计研究院有限公司
建设地点：青海省玉树藏族自治州结古镇文成公主庙东
建筑面积：2307m²
设计时间：2010-12/2012
竣工时间：2014-11

设计团队：

钱　方　　　　黄怀海

黄怀海　李　峰　冯　远　陈文明　戎向阳
银　雪　孙　钢　付刊林　司鹏飞　温蕊芳
谭古今　王笑南　张嘉琦　陈恩莉

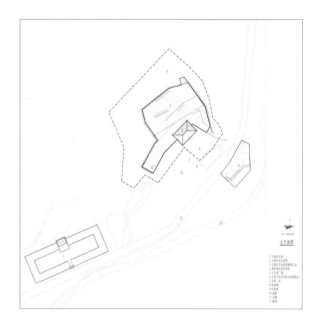

建筑主体采用当地毛石砌筑，墙体收分显著，厚重自然；土黄色主调的门楼古朴雄浑。屋盖的单向密肋梁为不规则平面赋予了内部感受的整体性，并形成了屋面的"天路"台阶。人们走过蓝灰色砾石铺就的广场，推开木构大门，可以在转折抬升的台地内部漫步观展，并在由顶部倾泄而下的阳光中，感受路径的曲折与空间的变化。

项目简介

　　纪念馆位于玉树藏族自治州文成公主庙东北的崖壁之侧。建筑依山就势，以藏式蹬道主体隐喻"天路"，以唐风门楼点明"大唐"，通过两者的结合阐释汉藏融合的理念。唐风门楼在西安建造，采用重走进藏之路的方式运抵现场，与藏式主体相结合，这一建造行为，则进一步回应纪念馆的主题——千百年来汉藏两族延绵不断的动态交流。

重庆国际博览中心

设计单位：北京市建筑设计研究院有限公司
衡源德路工程设计（北京）有限公司
建设地点：重庆市渝北区悦来镇
建筑面积：602189m²
设计时间：2010-06/2012-04
竣工时间：2013-11

设计团队：

马国馨　　　　张宇　　　　　柯蕾
彭勃　尼宁　卫东　朱忠义　单瑞增　周忠发　石鹤　杨东哲
杨帆　任红　董艺　韦洁

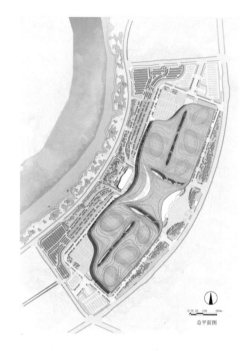

总平面图

一、设计理念

项目位于重庆市渝北区，紧邻嘉陵江江畔，地形浅丘起伏，连绵不绝。设计总体构思保留基地起伏特色，结合江边景观，展厅沿嘉陵江岸边两侧排开。总体形象上，通过建筑整体屋盖的设计，塑造雄起延绵的山峦的整体形象，与周边地形环境相呼应，与重庆山城相对应，与雾都江景相映衬，成为渝北区嘉陵江边的一只振翅欲飞的美丽的蝴蝶。

二、流线设计

流线设计考虑项目功能的复杂性及超大的尺度，与市政轨道交通密切配合，在多功能厅前广场设置轨道交通出入口，两翼设计大面积停车区域。考虑展厅部分的多种使用方式，在两端设计独立的登录大厅，南北两侧展厅可独立使用，也可合并使用，适应不同规模的展览。多功能展厅可用于展览，同时可以举办演出、体育赛事等，位于中央，直接对应中央大广场。酒店毗邻嘉陵江畔，一方面使其具有良好的自然景观，另一方面与会展人流相对独立，满足酒店使用需要，会议中心位于酒店之后，与酒店和多功能展厅均有连接，满足会议、住宿、展览一体化需求。

三、技术难点

技术难点为巨型的屋盖系统，由于地处山城，屋面"第五立面"的设计具有重要的景观意义。巨型的蝴蝶造型以及与屋面的有机结合为本项目的重要特征。屋面采用三角形铝合金网架编织，结合地形特征，通过高度的变化，形成多个"生态包"，与周边环境融为一体。

北京华尔道夫酒店

设计单位：北京市建筑设计研究院有限公司
　　　　　ASGG
建设地点：北京东城区金鱼胡同 5 号
建筑面积：44180m²
设计时间：2009-12/2011-09
竣工时间：2014-01

设计团队：

纪　合　　　　　盛　平

段　钧　庄　钧　甄　伟　张瑞松　王　竣
章宇峰　赵　明　王　轶　马月红　孙　妍
张　争　张沭洄　张志强

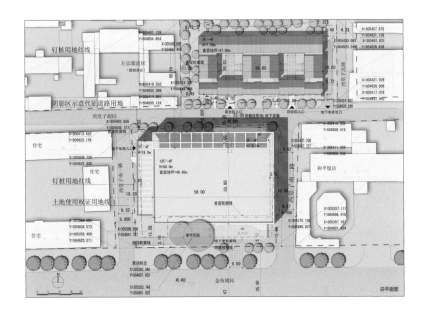

一、设计理念

　　整合华尔道夫酒店最具标志性的元素，确保北京的华尔道夫酒店能够在品牌归属感上传承、沿袭并使之具体化。建筑设计要尊重所处的环境场所，不仅满足酒店顾客的居住功能，更要体现建筑对城市的回应，对当代建筑创作的一个回应，对中国包括北京的历史文化的回应。这是本次设计的出发点和落脚点。

二、技术难点

　　该酒店项目品牌属于顶级精品豪华商务酒店，项目用地紧张，而且被一条市政路分为南北两个地块；周边环境复杂，地处王府井闹市，西临文物保护单位左宗棠故居，区位临近故宫博物院；城市限高明确，北地块限高 18m，南地块限高 50m。用地北侧住宅的日照要求又对项目条件苛刻；场地内有两棵古树保护；外立面形象特殊，又要与环境协调。如何综合处理好以上种种限制和挑战，构成了设计的技术难度。

三、技术创新

　　通过研究对铜板的预氧化处理，以获得期望的视觉效果；通过化学预处理制作转换层，使表面涂层与基材具有良好的结合力，达到持久稳定的立面效果。针对西侧体型收进，在 3 层顶板采用了组合转换桁架承托 4～12 层的边柱；针对东侧体型悬挑，采用上下柱搭接转换实现悬挑结构设计。合理确定转换结构的抗震性能目标和构造做法，并对整体结构进行了静力弹塑性分析、连续倒塌和施工过程分析，提出了上承式施工转换桁架的方法。

北京航空航天大学南区科技楼

设计单位：北京市建筑设计研究院有限公司
建设地点：北京市海淀区学院路 37 号
建筑面积：225000m²
设计时间：2011-02/2012-03
竣工时间：2014-12

设计团队：

叶依谦　　　　　陈震宇

李　衡　王溪莎　陈彬磊　张　曼　张　勇
祁　峰　刘　弘　孙明利　翟立晓　赵亦宁
宋立立　夏子言　张广宇

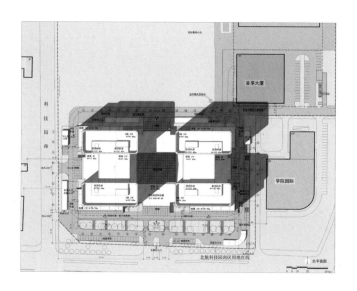

一、优化建筑布局关系

　　项目用地面积小，建筑高度限高 100m，容积率高达 3.5。在总体布局方面，充分利用场地条件，采取南北平行布置方式，中轴对称，呼应城市关系。建筑主体为四栋板式高层建筑，通过中间连接体形成两个"工"字形体量，在规整中又富于变化。

二、简洁精细的建筑外立面

　　建筑外立面设计采用蜂窝铝板、铝型材和 Low-E 中空玻璃组合体系，通过比例与细节推敲体现简洁现代的风格，具有科技感，符合业主作为国内一流理工科高校的形象气质。

三、尊重环境、以人为本的环境设计

　　项目中心部位设有高 19.5m、总面积达 1000m² 的三层通高室内景观中庭，巧妙搭配乔木、灌木及景观小品，使之成为建筑内部公共空间和建筑景观环境的核心，同时创造性地为建筑使用者提供了放松身心的休闲空间。通过建筑、景观、暖通空调的多专业协同，实现了环境舒适与植物全年常绿的有机统一。建筑南侧的现状树木全部保留，与楼前景观广场和绿化停车场巧妙结合，为建筑增添了生机与情趣。

四、提现全流程、高完成度的设计

　　按照"全流程设计总包"的理念，将建筑设计、室内设计、室内外景观环境设计、建筑夜景照明设计等设计全要素由总体设计单位整体完成，确保了项目由整体到细节、由外观到室内环境的连贯，材质、色彩、风格的统一，整个建筑浑然一体。

国电新能源技术研究院

设计单位：北京市建筑设计研究院有限公司
建设地点：未来科技城 C 区
建筑面积：243100㎡
设计时间：2010-09/2012-07
竣工时间：2014-11

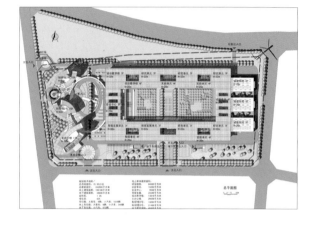

设计团队：

叶依谦 刘卫纲 薛 军

段 伟 从 振 霍建军 周 笋 王雪生 石光磊 徐宏庆 陈 莉
富 晖 骆 平 刘 洁 蒋夏涛

项目简介

　　项目位于北京市昌平区未来科技城北区内西北角地块，由研究所、培训教室、会议中心、科研办公楼、实验楼、试验车间、预留发展楼和配套公共设施构成。

　　项目核心为研发区，由五栋研发楼组成的研究所相互连接，东侧为三栋大型试验车间，西侧为科研交流中心，由培训教学楼、预留发展楼和中间的会议中心组成，它们共同构成了一个科研主题。设计中结合研发区屋面采用了 3 万 ㎡ 的光伏电池板。用地西侧布置了弧线形的三座单体，分别是主办公楼、科研楼，与主体形成了对比，自由的弧线与西侧的温榆河环境相互呼应。

　　建筑的立面形象反映科研建筑的气质与文化内涵，高层科研楼位于自然景观绿地之中，是整个基地的核心形象建筑，设计中采用石材、玻璃为主要幕墙体系，结合温榆河的室外空间和内部庭院，成为对外交流的窗口。

科研业务办公楼

设计单位：南京市建筑设计研究院有限责任公司
建设地点：江苏省南京市
建筑面积：34430m²
设计时间：2011-01/2012-08
竣工时间：2015-06

设计团队：

蓝　健　　　　沈劲宇

路晓阳　李永漪　殷平平　戴　杰　夏长春
章征涛　黄志诚　杨　娟　陆楠楠　王幸强
王　心　张建忠　张珺俊

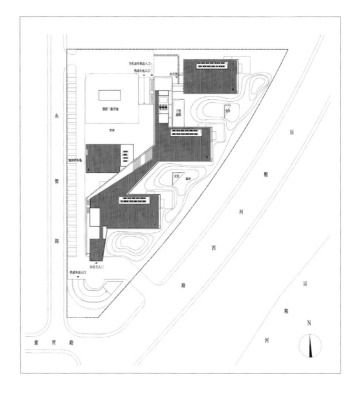

一、设计理念

作为核心空间，线性公共空间成为地域文化表现的精神空间，设计中以柱与片墙将公共空间分隔，生成相互并列或交错的"河道"（中庭空间）、"街道"（走道空间）、"公园"（绿化空间）等空间节点。"房子"（功能单元）依"街道"而建，或与"街道"以桥相连，形成类似江南水乡的微缩社区或者邻里空间的布局形态。

二、技术难点

本建筑是一座极简风格的白色建筑，白色外墙瓷板、白色涂料、白色窗框、白色栏杆，一切"白色"都体现出了对纯粹性的追求。功能单元以"虚"的玻璃盒子形象卡嵌在主体建筑上，形成建筑表皮与平面功能完全契合的、具有强烈虚实关系的典型的现代建筑风格形象。

三、技术创新

　　项目充分考虑当地的气候、人文、经济等实际情况，结合项目的使用功能，因地制宜采用合理的绿色建筑技术措施。应用了透水路面、屋顶绿化、地源热泵空调、太阳能热水系统、雨水回用系统、喷灌、室内空气质量监控系统、光导采光系统等绿色技术。项目于2014年获三星级绿色建筑设计标识。

南开大学新校区环境科学与工程学院

设计单位：同济大学建筑设计研究院（集团）有限公司
建设地点：天津市海河教育园区南部
建筑面积：21467m²
设计时间：2012-11/2015-10
竣工时间：2016-02

设计团队：

王文胜　　　　　黄 俊

孟春光　刘剑锋　曾 刚　刘 芳　冯 玮
潘若平　陈义清　郑剑锋　周致芬

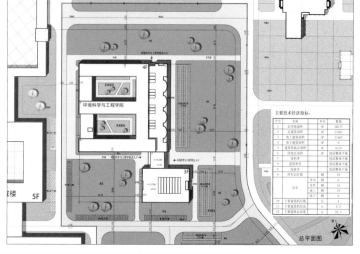

一、项目概况

　　南开大学环境科学与工程学院位于南开大学新校区历史文化轴线南侧，与旅游服务学院相望。总用地面积 28253m²，总建筑面积 21467m²。建筑地上 4 层，无地下层。

　　环境科学与工程学院是西校门入口处最重要的校园建筑之一，建筑质朴稳重的气质与百年南开的文化底蕴相契合，展示了南开大学的形象。

二、设计理念

　　环境之脉：设计最初的想法源自于对环境科学本原的思考，从自然中的"脉络结构"汲取灵感，以脉络结构作为组织建筑的原型，将环境科学中多层次、多结构、多学科的组成部分有机地整合起来。

　　理性和秩序：设计从南开大学百年的文化底蕴和文脉出发，通过简洁明确的建筑形体，力图体现高等学府的理性之美、秩序之美。

　　浪漫与和谐：设计从地域特征和学校文脉出发，力求塑造理性而不失浪漫、大气彰显细腻的建筑形象。

　　高科技与高情感的均衡：设计从人的"尺度"出发，注重高科技与高情感的均衡，塑造不同性格特点的场所和空间。

泰州医药城教育教学区图书馆

设计单位：江苏省建筑设计研究院有限公司
建设地点：泰州市泰州医药城教育教学区
建筑面积：33003m²
设计时间：2011-09/2012-05
竣工时间：2015-02

设计团队：

周红雷

章景云　李卫平　李　进　单　莉　邱建中
蔡　蕾　颜　军　顾　苒　王金兵　张　琳
肖　伟　刘　燕　朱　琳　李　智

一、设计理念

图书馆以"滨水而生，混沌正开；虽为人作，宛若天成；如璞玉静卧池畔，似慧智滋润懵懂"为造型理念，塑造一座兼顾使用功能、建筑形象、人文气质与经济性的高品质建筑。其功能合理，使用便利，造型具有强烈张力和特色，与城市景观有机融合，同时前瞻性地采用绿色节能设计，已成功申报国家二星级绿色建筑设计标识。

二、项目特殊性及技术难点

项目为超限高层，三项超限对结构提出很高要求。设计中采用转换梁及转换桁架、型钢斜支撑、型钢转换柱等结构措施，确保结构达到抗震性能目标要求。

三、技术创新

项目采用地源热泵空调系统、雨水回收技术、光诱导、高性能围护构件等多项绿色建筑技术；东侧景观湖犹如"绿肺"有效降低基地热岛效应；通过设置南北向开架阅览室的较大通透面、东西向密排大进深竖向建筑百叶等造型手法调节室内热环境，创造技术与情感、节能与艺术相融合的现代化人性空间。

新中元大厦

设计单位：中国中元国际工程有限公司
建设地点：北京市海淀区西三环北路 5 号院区
建筑面积：21540m²
设计时间：2012-06/2014-04
竣工时间：2015-09

设计团队：

丁　建　　　　李东梅

郑耒娟　张亦静　魏民赞　李　楠　韩　斌
刘　红　刘昕晔　李保宁　朱姣颖　李桂楠
申　展　吴希亮　李　洁

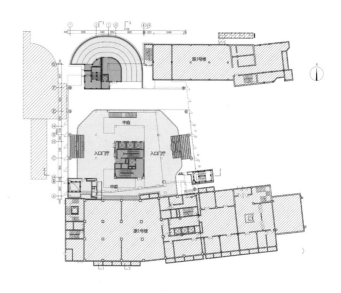

项目简介

　　设计创造性地采用外部主风管、整体中庭自然与机械混合式回风技术策略，应对不同季节通风模式，确保新旧建筑剖面无缝对接以及办公空间的有效高度。暖通专业针对不同建筑功能采用多元冷源，即：除水冷机组、风冷热泵变制冷剂流量多联机组及柜式空调以外，还充分挖掘原有 1 号楼制冷机组的潜力，利用消防水池作为蓄冷设施，使其制冷系统在高效区运行，减少运行能耗及节省运行费用。合理开发并盘活相关建筑空间功能，达到绿色环保、节能低碳运行的目的。

　　外表皮结构以竖向遮阳为主。在公司的技术团队的支持下，通过光、风环境模拟、能耗分析模拟等先进计算分析，为立面方案决策提供数据支撑；2m 宽竖向铝合金遮阳百叶提升室内采光均匀度，与新风风道合并设置，形成由内而外的建筑立面逻辑。表皮结构理性、简洁、工业美，代表了我们作为大型国际化企业的品质。

　　在用地紧张，与现状三栋建筑贴邻并功能连通的情况下，深入研究新型办公尺度，确定合理建筑轴网和层高，使新旧建筑衔接紧密。

　　整体造型以遵从城市规划控制为前提，退让北侧建筑的日照遮挡和北京电视台信号辐射范围，同时为员工提供休憩的绿化平台，体现人性化关怀。

　　全楼应用了 BIM 系统做各专业的管线综合，使得施工过程中复杂的地下空间管线以三维图片的方式展现在施工过程中，降低了出错的概率，提高了施工效率。

　　全楼设置了能耗监测与二氧化碳浓度检测，采用了大量低污染材料，在大楼投入使用之前和使用中进行了全楼环境质量监，实现高品质的办公环境。

中山博物馆

设计单位：河北建筑设计研究院有限责任公司
建设地点：河北省定州市
建筑面积：25624m²
设计日期：2014-06/2015-01
竣工日期：2016-02

设计团队：

郭卫兵　　　　　　　邸军棉

王新焱	周　波	史永健	高胜林	王静肖
王　强	贾慧军	梁　坤	牛　凯	贾东升
马　坤	霍明珠	李　卉

　　中山博物馆工程基地位于定州开元寺塔、贡院等国家级重点文物所在片区，馆址周围同期规划建设了仿古商业街区，因这一基地特征和片区风貌，使中山博物馆在城市设计、建筑形式方面面临较大挑战，也为建筑创作提供了良好机遇。

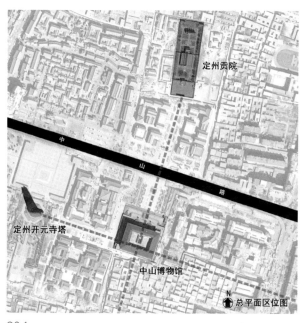

总平面区位图

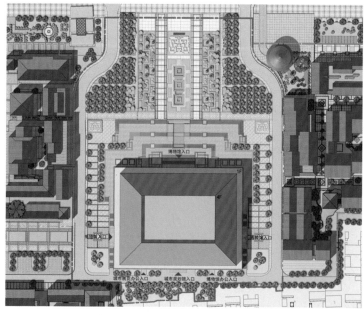

城市设计

 工程选址在符合文物保护控制规划的前提下，以开元寺塔、贡院为参照点建立东西轴线及南北轴线，从而确立博物馆基地坐标体系，实现现代与传统之间的对话。

尊古尚新

 充分研究周边传统建筑建构特点，将台地、屋顶、叠涩、纹饰等形式语言，以现代建筑设计手法构建出尊重传统又彰显时代精神的建筑风貌。

本土特色

 定州市拥有优秀传统建筑技艺的地区，传统建筑中呈现出中国建筑"经典美"特征。本工程以严谨、周正、大方的空间形态，探索具有本土特色的经典表情

常德柳叶湖管理委员会行政中心

设计单位：湖南大学设计研究院有限公司
建设地点：湖南省常德市
设计时间：2012-04/2014-05
竣工时间：2016-03
建筑面积：22025m²

设计团队：

魏春雨　　　　　齐　靖

罗学农　郦世平　肖罗匡腾　孙　瑾
刘海力　龚其贤　许昊浩　伍　帅　朱建华
周宏扬　刘　剑　张　宁

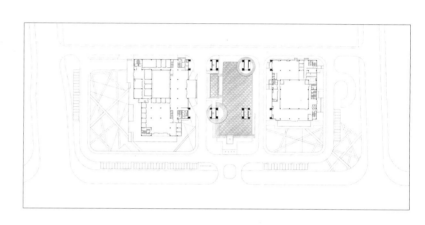

一、设计理念

　　建筑保留原来湿地地景，颠覆传统行政楼的呆板与固有形式，采取风雨桥的现代转译。场地为长方形用地，以浅丘地形为主，中部有一小池塘。设计源于对地形的主动介入，强调保留自然水系并加以修补，底部采用架空的

方式，以四个柱体和水系东西两端的方盒体量为基座，三层高的环形方体自西向东舒展地悬浮于基座之上。建筑与大地轻轻地触碰，中间的"天井空间"与地面水景互为图底，构成场地内的仪式性主导空间，重新定义了建筑与场地的关系，延续和再生了城市空间界面和景观，塑造了开放而又有亲和力的政府公共服务新形象。

二、项目特殊性

常德柳叶湖管理委员会行政中心位于常德市柳叶湖旅游度假区核心景区内，是一个集政务中心、会议中心、行政办公及后勤服务等多功能于一体的城市公共服务综合体。方便行政管理和为市民服务。表皮立体化设计，由一个个功能单元盒子互相错落排列而成，凹凸起伏的复合立面，软化了建筑界面、容纳了变幻的光影、退出了丰富的绿色露台。错落造型与各功能房间相对应，表里如一，直白真切，也体现出政府办公的透明与高效。

三、技术难点

　　建筑模拟风雨桥，采用有韵律的钢筋混凝土梁，保留原有场地的地景。景观水系两侧的政务中心和会议中心置于城市路网转角处，面向城市开放和共享，更多的是融合公众的参与和活动。行政办公入口则是利用中部架空区域临水景"侧身"设置，建筑3～5层是一个围绕三个空中庭院悬浮而成的环形方体，内部服务空间根据功能需求和结构柱网被分解成许多个模块单元，彼此通过垂直和水平向度的叠合和重构，一些纳于庭院之中，另一些脉动于立面之上，整个建筑宛如一个"服务的容器"，将各种功能、行为高效整合，激发出活力，形成了一种无差级、平面化的层级关系。

四、技术创新

　　建筑下部基座和上部环形框架分别为深灰色和灰白色石材幕墙，延续了政府办公建筑庄重、朴素的特征。上部模块单元体采用标准化的高透无框式玻璃和深灰色金属板复合幕墙，则是表现一种纯净而清透的表情，在一定程度上弱化了建筑的重量感和体量感，同时增强了建筑与环境之间的对话和融合。

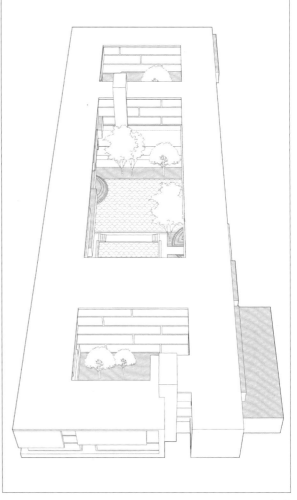

绿地广场

设计单位：浙江大学建筑设计研究院有限公司
建设地点：江苏省淮安市淮安区
建筑面积：169343m²
设计时间：2011-04/2014-12
竣工时间：2015-01

设计团队：

沈济黄　　　　　曾　勤

孙啸野　王　嵩　侯　青　黎　冰　秦从律
曹云中　曹志刚　袁松林　汪　波　杨国忠
刘若斐　岑　伟　付少峰

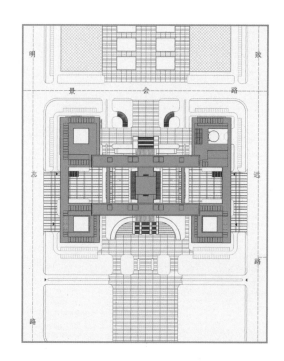

　　绿地广场是由两座板式主楼和四座院落围合式辅楼共同组成的总建筑面积 17 万 ㎡ 的综合办公建筑。

一、项目背景——三淮一体

　　为了进一步策应城市发展需要，实现空间功能结构整合，依据新一轮城市总体规划，淮安市在主城区与淮安区之间的几何中心，规划建设淮安生态新城。绿地广场项目即位于生态新城核心，南临枚皋路及 3000 亩森林公园，区位优越，是生态新城的地标建筑。它的建成将迅速提升生态新城乃至淮安市的形象，带动周边建设，并使主城与淮安区的联系更为紧密。

二、设计理念——淮水安澜

　　淮安，市境跨古淮河两岸，名即"淮水安澜"之意。因此，设计以此为出发点，采用中正、对称的建筑布局形式，四幢辅楼好似巨大的基座，主楼为两块巨板架于其上，整个建筑群气势恢宏，中正稳固，形方而正，质朴而和。

三、总体布局——经天纬地，九成宫格

　　设计以经纬网格控制场地，建筑体量定义了外部空间，建筑与广场形成良好的图底关系。主楼、

辅楼之间自然形成了南北、东西向广场，其中南北向广场为主要对外的开放性形象广场，东西向为对内的休闲广场。建筑轴线与外部空间轴线同构，主楼以卓然不群的气势和控制全局的姿态俯瞰整个地块。办公楼一、办公楼二、会议中心、后勤服务中心等辅楼位于主楼的四角"基座"位置。整个建筑群表达出主从有序的逻辑和浑然一体的气势。

四、单体设计——简洁高效

主楼平面呈"工"字展开，以近180m超长尺度的双板展现主楼体量的气势与力度，气宇轩昂。南、北两主楼间距近60m，宽高比超过1：1，采光通风情况良好。平面组织简洁理性，实用高效。平面中部设置开放空间或公用会议室，避免长走道，提升使用体验；两端分别设置通高休息厅，加强空间品质。同时，根据不同业主的要求，主楼平面可分可合，自由分割；四栋辅楼对位逻辑关系严谨。单体的组构皆以简洁实用的矩形为母题，结合不同的内庭设计景观，优化使用环境，增强识别性。辅楼根据不同的功能，设有不同方向针对不同人群的出入口门厅，动静分区明确。同时，辅楼与主楼通过连廊联系，沟通便利高效，从而提升了整个建筑群的使用效率。

五、造型构思——大象无形，以简驭繁

开放与简明是现代美学的基本要点，也是绿地广场的造型设计出发点。"大象无形，以简驭繁"，绿地广场造型以竖向线条为主，简洁有力，它不仅是对标志性形象的一种理性追索，精炼的处理手法和纯净的体型，富有韵律感的细节处理更能体现其恢宏气势，并与建筑功能性格相吻合，体现建筑形象的逻辑性。精到的细节和精美的工艺带来的高完成度，更使得绿地广场成为熠熠生辉的高品质办公场所。

六、绿色建筑设计

本工程设计之初即以绿色二星为标准进行设计，并于2012年经评审获得设计二星级绿色建筑评价标识，是国内同类项目中规模较大、时间较早的绿色建筑，也成为淮安新城"生态立城"的支撑项目。

延安市市级行政中心及市民服务中心

设计单位：中国建筑西北设计研究院有限公司
建设地点：延安
建筑面积：280080m²
设计日期：2012-06/2013-03
竣工日期：2016-03

设计团队：

赵元超

王 敏　　李 强　　张复昊　　杜 钊　　潘 婷
许彬彬　　王洪臣　　郭 东　　张 军　　殷元生
蔡 红　　何云乐　　陈岗锋　　曹维娜

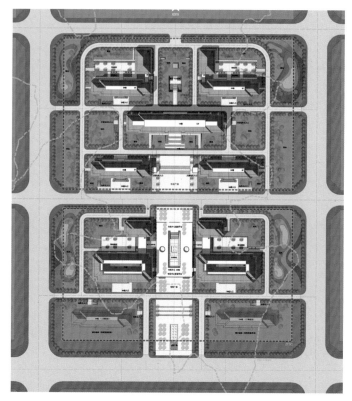

一、设计理念：延续轴线 传承精神 表现时代 服务人民

　　设计延续城市轴线，中轴对称、庄重大气的形态诠释行政办公类建筑的特点，不仅尊重城市的山水格局，又力图体现地域特色和新时代精神。地块以市府市委主楼为核心，南北向主轴线依次展开；政协、人大、市长、常委楼在该轴线上对称排布，构成中正有序方正空间。主轴骨架上的建筑结合地形顺势而起，逐级递升。建筑之间利用地形设计下沉庭院，丰富空间感受，将自然环境融入建筑环境，创造内外统一、简朴大气的建筑群体空间。

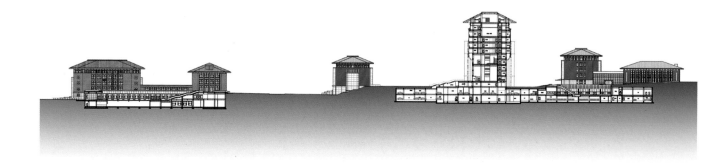

二、技术难点

1. 与老城区宝塔山、凤凰山、清凉山景观中心形成良好的视线通廊，传承光辉历史革命的文化轴线。

2. 轴线骨架上的建筑利用地形顺势而起，逐级递升。并形成体现延安浓郁窑洞特色的下沉小院。创造出嵌入大地中，风格独特的建筑群体空间。

3. 充分考虑用地挖填方地质特点对总体布局的限制，用大对称、小灵活的方式使建筑物均位于安全的挖方区范围内。

三、技术创新

1. 简练纯粹的建筑语言造就建筑端庄大气的基调。在建筑入口、院落、连桥、通廊等处，使用陕北延安拱形元素，增强地域特征；墙面、坡屋顶使用石材与页岩相得益彰，展现出"新延风"的建筑风格。

2. 室内空间合理布置各功能区域，以模数化标准化开间为基准，空间灵活多变，一体化的室内设计形成内外统一。

3. 开敞的公共空间与建筑井然有序，虚实相间。入口节点绿化景观开阔大气；建筑庭院、小品细致优雅；下沉院落绿意盎然，空间活力非凡。

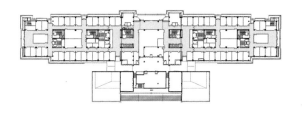

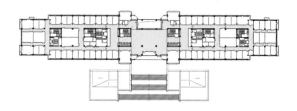

1#楼首层平面图 　　　　　　　　　　　1#楼二层平面图

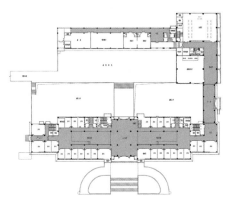

2# 楼首层平面图

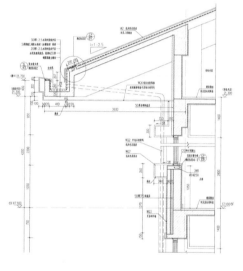

博鳌亚洲论坛永久会址二期

设计单位：北京市建筑设计研究院有限公司
建设地点：海南省琼海市博鳌镇东屿岛
建筑面积：62840m²
设计时间：2014-01/2014-07
竣工时间：2015-09

设计团队：

杜 松　　　　唐 佳　　　　魏长才

徐福江　盛　平　段　钧　周小红　刘　倩　白文娟
厉　娜　张昕然　赵博尧　张志强　张　争　郝晨思

一、设计理念

本项目设计从传统文化中人与自然和谐共生的自然观念出发，通过创造人—建筑—自然之间的独特体验为核心理念，秉承营造体验原则、差异化原则、实施性原则、生态型原则四项设计原则，运用现代建筑的空间设计手法，表现优雅、自然的东方文化精神。

项目为博鳌亚洲论坛年会永久会址的一部分，定位为高端休闲度假型酒店。设计思想上，强调对人与自然的尊重，注重传统文化精神的引导作用，对如何在当代环境下延续和发展传统建筑文化进行了有益的实践，很好地体现了时代精神。

二、技术难点

相对于酒店的规模和复杂程度，本项目的用地略显紧张。通过对基地及周边环境进行深入调研，本项目试图在有限的用地内，以景观为核心，将酒店的多种复杂功能有机组合在一起，做到既各自独立，又完美融合。设计上，酒店整体布局以最大程度利用海景为设计原则，采用面向海面的环抱型分散式布局。客房采用单廊式设计，客房及主要公共空间有充分的景观面。建筑的南侧面向城市，强调公共性，主要设置建筑入口空间、宴会空间、走廊空间等公共性功能，将较为嘈杂的城市环境隔绝。建筑的北侧面向大海，强调私密性。通过动静的明确区分，保证了酒店核心景观资源的高品质。

三、技术创新

总体布局设计中，利用海南独特的热带气候特征和用地内优质海景资源，采用了半围合的院落形式以及全开放式的空间设计，运用传统的造园、借景的手段将建筑与景观有机结合，保证了景观资源的最大化利用。建筑的造型设计强调现代、简约、朴素、自然，不做过多的装饰，突出建筑与景观之间的空间融合，具有较为独特的东方文化品位。

吉林市人民大剧院

设计单位：哈尔滨方舟工程设计咨询有限公司
建设地点：吉林市东山区，江湾大桥南端东侧，北临东山街，东临会展街
建筑面积：37007.98m²
设计日期：2012-08/2013-12
竣工日期：2015-04

设计团队：

张伶伶　　　刘远孝　　　黄　勇　　　李　韬

侯　钰　　王吉野　　李秋斌　　陈二雷　　杨　明　　隋　杨　　姜晓光
冯　琛　　王　鹏　　刘慧达

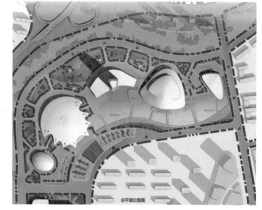

一、设计理念

　　1. 大剧院区域规划统一布局，整体风格一致。流线形的大剧院、全民健身中心与超高层的广电中心构成了东山区域丰富的天际线。

　　2. 大剧院的建筑单体设计灵感来源于满族传统服装中的马蹄袖、披肩领等象征着满族骑射征战"马上得天下"的辉煌历史。

　　3. 在建筑形态方面，将繁杂而多功能的建筑空间通过规整的外壳控制起来，营造"观"和"演"相结合的内外交织的空间形式。

二、技术难点

　　本项目参与设计单位之多、工程量之大，施工工艺之复杂，是吉林市建筑史上从未有过的。该剧院钢结构结构形式复杂，主要由楼面型钢梁、型钢桁架以及屋盖焊接球形网架和单层钢管网壳组成。精装施工复杂曲面吊顶技术、舞台二次钢结构吊挂系统等新技术创造了全国剧院类工程施工工期最短、精装修施工工艺最先进等多项全国之最，并荣获"中国钢结构金奖"。

三、技术创新

　　剧院顶部采用跌级双曲面流线型设计，设计时借助 BIM 技术完成施工图深化设计，科学拼接和分析，精确建构模型彰显设计效果。现场拼装屋盖钢结构罩棚 2 万余平方米，施工单位利用 BIM 技术，将模型坐标精确定位到现场，实施安装。

　　在大剧场舞台机械、灯光、音视频、电影、智能化、综合布线等系统中，采用剧场建设领域最先进技术，运用多项自主专利技术，使各系统搭配完美，将各位表演者艺术水准表现的淋漓尽致，向电影节亿万观众呈上视听盛宴。影院建设中，精心设计的电影系统给观众以震撼的观影体验。

宁波鄞州中学教学中心组团项目

设计单位：宁波市城建设计研究院有限公司
合作单位：浙江大学建筑设计研究院有限公司
建设地点：浙江省宁波市鄞州区
建筑面积：56000m²
设计日期：2011-04/2012-04
竣工日期：2014-09

设计团队：

高裕江   王敏霞

沈晓鸣	赵 鑫	郭 宁	张恩光	曹云中
竺 峥	潘孝辉	杨 扬	吴旭辉	郑兴华
吴洁青	应颢颢	蔡金君

设计理念

　　1.基本轴网：鉴于中学实际教学模式及其建筑群类型特点，同时兼顾地域自然气候及场地几何特性等构成因素。设计采用建筑群组团与"轴廊"融汇的构成手法，构筑有机整体的校园空间格局。展示理性、整体、现代的规划结构特点。

2.基本功能：设计将图书信息、多功能集会、社团广播及陈展等整合成为图书信息中心；教科中心以回院的平面形式，匀质"四进三院"的格局，使之拥抱阳光和风水；科技、艺技中心楼运用"套院"与"围院"的平面形式，展现理性与感性有机融汇的模式。

3.基本空间：现代主义建筑观将建筑空间视为建筑最本质的内容，这与东方传统建筑观显得十分相似。为了师生们在校园空间获得丰富的学习和生活体验，设计将空间主次序列化，并与"书院型合院"布局有机融合起来，形成空间上层层递进，形态上各具特色，动线上富有变化的空间形态格局。其中由图书信息中心、高位水箱标志塔与廊桥、科教中心、校大门围合的中央院落是学校举行校庆和毕业典礼的礼仪场所。

4.基本景观：城市、建筑、景观一体化是当下建筑学的命题之一。中心水景广场是东西方传统园林融汇的探索尝试：一方面，设计运用西方几何理性的构图法则，形成硬朗明确的景观园林边界，另一方面，设计结合江南古典园林构成手法、运用"虹桥""景亭""小岛"与湖面水域因巧成构，塑造学习生活化大场景，以及"桥中有桥，廊中含桥，桥中纳廊"的景观形态均转译出建筑与景观一休化设计理念。

5.基本美学：当建筑领域后现代主义、解构主义等风格流派逐渐式微之时，建筑学再次回聚现代主义建筑的本质与内涵，及其基本美学思想。故此，我们重新关注起形式美的基本内容：形态平街、空间层次、虚实对比、尺度与韵律、简约与理性等等。

设计回归基本，就是关注建筑本体。回归基本意味着对项目"场地文脉"的深入梳理和承延发展，回归基本意味着对项目"内在功能"特征的深度挖掘和真实展现，回归基本意味着对项目"功能与形式"的高度整构与恰当表达，如此，才有可能跨越单纯的模仿和形式追求。

中国信达（合肥）灾备及后援基地项目

设计单位：中国电子工程设计院
建设地点：中国合肥
建筑面积：139800m²
设计时间：2011-10/2012-10
竣工时间：2016-01

设计团队：

王振军　　　　钟景华

蒋小华　袁源　冯伟　陈珑　李达
尹钰　孙成伟　高彩芬　戴兵　周劲松
李杰　史新　孙世芬

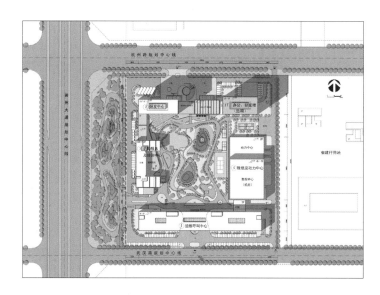

一、项目概况

该项目为中国信达公司"二地三中心"灾备模式下的合肥中心建设项目，位于合肥城市发展轴线上的滨湖新区，徽州大道与杭州路交口，距离巢湖3公里。其主要包含数据中心及动力中心、总控中心（ECC）、公司呼叫中心、配套的研发中心及生活服务培训中心。项目建设用地5.56公顷，总建筑面积13.98万㎡（地上10.36万㎡）。

二、理念与创新

　　该基地由数据、后援、研发和后勤中心以"景观合院"形式组合而成。数据中心被置于最安全和安静的基地东侧，朝南侧以灰空间手法向城市打开形成主入口；高层研发楼置于基地北侧以减少对庭院的遮挡；西侧临主干道绿化带，将后勤中心建筑体量适当降低，局部打开，使中庭与城市之间有所沟通。单体设计以"连续界面"手法将建筑整合在一起；建筑的外立面材料选用温润柔和的陶土板搭配简洁大方的玻璃幕墙，二者刚柔并济。将基地的核心——数据中心处理成具有地域特点的新徽派建筑风格，以显示其重要性和地域性；基地制高点——研发大楼向主干道方向张开的同时，与远处的巢湖风景区遥相呼应，站在研发大楼十七层的空中庭院眺望，江南美景尽收眼底。

　　设计基于生态的有机建构理念，遵循"四水归堂"、返璞归真、道法自然、藏风聚气的传统哲学思想，最大限度地整合利用外部环境资源的同时注重打造内部景观环境，使自然、人与建筑之间形成极度和谐、交融共生而可持续发展的生态秩序。

乌镇大剧院配套工程

设计单位：苏州华造建筑设计有限公司
合作单位：美国OLI建筑设计事务所
建设地点：浙江省桐乡市乌镇
建筑面积：6261 m²
设计时间：2012-04
竣工时间：2015-06

设计团队：

顾柏男　　　　　袁莉丽

祖　刚　袁继冲　张　剑　陈　刚　潘佳毅
陈敏峰　王煜林　游建忠　罗传招　李　祺
尚明明　陆勤俭　张　欢

项目简介

　　木心美术馆（即乌镇大剧院配套工程）位于木心先生的家乡——浙江省桐乡市乌镇。基地毗邻乌镇大剧院，与西栅景区隔水相望。框架剪力墙结构，地上2层、地下1层，建筑总高度10.5m，总建筑面积为6261 m²。

　　丰富的运河文化孕育了乌镇水乡。乌镇的石道、水道、枕河人家、商铺、小桥、客栈、庭院组成了江南水乡丰富的城市肌理。木心美术馆设计借鉴了他的故乡乌镇的古老城市布局原理，通过不同体量的空间相交而形成多变的空间，通过"街道"和水道的边缘予以定义，使得游客在其中不仅能感受到空间的变化，更能通过生理空间的感受进入复杂的木心艺术世界。

美术馆三面临水，陆地面积较小，为了保证与乌镇大剧院周边环境的完整性，故基地中未设机动车进入的通道。基地中共设3个人行出入口，人行主入口设置在南侧，北侧城市规划道路上设一个次入口，西侧临水面利用桥梁，设一个辅助出入口。利用基地周边现有的城市道路作为消防车道，设置了两处消防车停靠点。由于美术馆三面临水，故考虑设计了水上消防艇救援路线，以增强其防火救援的可靠性。

木心美术馆整体上看似仅仅是非常简洁的若干个大小不同的长方体叠合，但是每个长方体的长宽高比例、庭院景墙、墙身节点、室内布展设计等等，都遵循着严格的模数（900）关系。从空间到色彩、表现到肌理、选材到定位，每一个细节，都经历了数不清的优化修改、建模推敲、现场交底和工作会议。

与一般的钢筋混凝土建筑不同，美术馆的内外墙所采用的均为（凹凸）木纹彩色清水混凝土，一次性现浇而成。这一设计过程体现了"技术"的理论，也就是希腊词汇中"制造、工艺、艺术和技艺"的辞源。这一设计不仅想追求人工处理的极限，也反映了人类对产品和美学的深刻了解。

景观设计引于木心先生抽象的景观画，结合乌镇水乡的当地植栽，来达到整合建筑风格与景观设计的目的。南侧与景区木栈道交接，是进入木心美术馆的主要方向，南侧小岛轻植栽不喧宾夺主，视觉上引导出东侧景观，提供整体正立面上的平衡。西侧临水，建筑悬挑于水面，与对岸现有竹林相呼应，和谐中有对比。东侧腹地与大剧院临水相望，东岸主体为芒草及芦苇，同时配植若干小乔木，除了为大剧院西大厅玻璃幕墙望出的景色做点缀，粗犷的风格也是对木心先生现代山水画的呼应。北侧与景区电瓶车柏油路衔接处，为美术馆工作人员入口。游客搭车经过时，欣赏到美术馆北侧的建筑造型，景观在这里提供了建筑体量的前景。

落成后的木心美术馆坐北朝南，以修长、现代的极简造型，跨越乌镇元宝湖水面，与水中倒影相伴，成为乌镇西栅一道宁静而清俊的风景线。

昭山两型产业发展中心

设计单位：湘潭市建筑设计院
合作单位：杭州中联筑境建筑设计有限公司
建设地点：湘潭市昭山示范区
建筑面积：53153m²（含地下室面积：15928m²）
设计时间：2012-11
竣工时间：2015-11

设计团队：

程泰宁　　　　　王大鹏　　　　　言海燕

| 杨雷振 | 周志锦 | 温 薇 | 刘江永 | 彭小瑜 | 沈一凡 |
| 贺星潼 | 袁深根 | 吴小格 | 杨荷香 | 贺琪寓 | 黎 麒 |

一、 设计理念

　　设计借意自然，立意为"山水城岚"，山者为昭山、虎形山、凤形山，水者为湘江、仰天湖，城是建筑介入山水的途径，岚为山水之间的云霞，希望营造出寄情山水的田园意境；建筑造型从湖南传统建筑的"穿斗式"形中提取意向，经过提炼变形最终实现了似与不似的抽象继承目的。建筑环山而建，形体逐层跌落，犹如山体的延续。东侧的虎形山，西南侧的低洼湿地与建筑有机整合，既提升了环境质量，也强化了建筑的开放性。主办公楼和两栋附楼呈U字形布局，自然形成一个朝向虎形山打开的"三合院"，与环境充分对话。"三合院"的空间容纳了服务交流性的大型会议室、餐厅、健身休息等功能，这些功能由景观性的回廊亭榭和水景有机地串连为一体，既满足了办公楼的使用要求，又使得院内空间富有园林的趣味与意境。

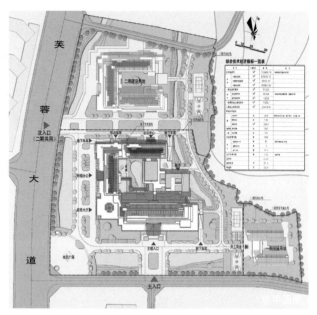

总平面图

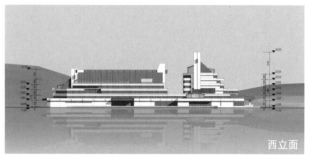

西立面

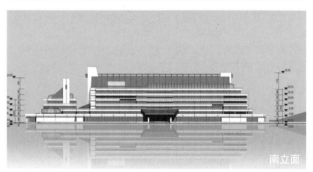

南立面

西南角实景

山水城岚——与山相依

山水城岚 — 隔江相望

山水城岚——望山望水

山水城岚 - 夕阳西下

南立面实景

中庭——人文展示厅

中庭——玻璃屋架下的展览空间

中庭——规划展示厅

内庭院 1

内庭院 2

内庭院 3

二、 科技创新与新技术应用

昭山两型产业发展中心以三星级绿色建筑为目标，该项目充分利用利用数值模拟手段优化设计，优先利用被动式设计，满足室内外声、光、热等物理环境要求，营造健康舒适的工作环境。项目建成运行期间，采用水源热泵系统，利用湖水与气温的天然温差获取热量，支持中央空调运行，满足整栋建筑的供冷和采暖需求；建成雨水、生活污水回收利用系统，经处理后用于绿化、室内卫生间冲厕以及车库洗车用水。通过下沉庭院、可调节的中空内置百叶遮阳、可开启的屋顶天窗，实现了自然通风、自然采光、温度调控的最佳配置，是一座高效节能、资源循环、"可呼吸"的两型建筑。

通过设计创新和绿色建筑技术的应用，昭山两型产业发展中心于 2014 年获得三星级绿色建筑设计标识证书，于 2017 年获得三星级绿色建筑标识证书，成为湖南省首个获得绿色三星运行标识的建筑。

建筑局部

西立面实景

西北角鸟瞰

中国人民解放军总医院门急诊综合楼一期工程

设计单位：天津华汇工程建筑设计有限公司
建设地点：北京市西四环与复兴路交口的东南侧
建筑面积：32 万 m²
设计时间：2011-09/2013-06
竣工时间：2014-11

设计团队：

周 恺

张大力　张　一　刘　伟　董文广　陈太洲
邵　海　张志新　姚文斌　滕云龙　吴　岳
王金鹏　谢　威　黄　建　姬　宁

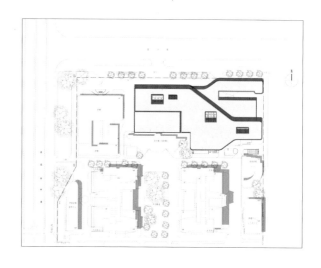

一、设计理念

　　设计首次提出"医疗港"的概念。项目集成多种功能，拥有一流软硬件设施，汇聚高端人才和尖端科技的大规模、立体化、现代化医疗综合体。设计重点主要从以下几个方面打造世界一流的现代化医疗建筑：

优化空间组构、打造立体交通、提升诊区品质、体现姓军为兵、突出急诊特色、搭建实验平台、注重平战结合、倡导绿色生态、融汇高端科技、创建人性环境。

二、设计难点

1. 规模超大：设计日门诊量：2万患者/日，5万人流量/日。

2. 功能复杂：门诊、急诊、急救、战备医院、中心手术、实验科研平台、机关办公、医疗库房、餐饮及保障用房、地下停车。

3. 旧有建筑分布凌乱，可建设用地紧张。将原有规模小，分布零散的建筑全部拆除，以获得相对完整的建设用地。

4. 流线复杂：新建门急诊综合楼，对外与城市干路连接，满足各种人流、车流内外物流的顺畅。同时，地下与对面五棵松地下车库连通，与五棵松地铁站连通，与现有内外科大楼的地下人流车流连通。

5. 医疗构成上打破了传统大内大外模式，形成以"疾病为中心"多中心联合布局。

成都市南部新区三瓦窑片区体育设施

设计单位：中国建筑西南设计研究院有限公司
建设地点：成都市金桂路
建筑面积：11936m²
设计时间：2009-11/2010-09
竣工时间：2015-04

设计团队：

刘 艺　　　　周雪峰

孙 静　蒋 文　黄 亮　安 斐　卢若凡
任鸿飞　陈英杰　蔡红林　赵叶楠　史晓婷
朱文林　向子禹　胡 晓

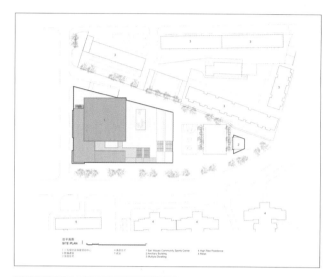

项目简介

　　三瓦窑健身中心是面向公众开放的体育设施，用地被城市扩张前的旧小区、新建的密集高层住宅以及南侧的小学包围，适宜建设的用地十分紧张。设计采用"都市填空"的理念，将建筑与场地一体化设计，将可上人的斜坡屋顶与场地连接在一起，把丰富的公共活动空间填入城市新区中，作为老人、年轻人、儿童各年龄段人群的社区日常生活的舞台。

　　连续的斜坡屋面是开放性的公共空间，大踏步可作为社区傍晚最热闹的室外灯光球场的观众看台。人工草坪坡屋面作为滑草、瑜伽、野餐等活动场所免费提供给社区使用。人们可以沿着斜坡缓缓登上三层屋面平台，再通过北侧悬挑楼梯步行而下，形成一条环形的"人工山丘"漫游路线，闹市之间领略爬山休闲的乐趣。

　　草坡上的多功能球馆是高度 11m，跨度 36m 的大跨空间。结构设计由周边 12 根钢骨混凝土柱支撑井字形钢梁屋盖。设计用 U 形玻璃创造出的纯粹的半透明环境，室内光线均匀柔和，适合多种球类、团体操、社区聚会等活动。夜晚，漂浮的发光盒体成为社区一道独特的风景。

阜新万人坑遗址保护设施工程

设计单位：清华大学建筑设计研究院有限公司
建设地点：辽宁省阜新市孙家湾南山顶部
建筑面积：3580m²
设计时间：2014-12/2015-03
竣工时间：2015-12

设计团队：

崔光海

揭小凤　马智刚　李京　郭汉英　魏云霞
王立驰

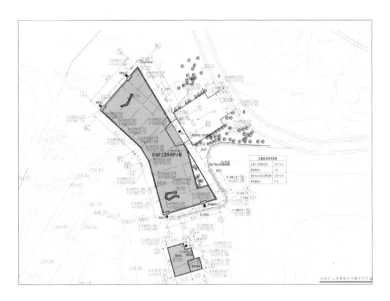

项目简介

　　本项目为万人坑遗址的保护与展示建筑，由于原有的馆舍年久失修，且面积不足，故拟在原址新建本项目，为遗骨遗址提供适宜的保护与展示条件。

1966 年阜新矿物局在阜新孙家湾南山万人坑遗址区域发掘了埋葬死难矿工的 3 个群葬大坑，并在遗址发掘现场修建死难矿工遗骨馆和抗暴青工遗骨馆，但因年代较久，馆舍设施设备较为陈旧，部分馆舍极为临时简陋。为更好地保护重要遗存，按法律程序报批文物部门后，重建了死难矿工遗骨馆和抗暴青工遗骨馆。其中死难矿工遗骨馆保留了原有 20 世纪 50 年代风格的大门。

死难矿工遗骨保护大棚为地上一层建筑，首层平面围绕东西两个遗骨坑布置，从保留的原有门楼（主入口）进入序厅，由序厅的纪念空间进入东、西侧遗骨展厅，或由门楼西侧的门进入西侧展厅，通过沉思走廊进入东侧展厅，随后回到入口处的序厅，完成参观历程。在东侧遗骨厅的东侧布置管理服务用房与设备空间。

抗暴青工遗骨保护大棚为地上一层建筑，平面布置从北到南依次为入口门厅（祭祀）、沉思甬道、遗骨厅和多媒体厅及设备用房。

成都铁路局贵阳北站站房工程

设计单位：中信建筑设计研究总院有限公司

建设地点：贵州省贵阳市

建筑面积：118525m²

设计时间：2008-11/2012-12

竣工时间：2014-08

设计团队：

汤 群　　　　　高安亭

李 晓	刘小斌	祝海龙	蔡沙妮	温四清
邱 剑	刘 昶	吴先哲	谢丽萍	张 帆
昌爱文	陈焰华	李 蔚

设计理念

　　贵广高铁的开通，大大缩短了西南与珠三角地区间的时空距离，作为贵广高铁始发车站和控制性关键工程，贵阳北站汇集贵广高铁、沪昆高铁、成贵高铁、渝黔高铁以及贵开城际和贵阳环铁多条铁路线，旅客日发送量10万人次，是迄今为止我国西南地区规模最大的综合性铁路交通枢纽工程之一。

贵阳北站作为特大型客运专线铁路旅客车站，高峰小时发送量为10715人，最高聚集人数7000人；站场规模为28站台面32条线，设基本站台2座，中间站台13座，站房总建筑面积为12万 m²，是以铁路客运为中心，集城市地铁、轻型轨道交通、市域短途公路交通、市区公交、出租车、私家车、自行车等多种交通设施及交通方式于一体的综合性零换乘交通枢纽。

贵阳北站整体造型新颖，三个巨大的拱门造型，喻示贵阳作为西南重镇、黔贵首府，傲立改革开放前沿，蓄积发展之浪潮，展现"贵州之门"的开阔胸襟和雄浑气势。建筑物通过白色穿孔铝板组合红色内衬板形成的金属巨柱，展现多彩贵州的地域特色。层层叠叠的水平线条来源于花桥和鼓楼的形态抽象，穿孔纹路肌理取材于少数民族刺绣的纹样。设计巧妙地结合了多彩贵州的地域性和时代感。

贵阳北站采用了大跨度钢结构、太阳能光伏发电与建筑一体化、照明等机电设备智能控制等一大批先进技术及节能技术。为解决特大型铁路枢纽客站设计和建设过程中面临的技术及创新课题，贵阳北站开展了消防性能化设计、风洞实验、地震安全性评价、专项检测、施工组织模拟、地震防灾、防雷、高大空间CFD模拟、岩溶整治等专项咨询及评估工作。

贵阳北站站台层结构分为两部分：一是站场结构，二是普通地下室顶板或架空地面。站场范围内的承轨结构又分为无正线通过的框架承轨结构和有正线通过的桥梁承轨结构。高架层采用大跨度预应力混凝土框架结构。屋盖主要采用钢网架和钢桁架结构，支承屋盖的结构柱采用钢管混凝土柱。屋盖钢结构采用在高架层楼板上进行原位拼装然后整体提升的方法进行安装。屋盖钢结构采用了大跨度空间形式，站房高架层最大跨度达到170m，满足建筑外部造型和内部空间的需要，实现了建筑和结构的有机结合。

福州市规划设计研究院创意设计产业园创意设计产业楼

设计单位：福州市规划设计研究院
建设地点：福州市闽侯县
建筑面积：41990.03m²
设计时间：2012-02/2012-05
竣工时间：2014-12

设计团队：

严龙华

阙 平 卓 遥 陈春鸣 刘 平 韩 可
陈汝琬 叶满钱 谢智雄 王飞锽 叶清理
王文奎 何 达 黄贝琪 李捷闽

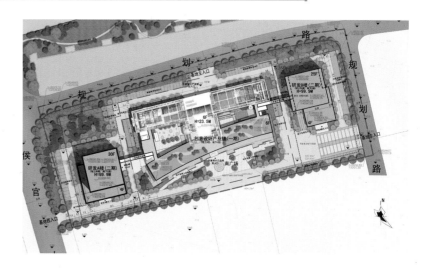

项目简介

本项目位于福州市闽侯县上街海西高新技术产业园内。

建筑内部采用围合式布局，形成东西两个内庭院，以及中心一个六层通高通风中庭。庭院内设置中式庭廊、树池、叠水等景观，结合内部建筑立面现代设计，中西合璧，使内部空间更加生动有趣。

大楼立面采用大面积落地窗，增强建筑空间的通透感，将基地周边优美

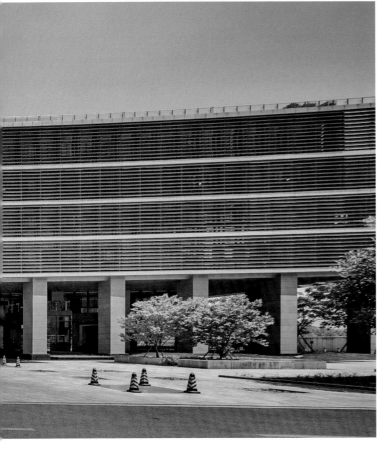

的自然生态环境充分引入室内，有效缓解设计研发人员的工作疲劳和压力。建筑南立面采用大面积金属板水平遮阳自动调节系统，北向及东西向立面均采用推拉折叠式穿孔铝板遮阳系统，不仅为建筑提供良好的保温隔热遮阳防护层，也营造出层次丰富的外部光影效果，赋予建筑强烈的现代科技建筑气息。东西两侧三层以上各层均大尺度出挑形成阳台或露台，既为设计研发人员提供更多的交流空间，又有效改善东西面遮阳隔热效果。

广州南越王宫博物馆

设计单位：广州市设计院
建设地点：广州市越秀区中山四路
建筑面积：16845.8m²
设计时间：2008-10/2010-04
竣工时间：2014-04

设计团队：

郭明卓　　　　　　陈卫群

吴树甜　陈　曦　韩建强　赵力军　周名嘉
屈国伦　梁　隽　王一功　揭英撰　张　曦
黎　珀　胡晨炯　黄玲俐

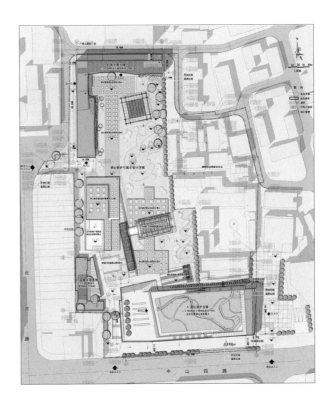

一、项目简介

南越国宫署遗址自 1975 年发掘以来，先后于 1995 年、1997 年两次被评为中国十大考古发现之一；1996 年被国务院公布为全国重点文物保护单位；2006 年被国家文物局列入中国世界文化遗产预备名单。2009 年举行南越王宫博物馆建筑设计国际竞赛，本方案被评为第一名。

根据遗址保护的要求，南越王宫博物馆由曲流石渠遗址保护主楼、陈列展示楼及部分由旧建筑改建的设备及服务楼三栋建筑组成。三栋建筑都靠近红线布置，中间的遗址全部采用回填保护做法，为大面积的草地绿化，仅有两处局部露明展示入口小型建筑和宫殿、廊道的模拟展示。

二、设计理念

在设计中不仅要考虑遗址的保护、遗址园区与城市中心的有机联系，还需要在设计中充分考虑文化共享，通过空间布局实现历史文化的公众可读性与可参与性。

三、技术难点

南越王宫的遗址，位于广州旧城中心最繁华的地段中山四路，遗址的开挖范围在城市建筑的包围之中，在这样的遗址上设计一个博物馆，既要保护和展示遗址，又要处理好博物馆和城市的关系，难度很大。

四、技术创新

深思熟虑解决设计的难题，并采取适当对策的结果，形成了设计上的以下特点：

1. 通过对城市现代和古代肌理的分析，将二者结合，使建筑与城市融合，在视线和空间上与城市贯通。

2. 建筑围绕遗址周边布置，采用可逆钢结构，保留基地里的古树，使博物馆的建设对遗址的影响和干扰减至最小。

3. 为了与现代城市协调，建筑采用现代风格，造型简洁粗犷，表现了历史的沉重和积淀。

4. 在广州繁华密集的旧城中心，为市民提供一个开阔的绿化公园。

5. 把二千多年不变的广州城市中心，打造成广州的最重要的历史文化片区。

广发银行大厦

设计单位：中信建筑设计研究总院有限公司
建设地点：武汉市建设大道
建筑面积：96018㎡
设计时间：2008-07/2013-04
竣工时间：2014-04

设计团队：

叶 炜　　　　　　汤 群

钱 华　蔡晓鹏　王 新　金 波　张 浩
郑 博　喻 辉　吴 英　谢丽萍　朱海江
昌爱文　李艳丹　杜 鹏

一、设计理念

　　建筑表面以均匀、重复的竖向线条，再结合以玻璃和石材的虚实对比来展现建筑的立面韵律，给人以视觉上的延续，产生向上的动势，展现优美的形体关系。随着广发银行大厦的建设，项目的城市商务地标地位为武汉建设区域金融中心提供了高品质的功能配套和对接平台；同时，广发银行大厦融入武汉金融版图后，实现楼宇经济价值提升、租户企业孵化创收与政府税收增长的良性互动。

二、技术难点

　　在前期招商尚不明确的情况下，合理确定各部分的主要功能，确定主要出入口、建筑层高、核心筒布置、垂直电梯配备等，确保建筑的适应性与通用性。在大楼办公区域采用中央空调系统的情况下，考虑不同用户需求，预留多联机室外平台。

三、技术创新

　　本项目通过合理优化管线，消防主管穿梁设置，控制标准层层高 4.0 米，保证办公室空间净高不小于 2.8 米，走道净高不小于 2.6 米；采用先进的结构软件进行计算、分析确定合理的结构体系，合理解决对核心筒偏置；空调冷却用水经冷却塔冷却后循环使用；给水系统竖向分区，采用分区加压、局部减压的方式控制最不利处用水器具处的静水压不超过 0.35MPa，将减压阀应用于给水系统中，保证舒适的使用压力，减少水量浪费。

库尔勒市综合创意展示中心

设计单位：新疆维吾尔自治区建筑设计研究院
建设地点：库尔勒市
建筑面积：38970m²
设计时间：2013
竣工时间：2015-10

设计团队：

薛绍睿　　　　马文帝

刘　娜　周　密　蔡　卫　刘　鹏　王绍瑞
刘云龙　陈　静　高　洁　杨万杰　黄　华
高晨星　房鲁欣

一、设计理念

　　项目位于库尔勒市三合贯通工程景观节点，周围景观优美，建筑项目用地较为局促，紧邻城市主干道路及景观河。作为城市公共建筑，对道路和景观的相应退让广场以及场地后部用作临时展场或展品装卸的场地，这三个空间将有限的建筑用地约束成为一个"三岔"形的布局。基于这个被环境约束后自然形成的布局，我们在设计中结合库尔勒周边著名景点胡杨林中的形态，采用"树根""化石"作为设计理念的外在表象，用胡杨的精神特点，来反映库尔勒的风貌和城市历史，形成了最终的方案。

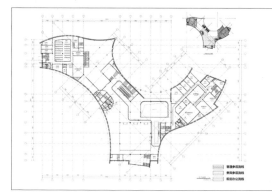

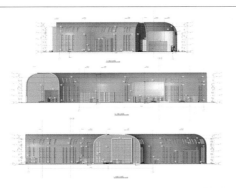
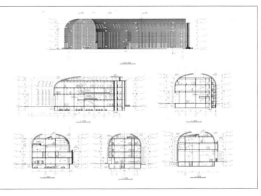

二、技术难点

　　该项目的主要技术难点在于复杂曲面幕墙的工程设计，复杂造型建筑的设计结果决定了其设计方法是由其体形控制其内部其他部分形态及做法。因此幕墙板的四角定位利用了RHINO软件，在软件中模拟了所有板材的位置、大小、形状，之后设计人员对建筑的造型进行了优化，首先是通过体形调整，减少了双曲面面板的数量，其次通过对板间接缝的处理以

及面板尺寸的调整，减少双曲面面板的种类，在幕墙的部分尽量降低建筑的造价。在建筑施工的过程中，参数化的设计方法也帮助各施工单位更详细地理解建筑中以传统方式无法表达的部分，确保了建筑最终得以较好的方式完成。

连云港实验学校

设计单位：江苏省建筑设计研究院有限公司
建设地点：江苏省连云港市
建筑面积：54947.43m²
设计时间：2012-12/2013-03
竣工时间：2015-09

设计团队：

徐延峰　　　　　　汪晓敏

蔡德洪　　王晓军　　李林枫　　孙建国　　徐震翔
胡文杰　　赵建华　　顾利明　　王宇明　　张　坤
朱　超　　原永明　　殷　岳

项目简介

　　本工程设计从"树"的概念出发，通过"树干"与"树枝"之间的有机组合，有效地组织了交通流线，巧妙地划分了校园空间，使整个学校成为一个有机的整体。设计寓意在学校这棵大树下，学生可以自由地汲取营养，快乐地成长。

　　以"盒子"这个载体作为基本建筑语汇。通过各种"盒子"之间的穿插和组合，形成错落有致的群体形态和各具特色的单体形象。立面造型规律而不失变化，沉稳而不失动感的外观感受，具有鲜明的教学建筑特色。设计寓意学校这座诺亚方舟将承载着莘莘学子遨游在知识的海洋。

凌空 SOHO

设计单位：上海建筑设计研究院有限公司
合作单位：Zaha Hadid Limited
建设地点：上海市长宁区
建筑面积：342527m²
设计时间：2011
竣工时间：2014-10

设计团队：

刘恩芳

Satoshi Ohashi   周 燕 岳 敏 石 硕
干 红 陆文慷   万 洪 李亚明 潘思浩
Patrik Schumacher   姜世峰 陈叶青
胡 戎 包 虹

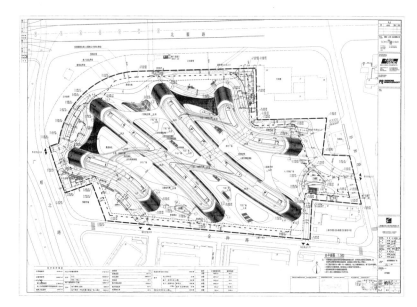

一、设计理念

凌空 SOHO 项目位于上海市长宁区西侧的临空园区内，毗邻虹桥交通枢纽，功能以办公为主，首层设置配套商业，并在地下设置 IMAX 影院以及车库及设备用房。

凌空 SOHO 独特的地理位置，使其肩负着塑造临空园区新地景的使命，成为区域的城市空间节点，亦是本项目设计工作所面临的挑战。

其流线形的造型与理性的功能完美结合，在体现出"动感城市"的创作理念的同时，也营造了合理实用的办公空间和公共交往空间。并在严格造价控制的前提下，采用切实可行的低技绿色措施，最终荣获了 LEED 金级预认证。

二、项目特点

1. 互联时代的联结

设计采用了"化整为零，有机联结"的规划方法。在简洁的 4 条流线型建筑之间，不同高度结合功能需要设置了 6 座不同标高的天桥，使所有的建筑和空间都不再孤立，而是互相流通。而这些有着优美弧线的天桥，隐喻了中国传统"结"的概念，并在功能上提供了共享交流的平台。

2. 极富动感的曲线

造型采用了简洁的流线型的形体处理，让人联想到虹桥交通枢纽的高铁列车，呼应了"动感城市"的设计理念。

办公楼在不同标高的互相联结，办公楼之间如同峡谷般的公共广场以及水平蔓延的优美曲线，无不让人惊叹。

3. 弄堂特色式空间体验

四列建筑中间插入的"弄堂"，增加了空间尺度上的变化，呈现了立体化的共享空间，让人感受到上海里弄特有的空间体验。入口广场的水景，通过倒影，在视线上增加了建筑的高度。

4. 极富特色的下沉广场空间体验

本项目有 14 万 m² 的地下空间，巧妙地把地下室顶板局部打开，沿地下商业街设置了三个下沉广场。既满足了消防规范，又降低了机械消防设施的使用，将自然光和新鲜空气引入地下。营造地上地下一体的室外公共空间，在限高的基地中争取到最佳的公共服务功能。

5.峡谷式办公广场空间体验

水平无限蔓延的优美曲线让人叹为观止，四列平行但又遵循各自曲线的"高铁"之间形成极富特色的峡谷式办公广场，提供视线无限延伸的空间体验。

6.绿色建筑技术

外幕墙采用双银 Low-E 幕墙系统，端部结合外立面形态设置挑檐百叶外遮阳。

7.建筑节能技术

地下一层职工淋浴采用太阳能辅助加热热水系统；

选用节能节水型卫生洁具及配件；

计量水表采用远传水表，并接入能源管理系统；

对重要及经常运转设备采用 BAS 监控。

采用中水回收系统，节约 50% 的绿化灌溉用水，综合节水效率达 35%；

采用高性能 A/C 系统，每年节能 5877MkW。

8.结构技术难点

有复杂连接的多塔结构类型；

端部大悬挑、超长、立面开洞；

单体之间大跨度连廊。

9.暖通技术难点

室外排风口结合桥墩 GRG 装饰板隐蔽处理节点；

地下一层装饰飘带内取风节点处理；

大厅排烟口的隐蔽设置；

大厅相邻走道排烟口的隐蔽设置；

10M 设备层进风口的集中处理。

海淀区北部文化中心

设计单位：清华大学建筑设计研究院有限公司
建设地点：北京市海淀区温泉镇
建筑面积：88100m²
设计时间：2012-10/2013-08
竣工时间：2015-07

设计团队：

朱晓东

高国成　姜魁元　兰晓超　李　刚　赵祯祥
汤　涵　张　涛　陈　钢　米　忠　王晓芳
肖庆国　徐　华　杨　莉　丁莎莎

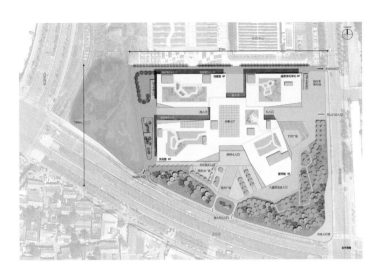

项目简介

　　项目位于北京市海淀区温泉镇，南邻温泉路，西临白家疃路，东临杨家庄西路，北与体育馆相临。建筑包括海淀区文化馆、海淀区图书馆、海淀区档案馆及温泉文化中心四部分，并由共享活动大厅连接，其四面均设有出入口，另外各馆亦设有独立的出入口。项目用地面积 28900m²，总建筑面积 88100m²，其中，地上建筑面积57800m²，地下建筑面积 30300m²，建筑高度 24m，建筑层数：地下二层（档案馆地下 3 层），地上五层（档案馆地上六层）。容积率 2.0，

建筑密度 41.5%，绿地率 30%。

地下二层为车库、人防，地下一层为设备用房、档案库房、文化馆用房、图书馆报告厅及温泉中心用房，地上部分中间为中庭，西北角为档案馆，东北角为温泉中心，西南角为文化馆，东南角为图书馆。图书馆由各类型开放式阅览室组成，为一级大型公共图书馆，馆藏书数量为 200 万册；文化馆首层设有 455 座的剧场，为小型丙等戏曲类剧场，上部为文化馆教室、活动室等；档案馆由档案库房、档案附属用房、对外查询阅览室、展厅等组成，为市级一类档案馆，馆藏档案数量为 200 万卷；温泉中心首层为门厅展厅，二至四层部为六个影厅，最大的影厅座位数为 174 个，总座位数为 498 座，属于小型乙类电影院。

建筑设计在强调整体感的同时，与用地形成良好的契合关系。建筑外观体现"竹简"的竖向构型，塑造四位一体的文化建筑形象。

秦淮区愚园（胡家花园）风景名胜设施恢复和复建项目

设计单位：东南大学建筑设计研究院有限公司
建设地点：江苏省南京市
建筑面积：4120m²
设计时间：2009-03/2010-12
竣工时间：2013-04

设计团队：

陈 薇

王建国　胡 石　高 琛　杨冬辉　梁沙河
赵 元　罗振宁　顾 效　杨红波　施明征
马志虎　钱 锋　周小棣　杨 舜

一、概况与理念

愚园位于历史文化底蕴深厚的南京市城南西片，曾经是徐达后裔的私园，清晚期易为胡氏修筑为愚园，是南京重要的私家园林之一，但后来毁坏严重，成为脏乱差的棚户区。1982年愚园遗址被公布为南京市第一批文物保护单位，2006年政府启动项目，定位为恢复和复建，以改善市民生活和环境品质，并重建南京历史名园。总占地面积3.45公顷，总建筑面积4120m²。项目以意境为恢复园林的第一要则；以完整格局为规划的第一原则；以因地制宜为景观设计的第一准则；以真实性为修复建筑的第一守则。建成后的愚园既传承了独特的广水高阜和大疏大密的格局特点和文化品位，也为服务公众需求及提升城南老区的文化和生活品质发挥了作用。

二、难点与设计

项目的难点主要需求在历史的真实性、现场的可能性和未来的使用性方面要达到完美结合，包括：保护和利用、传统格局和现实条件，自上而下总体规划和自下而上具体建筑等专业设计在过程中的配合与调整、文献比对和现代考古及测绘的多重证据法运用等。整个设计重视基础研究、现场工作、跨学科合作、设计创新，有效地传承了愚园地处城市边缘而展现的旷野与精致并存的意境、地方建筑传统技艺和文化，也创新技术，符合现代建筑规范和服务公众在生态、环保、消防、使用等方面的社会需求。

三、技术与创新

考虑恢复和复建项目的复杂性，项目突出在通过技术创新和方法多元来应对。如提出考古布点方案，通过勘探确定主体建筑定位及落实山水格局；如充分利用现有树木植景，巧妙改善防空洞风口形成景观以及结合假山形成沟壑洞穴等；综合解决理水、给排水和供热的水暖问题，结合水体大的特点以及地源热泵设施建设，达到水体冬不枯、夏不涝，房间有供暖，外观唯美瞻；根据功能区分和建筑的修缮、迁建、新建等不同需求，综合解决消防、使用、风格塑造等问题。产生了学术、社会、文化、经济等综合效益。

上海焦点生物技术有限公司研发中心

设计单位：清华大学建筑设计研究院有限公司

建设地点：上海嘉定工业园区

建筑面积：34010m²

设计时间：2011-04/2016-01

竣工时间：2016-01

设计团队：

方云飞

梁增贤　蔡郑强　冯　晨　陈　青　吕宝宽

郑　茹　徐京晖　程炳玉　陈矣人　周　溯

刘素娜　武　毅

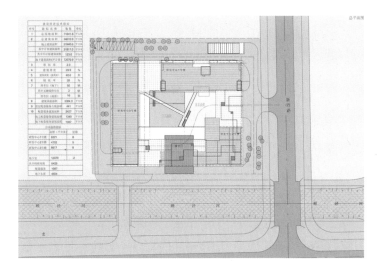

一、项目简介

上海焦点生物技术有限公司研发中心位上海嘉定工业园区，南临顾径河，与汇善路隔河相望。该项目由三栋建筑组成，总建筑面积34010m²。其中地下室12070m²，研发中心1号楼面积8321m²，研发中心2号楼面积4702m²，研发中心3号楼面积8917m²。建筑整体以穿孔金属板幕墙为统一语汇，通过两层地下室、二层栈桥和装饰屋顶组合为一体，2号楼地上5层，1号和3号楼地上8层，建筑限高40m。

二、技术特色

建筑与景观和谐共生，精细化设计贯穿始终。精心控制建筑整体风格的统一，单体体量尺度的均衡和表皮细部肌理的表现，在相

对局促的用地内，利用三栋建筑围合出不同层次的内庭院，通过对景处理，将内院景观与外部环境相融合，呈现出恢弘大气的空间氛围。按照不同功能区域对视觉通透性和遮阳的需求，布置不同镂空金属板，营造出舒适的工作环境。

　　灵活运用多种幕墙之间的虚实关系和色彩对比，有效解决多种幕墙的组合叠加，形成丰富的立面。水泥板幕墙开缝处理，沿缝喷黑色耐候涂料，取得了很好的效果。玻璃幕墙外罩穿孔金属板幕墙，由边梁外挑钢牛腿承载金属板幕墙竖龙骨，两种幕墙之间留够火灾逃生空间，同时充分考虑连接处节点的密实和幕墙的整体性。

天山大峡谷创建国家 5 A 级景区游客服务中心

设计单位：新疆维吾尔自治区建筑设计研究院
合作单位：哈尔滨工业大学建筑设计研究院
建设地点：新疆维吾尔自治区乌鲁木齐县南旅基地
建设面积：7598m²
设计日期：2010-08/2013-03
竣工日期：2014-09

设计团队：

薛绍睿　　　　　　闫学丽

张　毅　王　欢　刘晓伟　张　锋　梁　平
沈　晖　汪　勇　刘　茵

一、设计理念

　　本项目以创 5A 级风景区为契机，来打造具有地方特色的标志性建筑。场地将游客服务中心、五星级公厕与功能大门连接一体，形成一站式布局。使场地中的主要功能性建筑三位合一，大幅度提高建筑空间的利用效率。建筑主体形象灵感源自屹立于劲风中的天山雪山。以白色的肌理铝板为建筑主要饰面材料，象征圣洁的"雪山之巅"，灵动的建筑外轮廓象征新疆"古丝绸之路"。

二、技术难点

建筑体型灵动多变，像丝绸之路上一条飘舞的丝带。没有标准化单元、形体相当复杂，设计难度大。综合服务区头部和尾部高度相差达三层，屋面楼板也为双曲面楼板，中段大门顶部存在一个空间曲线网架结构，水平跨度 30 多米，平面外悬挑跨度 15 米左右，结构专业既保证了主体的安全，又保证了造型上的美观。

三、技术创新

利用 BIM 手段解决传统的二维设计手段较难解决的复杂形体、区域管线综合问题，在 BIM 打造的可视化平台中解决了多专业协调问题，设计阶段运用 Revit、Rhino、Catia 等三维软件，对建筑形体切片分析，进而深化设计形体，从而更好地优化设计方案。

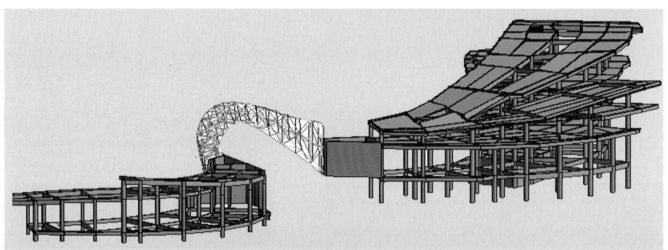

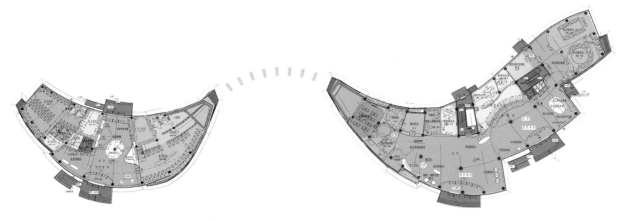

万科前海企业公馆——特区馆

设计单位：深圳建筑设计研究总院有限公司
合作单位：深圳市华汇设计有限公司
建设地点：深圳前海
建筑面积：75922.67㎡
设计时间：2013-11/2014-03
竣工时间：2014-09

设计团队：

林镇海　　　　　　　肖　诚

凌　峥　王　静　梁立新　欧阳霞　蔡志辉
于　洋　刘　臣　林文明　王　丽　胡凤格
钟小林　郑　卉　黄　芳

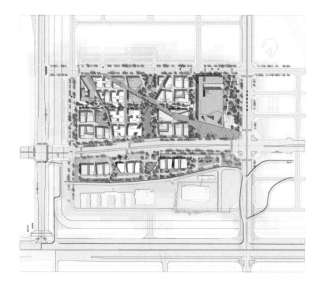

一、设计理念

　　前海企业公馆BOT项目位于深圳市前海深港合作区，是首个前海企业实体办公园区。建设用地东北侧为东滨路延长路，东南侧为规划中临海路，西北、西南两侧均为规划市政道路。项目建设用地面积93192.96㎡,分为东、西两区。西区总建筑面积65488.61㎡,东区总建筑面积10434.06㎡。西区用地内设多层建筑物共27座，包含企业总部办公，前海特区馆及相应商业配套设施等多项功能；东区包括4栋企业公馆。前海特区馆是前海（临时）深港国际会展交易发布中心，也是整个园区的第一组建筑，是前海示范区的一张名片及前海的地标性建筑。

二、技术难点

本项目因是临时建筑，周期短而造型多变为最大的难点，为缩短建设周期，采用的是钢结构、网架、幕墙、PC板等装配式的技术，在最短的时间内投入使用，整个西区从设计到施工，周期不足一年。

三、技术创新

建筑立面设计遵循理性、富有逻辑的线索展开，同时运用不同的材料和建构方式，形成既简洁大方又具备丰富性的建筑表情。建筑立面因面向环境不同，而采取了不同的外立面材质，混凝土、幕墙玻璃、绿植墙面交错连接，结合外遮阳、低辐射玻璃等技术，有效降低建筑空调系统运行成本，创造舒适的办公环境的同时，更加低碳环保。部分位置采用"穿孔百叶"包裹，在不同光线的折射下呈现自由多变的效果，简洁精致。

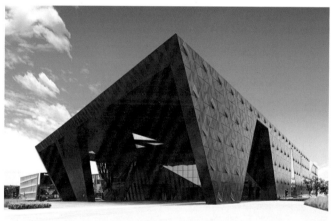

西安市中医医院迁建工程门诊医技住院综合楼项目

设计单位：中国建筑西北设计研究院有限公司
建设地点：西安
建筑面积：98114m²
设计日期：2010-03/2010-10
竣工日期：2014-03

设计团队：

李建广　　　　　　郑　虎

吴大维　　杨春路　　杨　华　　周皋芳　　刘万德
王建华　　于岩磊　　葛万斌　　李　剑　　蒋　忠
杨光明　　李艳芝

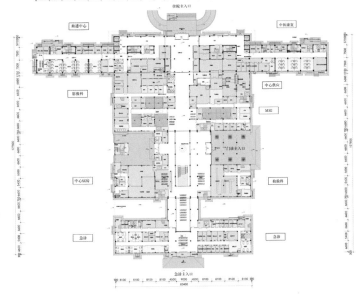

首层平面组合示意

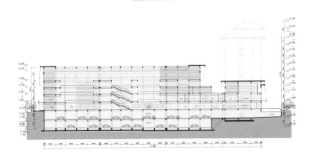

一、设计理念

西安市中医医院的规划设计，以医疗功能、工艺为基础，以弘扬中医药文化为引领，从中国传统文化中汲取养分，将中国传统空间理念和传统文化元素加以提炼，运用现代设计手法重新诠释，创造富有中医药文化特色的园林式的现代化医院。

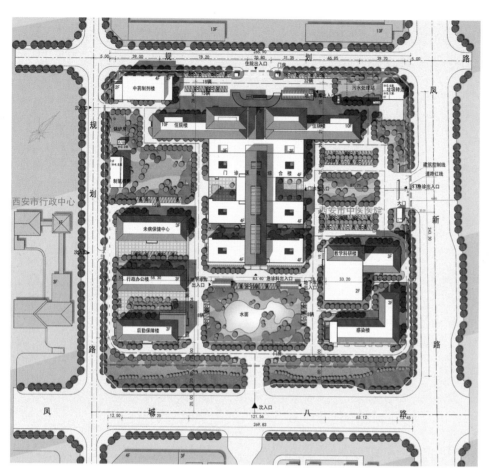

二、技术难点

如何在建筑形象上与已建成的西安市行政中心相呼应，做出做出既有传统建筑风貌又体现现代中医医院建筑特质的现代化大型中医医院是设计面临的第一个难题。大体量医疗建筑如何体现绿色环保的建筑技术是设计面临的又一个问题。

三、技术创新

项目采用先进的设计理念和技术措施，保证了设计质量和进度要求。以医疗街为主轴线组织就医流程、模块化的医疗单元、节能环保的现进措施、智能控制的各项设备，保证了本工程的科学合理。以现代医院功能为前提，结合中国园林建筑形式，突出中医药特色，弘扬中医药文化。

温州大学瓯江学院扩建工程

设计单位：浙江大学建筑设计研究院有限公司
建设地点：浙江温州
建筑面积：56814.4m²
设计时间：2011-05/2012-02
竣工时间：2015-08

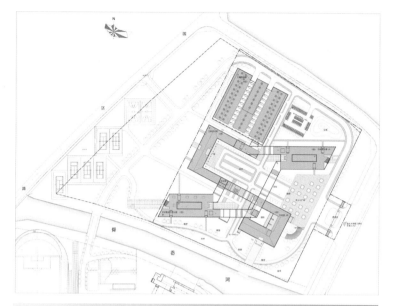

设计团队：

陆 激 　　　　殷 农

郑 为　冯余萍　方炜淼　张 杰　沈 婷
曾 凯　王小红　雍小龙　余俊祥　付少锋
李 平　沈月青　王 杭

一、设计理念

以"巨构 + 教学综合体"的理念把各功能体块糅合为资源共享的一个建筑单体，确立整个学院"大建筑"的空间格调。关键词为：书院、现代、交融和绿色。

二、技术难点

原大学城内建筑多数严格按正南北向布局，与外部道路、河流的格网系统呈27度夹角，设计巧加利用，建筑严格按"两套格网"系统的语法"逻辑演绎"生成。

三、技术创新

以院落和架空，糅合安静的书院特征和动感的现代氛围。建筑空间随形体交织变化，生成不同高度的穿透空间；"围而不堵"的院落组合，使空间路径多样丰富。地面、墙体和屋顶绿化穿插其间，建筑和自然融为一体。陶土板构成的格栅墙体强化了"穿透"意象，教学、交流活动从室内延伸到室外。建筑成为故事发生的地方，文化凝聚的场所。

新建拉日铁路日喀则站

设计单位：中国建筑西北设计研究院有限公司
建设地点：西藏日喀则市
建筑面积：9996㎡
设计日期：2011-09/2012-12
竣工日期：2014-06

设计团队：

李 冰　　　　　窦 勇

闫 冰　　任同瑞　　段小欣　　亢 勇　　江 源
谢夕闪　　白 涛　　张 彤　　路 平　　牛俊涛
张 严　　李 巍　　胡晓舟

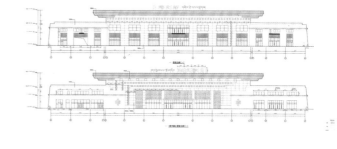

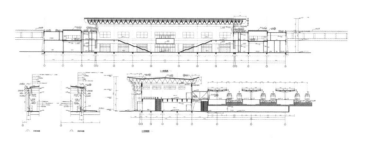

一、设计理念

　　西藏的地域文化与特色独树一帜，怎样表现建筑的文化自信、怎样处理好传统与现代、继承与发展的关系，是方案设计必须面对的难题。

　　总体规划与构思：千城一面已经深深影响着远在高原的各个城镇，这里的大量建筑都和内地的城市建非常相似，地域特色逐渐消退；此外，车站项目处于日喀则新区的核心地位，如何通过站房的建筑设计和文化表达，来有力的凸显地域特质，进而影响整个新区的建筑风貌，是这次设计的重点。我们通过对藏文化与建筑风格、城市背景等基础研究，形成了一个清晰的目标：一定要体现日喀则的城市特色，一定要创造一个适合此时、此地的标志性作品。

　　建筑造型设计：我们从当地传统和历史中挖掘素材、汲取营养。通过对大量藏式建筑院落、单体、细部的研究，我们明确了传统建筑精神与现代化铁路站房的结合点：站房与扎什伦布寺遥相呼应，造型上也借鉴扎寺中的建筑特点，以非常简洁凝练的线条保留了其屋顶的韵味，在屋顶引领下，檐口采用带有藏式纹理的橡头装饰并自然过渡到墙面，造型取消斗拱保留了橡头，并加强色彩上对传统呼应。通过中部通透的玻璃幕墙和候车厅两侧外扩的拉毛石材墙面，强化了站房的气势，站房从整体到细节上都蕴含着藏式建筑的韵味。上繁下简，庄重凝练。

　　随着拉日铁路的开通，在雪域高原架设了一条新的天路，日喀则站房也被越来越多的人所认识、接受，成为城市新的名片。很欣慰各方对这个项目的认可，也希望这个作品没有辜负这片土地、这个时代。

日喀则车站

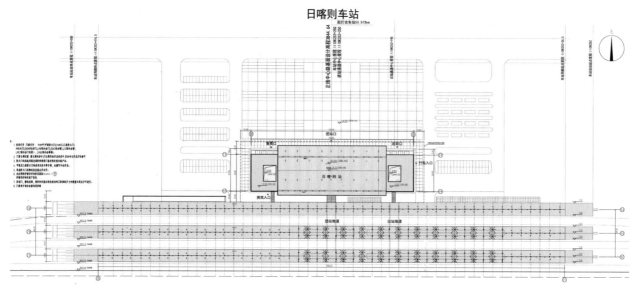

二、技术难点

1.考虑到干旱的气候，巨大的蒸发量和日夜温度的剧烈变化，结构主体进行合理的分缝。

2.大跨度的屋面采用螺栓球钢网架体系，既满足了建筑美观的要求，又减轻了结构自重。

3.外墙面部分采用干挂石材，部分采用真石漆。真石漆具有永不褪色的特点，能有效地阻止外界环境对建筑物的侵蚀，延长建筑物的寿命。

三、技术创新

1.夏天紫外线照射强烈，我们将夏天的热辐射通过太阳能板储存到地下的热水库中，以供冬天使用，节约能源。

2.室内隔墙结合当地资源采用非承重页岩砖，节能环保。

3.采用太阳能集热、蓄热作为主要供暖热源，以电热锅炉为辅助、备份热源。能源系统采用模糊控制，以最大化利用太阳能为目标，最大限度地减少用电量，降低系统的运行费用，达到节能的目的。

西双版纳国际旅游度假区傣秀剧场

设计单位：中国中元国际工程有限公司
合作单位：万达文化旅游规划研究院有限公司
　　　　　STUFISH LIMITED
建设地点：云南省西双版纳州景洪市西北部
建筑面积：19500m²
设计时间：2013-05/2014-06
竣工时间：2015-03

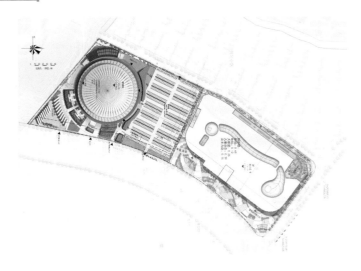

设计团队：

孙宗列　　　　　　朱轶蕾

焦建欣　王　元　王　进　李　鹏　束天明
周　茜　刘澳兵　张　瑾　王文渊　陶战驹
杨　凌　郭伟华　刘昕晔

项目简介

　　本项目位于云南省西双版纳州景洪市西北部。总建筑面积19500m²，其中，地上建筑面积13700m²，地下建筑面积5800m²，地上3层，地下2层，建筑总高度21m，工程等级为1183座乙等中型剧场。地下部分主要功能为水池、机电设备用房及排练厅，地上部分主要功能为舞台、观众厅及配套的功能用房。

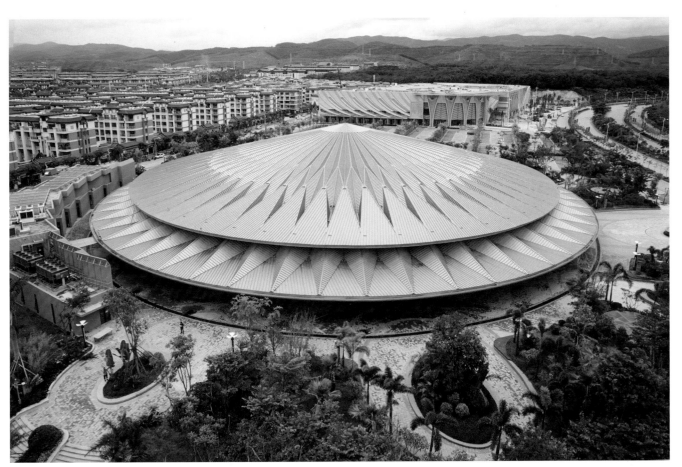

　　本项目以建筑师为龙头，集表演艺术家、室内设计、幕墙专家、舞台专家、声学专家协同创作的方式，共同演绎了这场精彩的傣秀演出。本项目在文化与现代科技的结合下，对表演的舞台及空间等方面进行了大胆的尝试；设计首创编织状 V 形折板空间桁架＋单层空腹式折板网壳结构体系，为表演提供了宽敞的空间；在国内剧场领域采用独特舞台水循环系统，将"水"充分融入到节目演出中，创造了美轮美奂的演出场景；国内独创的金属屋面隔声设计及圆形易聚焦建筑体形的室内声学设计，为演出提供了较好的建筑声学条件。为表演艺术家创造了完美的表演空间，为观众创造了梦幻的观演空间，为美丽的西双版纳创造了新的旅游文化。

新纬壹国际生态科技园（2011G68 一期项目）展示中心

设计单位：江苏省建筑设计研究院有限公司
建设地点：南京建邺区江心洲街道
建筑面积：51935m²
设计时间：2011-11/2012-09
竣工时间：2016-03

设计团队：

徐延峰　　　　　　江 敏

张 诚　夏卓平　贾 锋　冷 斌　李 均
张 磊　陈 震　陈光生　毛丽伟　陈 仲
陆文秋　陈 丽　王 帆

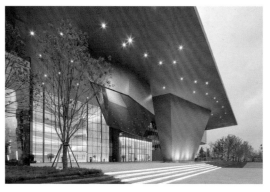

一、设计理念

整个造型创意源于南京"山水城市"的特色——顶部八个坡屋顶形成八座高低错落的山峰，悬挑深远的屋檐营造出"地平线"的意向。建筑主体为全玻璃幕墙立面，整个屋顶悬浮于玻璃盒子之上，形成虚实对比。建筑内部通高中庭、空中花园、屋顶采光井、下沉花园等空间互相交错，营造出充满光线、健康积极的室内氛围。

二、技术难点

建筑形态复杂，内部空间丰富，对建筑技艺、结构设计、消防设计及设备布置等提出了非常高的要求。如何完美地解决技术与艺术的矛盾，是整个项目设计的难点。

三、技术创新

主入口上方悬挂的采光井和相邻的倒锥体一起构筑出充满张力的醒目的入口空间，与坡屋顶造型相结合的采光井为室内引入充沛的光线。局部双重悬挑部位采用屋顶桁架悬挂结构柱的结构方案; 四层27m大跨度部位采用钢箱梁与型钢混凝土柱半刚接节点技术,并获得国家结构设计专利。

照金红色文化旅游名镇及陕甘边革命根据地纪念馆

设计单位：中国建筑西北设计研究院有限公司

建设地点：西安市

建筑面积：137016.7m²

设计日期：2012-08/2012-12

竣工日期：2013-07

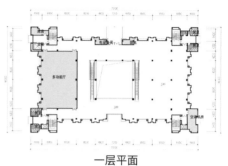

一层平面

二层平面

设计团队：

屈培青

张超文

| 阎　飞 | 王　琦 | 常小勇 | 贾立荣 | 高　伟 |
| 魏　婷 | 王世斌 | 季兆齐 | 黄　惠 | 孟志军 |

一、项目概况

　　照金红色文化小镇即是我省重点建设美丽乡村小镇中的一个村镇，位于陕西铜川耀州区，具有优越的地理位置，公路系统完善。是1933年刘志丹、谢子长、习仲勋等老一辈无产阶级革命家创建的革命根据地，并在这里组建了中国工农红军第二十六军，是西北红军成长壮

大的红色革命老区，主要景点有陕甘边革命根据地、照金革命纪念馆和纪念碑、薛家寨遗址和红军兵营旧址，也是国家级丹霞地质公园。是陕西省确立的以老区振兴和红色旅游为主的重点文化名镇之一。也是全国百家红色旅游经典景区之一。

二、技术难点

照金红色文化旅游名镇，地处山区，地形地貌多样，建筑场地条件比较复杂，处理不当可能会造成滑坡，山洪，泥石流，坍塌等不良地质反应。同时纪念馆为超长混凝土结构，在施工中要考虑混凝土的收缩影响。

三、技术创新

在进行地基处理前，对建筑场地进行专项评估，确定其建设的适宜性，对存在不良地质作用采取相应的预防和应对措施，确保建筑物在设计使用期内的安全。针对超长混凝土结构：（1）所有楼板均双层双向通长钢筋配筋率；（2）在结构适当部位设置后浇带释放施工期间的温度应力；（3）框架梁每侧腰筋最小配筋率；（4）对施工提出较高要求

安徽中医院国家中医临床研究基地建设大楼

设计单位：安徽省建筑设计研究总院股份有限公司

建设地点：合肥市

建筑面积：91694m²

设计时间：2010-10

竣工时间：2015-06

设计团队：

高　松　　　　卢艳来

孙　苹　朱天龙　卢红兵　李　锐　黄菁平

郑　勇　王　慧　葛传永　汪　军　鲍　剑

王　辉　唐雪芹　曹胜男

设计理念

1. "城市设计"的思想，充分利用地形，与周围环境有机结合。将两栋高层有机组合成一体，建筑形象大气、也使沿着城市干道有完整的建筑立面，城市视觉形象好。

2. 以医疗活动的最合理，最顺畅的流程进行设计，功能分区明确，合理，便于灵活分隔，便于使用和管理，适应发展。

3. 建筑设计体现中医特色元素，创造良好的人文，生态环境。

以中医的"天人合一、天人相应"的哲学思想的构思源泉，营造出中庭，空中花园，屋顶花园等生态化的景观空间，人在此与环境共生、互融，使建筑具有深层的中医内涵。

建筑形体的"实中有虚""虚中有实"，与中医的"天人合一""阴阳互补"相通。

把中药的载物——"药柜"艺术化的加工，形成建筑的造型元素，塑造出具有中医特色的建筑形象。

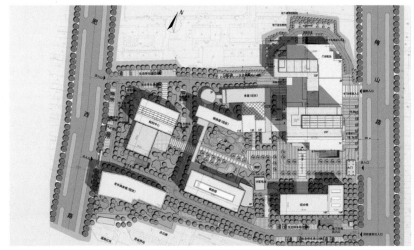

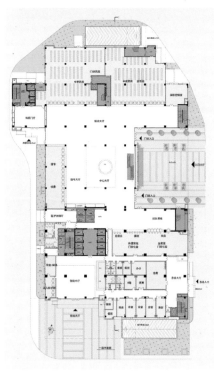

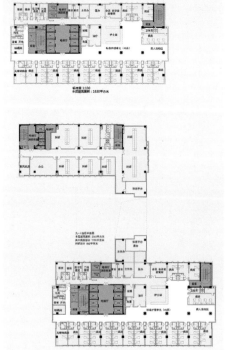

构 思

中医的"天人合一、
天人相应"的理念

中医的"阴阳互补"的理念

阳光、绿化、水 / 空气生机
盎然的灰色空间 -- 中庭

虚实共生"实中有虚"
"虚中有实"

百度云计算（阳泉）中心

设计单位：悉地国际设计顾问（深圳）有限公司
合作单位：天津惠普数据中心设计工程有限公司
建设地点：山西阳泉
建筑面积：119951㎡
设计日期：2012/2013
竣工日期：2014-10

设计团队：

郑 权

代 理

洪志勇

董屹江　江坤生　潘 扬　刘春华　王 娟　邹政达
汪丽莎　耿永伟　刘海鹏　叶 郁　戴曦玲　李雁华

一、设计理念

　　设计采用独创的放射型园区模式，最大程度优化数据中心的运维效率，同时塑造标志性的园区形象，建筑与工艺完美结合。内向造园，在工业区中打造了一片生态园林。机房区及生活区利用地形物理隔离，形成了多层次的安全级别以及立体景观体系。适用性极强的平面布局可容纳多达12种工艺组合，满足了分期研发的需求，协助业主探索数据中心技术前沿。

综合楼夜景人视图

二、技术难点

项目用地高差剧烈，地质较差。需要最高的安全级别、可靠性及节能要求，设计需求严格。建筑一期完成，机房分期入驻，设计须具有足够的远瞻性和灵活性。面对错综复杂的挑战，我们的对策是"简单可依赖"，通过繁复的求解过程，在复杂的问题之中，寻找最简洁的解答。

园区日景鸟瞰图

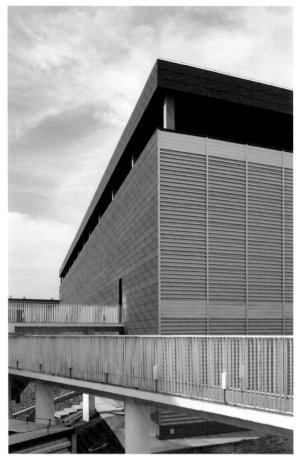

三、技术创新

项目采用各种先进技术，其中多项为国内首创：采用 240V 高压直流系统，大幅度提高电源效率，增强灵活扩容能力。使用无架空地板机房系统，满足整机柜运输需求，改进冷却系统，降低成本造价。采用自然冷却技术，提高冷冻水供回水温度及送回风温度，采用 CFD 模拟，精确实现无高架地板情况下的高密度机房的有效制冷。项目节能效果极佳，先后获得第六届世界环保大会国际碳金总奖（大会最高奖项）以及国内数据中心绿色最高级别 5A 认证等奖项。

北京雁栖湖国际会展中心

设计单位：北京市建筑设计研究院有限公司
建设地点：北京市怀柔区雁栖镇雁栖湖畔
建筑面积：79000m²
设计时间：2013-06/2013-10
竣工时间：2015-02

设计团队：

刘方磊

焦 力

任 蕾

盛 平 韩兆强 金卫钧 甄 伟 王 毅 余道鸿 王 轶
胡 宁 黄 澜 曾 源 王 妍 陈 亮

一、设计理念

环境，圆形平面以柔和的边界嵌入三角形地块之中；弱化地块以及建筑单体的方向感。天际线，圆形屋檐形成弯曲的天际线，与周围山脉形成顺应之势。削减建筑形体的体量感与边界感，缓和了与环境的主从关系。使得这个浅山区的会展建筑仿佛生长在环境之中。建筑剪影，提炼北京传统标志"天坛祈年殿"三层屋顶攒尖造型，进行拓扑形变，将其三层屋檐至下而上渐次收分的逻辑反其道而行之，改为至下而上渐次放大，仿佛传统建筑的时代之倒影。

二、技术难点

84m 跨重型屋盖，由放射状布置的空间钢桁架和混凝土屋面板组成。采用了混凝土屋面板在地面浇筑并预留后浇带，同步整体提升，到位卸载后再封闭后浇带的施工工艺，整体提升重量达 3800 吨。本工程采用以地源热泵为主的复合能源系统，夏季空调冷源采用地源热泵系统＋电制冷冷水机组，冬季空调热源采用地源热泵系统＋燃气锅炉，解决了平时和高峰运营时的能耗矛盾。

三、技术创新

会展中心采用将传统挑檐构件层叠组合形成单元式屋檐吊顶体系，采用与建筑造型相吻合的环形放射，形成较高的标准化率，极大地降低了造价及工期。与结构斜撑融为一体，达到结构构架装饰化的效果。会展中心对外环廊外倾状幕墙利用大挑檐的避雨作用，并在每个幕墙单元上方增加旋转玻璃片。单元幕墙上方中旋开启，达到开启扇投影面积的全通风率的效果。

滨江休闲广场商业用房

设计单位：启迪设计集团股份有限公司
建设地点：常熟市江南大道滨江体育公园东侧
建筑面积：11440m²
设计时间：2013-07
竣工时间：2015-04

设计团队：

查金荣   程 伟

陈苏琳　金 帆　张筠之　陈 方　张志刚
石唯坚　邵建中　赵 焱　陈 程　周晓东

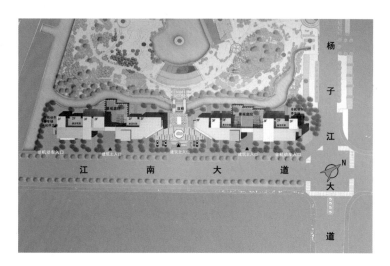

项目简介

　　基地位于常熟市滨江体育公园东侧，东临城市次干道，西侧隔河相望的是风景优美的公园绿地，本项目建成后为该片区的运动休闲和文化产业注入了新的活力。

　　总体空间布局上，该项目设计采用"漂浮的盒子"的构思，创造了灵活多变的趣味性母体空间。同时契合了常熟地区民居建筑的体量关系。项目西面临水。形成了与公园景观的和谐对话。这种对话是有趣而微妙的：既是对历史的尊重，也是对现代信息的传递。

　　建筑形式上，设计回避了对传统建筑形式的直接模仿。而是将建筑的体量划分成为若干较小形体的组合，色彩维系了传统的地方特色，建筑立面以公园主要树种为原型，用白色穿孔板来抽象地展现在建筑立面上，形成水墨画的意境，其元素和尺度被抽象化，在那里安静地表达着建筑独特的气质及其所承载的内涵，与周边的建筑形成现代意义上的对话。穿孔板设置在靠近公园的西侧立面，遮挡了西晒的阳光，将穿孔板的打孔率控制到最小，使室内的视线和公园形成朦胧的对话。

　　其空间、形式和周边环境形成一种独特的整体景观风貌，同滨江公园地区整体旅游规划风格相协调，对景区产生了良好的文化象征和引导作用。

　　项目总建筑面积 11440m²，建筑基底面积 3680m²。建筑层数：A区地上3层，建筑高度17.60m；B区地上4层，建筑高度20.30m。

柴墟水景街区一期工程

设计单位：南京大学建筑规划设计研究院有限公司
合作单位：东南大学建筑设计研究院有限公司
建设地点：中国泰州
建筑面积：58751㎡
设计时间：2010-01/2012-03
竣工时间：2014-03

设计团队：

丁沃沃　　　　周　凌

韩冬青　萧红颜　华晓宁　童滋雨　陈晓云
陈　佳　王　雯　吴宏斌　胡晓明　方先节
桑志云　吴国栋　范玉越

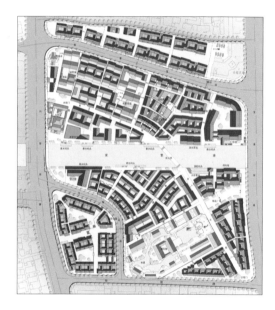

项目简介

柴墟水景街区一期工程古街区位于高港区南官河（古称济川河）与宣堡港（古称柴墟河）汇集处，距今已有2000多年的历史，是高港政治、文化、经济的发祥地，四通八达的水运曾使柴墟成为苏北苏中一带木业、盐业的集散中心。

第一，肌理织补：尊重原有传统街区格局，延续传统院落肌理。第二，街巷再生：保留原有街巷空间，按照原有街巷尺度和宅基地边界，获得丰富的传统街巷空间。第三，类型填充：以传统一进或多进院落住宅为原型，置入新的使用功能，符合现代生活需要。改善滨水空间，打造集商业、娱乐、文化于一体的特色历史街区。

将基地中原有建筑汇集的文化内涵，采用"隐喻"即"象征"的方式用来创造新形式。以抽象继承为主旨，在保留原街巷肌理的基础上，建设统一为局部三层的商业文化服务类建筑，以新结构、新材料、新形式唤醒古老街区的新活力。

长沙国家生物基地影视会议中心

设计单位：湖南大学设计研究院有限公司
建设地点：湖南省长沙市
建筑面积：23670m²
设计时间：2011-04/2011-12
竣工时间：2015-06

设计团队：

魏春雨　　　　　黄　斌

刘海力　顾紫薇　唐国安　郦世平　郑少平
方厚辉　朱建华　黄文胜　黄　征

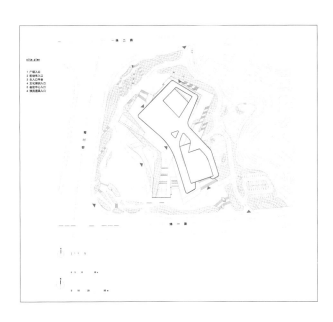

一、设计理念

柔性适应——地景拓扑　空间融合。

作为中西部地区唯一的国家级生物产业基地，园区希望项目创造出一个多元、开放的标志性场所；基地紧邻中央山地公园，原生水系伴随山形迤逦蜿蜒，为典型的湖湘

地区浅丘山地地貌。基于上述生物与基地的内涵属性以及场地的适应性
逻辑，采取"柔性适应"的理念作为总体设计策略。"柔性"即指一种
具有韵律感可塑性与消隐可塑性与消隐的美学形式特征，在建筑上表现
为空间与内外环境之间形成柔性化的开放与融合。

二、项目特殊性

设计试图针对园区产业特征，从生物学的角度抽取自然界中 DNA
双螺旋结构的拓扑形态，通过叠合、消解以及柔化空间的操作方法，使
建筑呈现一种自然延续的生长状态，将空间和功能两者柔性结合，以此
隐喻生物产业的本质内涵；同时，设计关注建筑与基地地形的契合，并
以地景化的方式重构，最终使建筑作为地景的一部分成为环境的延伸，
形成一个复合的有机生命体。

三、技术难点

交织空间——拓扑叠合地景生成。

形体通过拓扑水平转换和垂直叠合在建筑中央构建出巨构"交织
空间"，激发起整个建筑的开放性与共享特质，从而获得了与公众、景观、
城市的多维度联系，消解内与外、建筑与城市的界限，成为空间融合的
枢纽。

四、技术创新

拟态皮肤——空间逻辑表皮衍生。

开放式幕墙的板块接缝采用透空透气的工艺，通过接缝让面板背后
的空气层能够顺畅地流通，起到良好的隔热及吸声效果，并且在空气层
流通的过程中可以将冷凝水挥发，技术内在形成一种拟态的皮肤效能。

长兴建设商务楼

设计单位：南京大学建筑规划设计研究院有限公司
建设地点：浙江长兴
建筑面积：49053m²
设计时间：2011-10/2012-09
竣工时间：2015-12

设计团队：

傅筱　　　　廖杰

施琳　靳松　侯博文　康信江　汤荣广
赵丽红　陈佳佳　赵越　缪霜　肖玉全
王成　施向阳　张婷婷

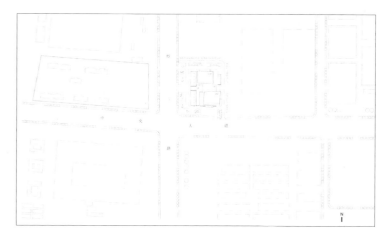

一、项目概况

长兴县建设商务楼工程位于长兴县经济技术开发区内经三路与中央大道交叉口。地下一层为防空地下室、汽车库和设备用房；地上部分为两个高层塔楼，主体分别为11层和24层及3层办公裙房。主要功能，一层为办公门厅、机动车库、非机动车库；二层为便民服务门厅；二层以上楼层均为办公。

二、设计概念

高层建筑因为其形态高耸在城市中往往具有一定的标志性。因此，如何获得一个有特色但又不是过度设计的形态是我们设计的重点。

三、解决策略

根据容量分析，需要两幢75m左右的塔楼，设计结合中央大道的城市设计，采用100m和50m的塔楼组合的形体，建筑形态高低错落，打破了呆板的双子楼形体。设计采用了规则的方形塔楼建筑平面，但利用水平遮阳构件从下至上的渐变，形成了富有特色的立面造型。

将塔楼部分悬挑设计，形成悬浮的形体效果，丰富了中央大道的城市景观。将两个塔楼进行斜切处理，避免了塔楼转角正对交叉路口，同时增强了两个塔楼的形态联系。

四、技术特色

渐变的百叶片形态控制：由于百叶片的渐变形态难以用常规的设计工具控制，本工程采用了BIM（建筑信息模型）技术控制设计和施工。建筑从方案开始就采用RevitArchitecture建模，通过自适应构件技术研究渐变的建筑形态，在BIM平台中完成建筑施工图。在与幕墙的配合中，BIM模型发挥了很大的作用，幕墙公司基于建筑设计提供的BIM模型精确地控制了建筑形态的深化设计。在施工阶段，BIM模型对施工队理解设计，完成建造控制提供了有力的帮助，大大提升了建造的完成度。

百叶片构造细节控制：由于百叶片比较长，设计采用了铝合金型材开模的工艺进行收边，使得百叶片接缝大大减少，增强了水平线条的整体感；百叶片采用内排水处理，加少了灰尘对立面的污染。

常德市青少年活动中心、妇女儿童活动中心、科技展示中心

设计单位：湖南大学设计研究院有限公司
建设地点：湖南省常德市
建筑面积：29906m²
设计时间：2009-12/2011-03
竣工时间：2016-01

设计团队：

魏春雨　　　　黄　斌

唐国安　严湘琦　刘海力　郦世平　郑少平
方厚辉　朱建华　黄文胜　罗　敏　姜　力
周　瑞　于永强　张　震

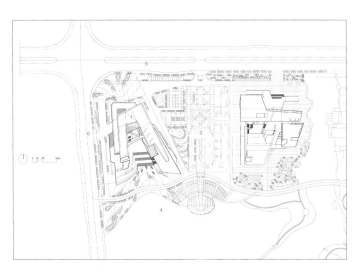

设计理念

　　拓扑生成——分形与融合。

　　设计借用立体主义注重空间与形的解析与重构的理念手法，将设计重点分解为景观、动线、地景、公共参与、区域活力支点等要素，并进行分类、分层、融合、叠加。同时，设计运用分形

几何的原理重新定义场地、建筑、环境之间的空间
秩序和形态逻辑，强化场地与地景的连续性，以强
大的拓扑几何体量构建场地形态，将地景与建筑以
及公众参与等要素整体纳入拓扑形态体量进行分形
与融合的重构。

项目特殊性

项目是常德市芙蓉文化中心的重要组成部分，
也是市文化名城建设的一项重要内容。"三中心"
的建成将为常德市青少年及妇女儿童提供一个开放
的公共活动平台，并与"三馆"及芙蓉文化广场一起，
共同构建成为常德市文化艺术中心，为城市建设再添
新景。

技术难点

技术模拟——拓扑契合地景生成。

设计通过体量的拓扑转换所形成的连续体来模拟地形的起伏形态，以诠释湖区湿地的地形体征，这种巨构的体量强调了建筑的水平性而非垂直性，具有强大的拓扑形态而能够改变现有的城市地景。钢结构的支撑体与维护体系的功能相融合，形体动感的塑造，大空间与斜塔的设计，都表达了结构技术逻辑与动态的力学美感，契合了追求科技与探索精神的内涵。

技术创新

复合表皮——技术逻辑表达内在审美。

设计对于不同的功能需求采用多种手法来塑造界面。建筑西侧界面采用融通复合的手法，由三层不同属性的界面组成。最外层采用倾斜15°的金属片的横向机理遮阳系统，有效减少太阳直射，调节室内光线；中间层为（6mm+12A+6mm）中空钢化玻璃，以满足绿色建筑节能保温要求；内层为与地面夹角15°的金属格构骨架系统，既作为支撑结构，又与外面两层叠合成一体化的围护表皮，解决采光通风要求的同时，又可以根据观看的视线角度产生不同的金属韵律感。

郴州市国际会展中心

设计单位：湖南省建筑设计院有限公司

建设地点：湖南省郴州市

建筑面积：58821m²

设计日期：2010-01

竣工日期：2014-08

设计团队：

杨 瑛　　　　　　贺丽菱

范照耀　张智航　李秀峰　周朝亮　王四清

陈 宇　黄 淳　张新澜　肖跃红　哈恩明

戴德葵　沈 璐　谭 斌

一、工程概况：

郴州市国际会展中心位于郴州新城区，总用地面积13.37公顷，地上两层，地下一层，总建筑面积5.88万平方米，建筑高度41.2米。本工程与郴州文化艺术中心，郴州体育中心一起构成郴州市新城区城市中心建筑群，总规模约21万平方米，共同将郴州新城区打造成为郴州的文化、艺术、体育、商贸中心，项目的建成有效的带动了城市区域经济的发展。本工程还荣获"中国建筑工程鲁班奖"和"中国钢结构金奖"。

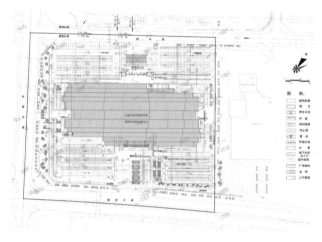

总平面图

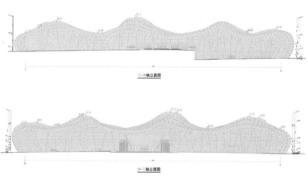

立面图

二、设计理念：

"四面青山绕银城，林绿花香满地春"。郴州，这片湘南热土，地处南岭山脉余罗霄山脉交错、长江水系与珠江水系分流地带，山系重叠，群山环抱，水系蜿蜒，波澜回转。设计解读郴州山、水自然风貌特色，"存其意、取其形、求其势"，整个建筑群体连绵起伏，将郴州的山形水势抽象再现，既体现郴州山峦叠翠、水网交融的地理特征，又象征着百舸争流、海纳百川的宏大气魄，塑造了最具地域文化与艺术特色的建筑形象，让人感受到建筑与自然浑然天成的和谐之美。

三、技术难点：

　　设计不仅是一个形式的外表，更重要的是建筑基于建造工艺逻辑的理性，科技的创新，以及技术应用背后的严谨分析与规则。本设计具有以下难点与先进性：（1）多结构体系综合。（2）钢管混凝土梁柱节点足尺试验。（3）抗震球型钢支座。（4）拉索幕墙。（5）虹吸排水。（6）曲线钢屋面防水组织。（7）超大空间的消防性能化研究。（8）BIM技术应用解决复杂技术难点。郴州市国际会展中心设计实践，关注的不仅仅是建筑的形式问题，应全面地应对当代建筑应有的价值观，包括情境逻辑、绿色节能、技术规则、科学建造等，学会运用建筑自身技术的语言—结构、材料、技术构件及空间情境语素来塑造建筑整体之美。

成都火车南站枢纽城市综合体项目

设计单位：中南建筑设计院股份有限公司
建设地点：成都
建筑面积：234684m²
设计日期：2011-02/2011-10
竣工日期：2014-03

设计团队：

李钫　　　　　刘奕

谭周明	李霆	范华冰	王颢	熊江
张银安	骆芳	祝晓明	吴慧	纪晗
王涛	陈勇	王俊杰		

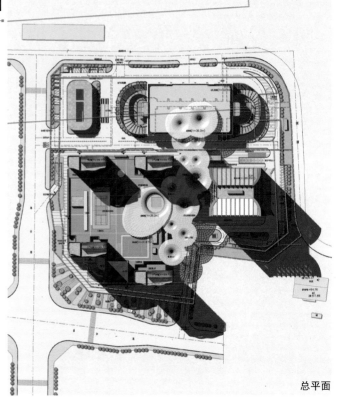

总平面

　　本项目位于成都市南部新区，设计用地范围位于火车南站西南侧，人民南路四段天府立交桥西端。此地块是成都市重点开发及城市发展的重要区位之一，也是不可多得的住宅及商业发展用地。本项目充分论证国铁、地铁、公交枢纽、天府立交等重要的外部因素，以人流集散为核心，遵从人的行为等消费习惯，合理布局商业、办公、住宅等各功能体块。

　　用地范围内及周边集商务、铁路、城际铁路、长途客运、轨道交通、城市公交为一体，在很好的完成交通转换和协调功能的同时拥有充分多层面交通路由，尽可能地覆盖更多区域，实现从"点"到"面"的扩张，提高吸引范围，使枢纽内进出客流"化整为零"和"集零为整"，将便捷性、安全性、经济性和舒适性协调整合，最大化发挥西部开发片区网络节点的特征机能。

城市走廊实景

城市走廊模型

城市走廊鸟瞰

城市走廊与办公

东侧城市远眺

办公立面细部　　　　商业立面细部　　　　转角细部　　　　住宅细部

于是不同的砖，不同的排列，不同的尺度，不同的密度，给予这条天际线一种全新的诠释。

50度黑是对这个建筑立面的另一个期冀。不同比例及尺度的格栅叠加，在立面形成丰富的韵律。

全景鸟瞰

西南城市日景

大汉汉学院

设计单位：山东大卫国际建筑设计有限公司
建设地点：中国湖南省长沙市
建筑面积：10899.11㎡
设计日期：2011-09
竣工日期：2015-05

设计团队：

申作伟　　　　　张　冰

朱宁宁　徐以国　赵　娟　王振亮　王　健
李传运　曲　直　崔钦超　郭　真　王泽东
刘　钊　申　建　宗　伟

一、 设计理念：大长沙，始于汉。

　　湘楚大地是汉文化的发源地。基地为果园所环绕，所以我们要做的是果园中的中国院落。我们希望，通过现代的手法与材质表达出中国骨子里的雍容华贵！项目以营造"果园中的中国院"的生活场景为主题，采用中国汉唐时期的建筑元素，以现代建筑的施工工艺，打造具有中国传统特色的现代中式汉学堂。

　　项目保留了大自然原有地貌和环境；尊重地域文化和特色，将地域性作为建筑的基本属性之一，做到因地制宜，使项目真正融入城市文化脉络。

■ 汉学院东立面

■ 汉学院西立面

二、技术创新

汉学院，我们视之为项目灵魂，将其与天地、水域自然融合，安置于人流集中的视觉焦点位置；且运用纯粹的汉唐风格区别于别墅住宅，打造宫廷式院落。古韵汉风、庄重尊贵。

细节上，汉学院屋顶采用轻质铝合金材料，使得出挑更加轻巧深远，没有传统使用混泥土结构的笨重感；浅棕色石材墙面、深棕色檐角线条、灰瓦屋顶，屋顶部有红色镂空立方体装饰构件，于现代中体现汉唐之风，也更加贴合长沙地区建筑特色。打造长沙（乃至中南地区）首席院落式汉学院，并着力营造汉文化精髓感受空间。

三、技术特色

在建筑的细节设计上，充分表达对中国文化、表达对汉唐中国的敬意；同时也要赋予建筑以时代的意味，不是仿古，不是在形象上而是在气质和空间上体现中国古典的韵味。希望通过现代材料语言及现代风格的建筑提炼，演绎出一种全新的新中式建筑风格。汉代建筑在现实中没有遗存，只能依稀在一些雕像、雕塑中见到，所以在别墅住宅上一味强调汉风特色没有太大意义，过多地强调汉阙和四坡顶反而会使人产生某种联想，失去了住家感，因此，我们只是在大门和屋脊以及汉学院上运用体现出汉代建筑的特点。

■ 汉学院国学讲堂

■ 国学讲堂内庭院

佛山市图书馆

设计单位：广州市设计院
合作单位：奥雅纳工程顾问、Henning Larsen Architects
建设地点：广东省佛山市佛山新城
建筑面积：46663m²
设计时间：2009-01/2014-01
竣工时间：2014-11

设计团队：

　　　杨焰文　　　　陆　勇

高　东　吴　亭　卓　瑜　陈永平　周名嘉
李继路　戴　歆　吕　鹏　甘兆麟　肖　飞
胡　婧　柳　巍　胡广鸿

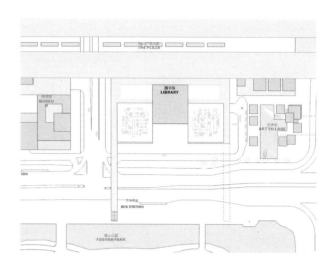

一、设计理念

　　作为佛山市公共文化综合体项目中的一个单体建筑，本项目设计从"坊城"的整体设计概念出发，以简约的立方体为基本形体元素，通过三个方体的灵活组合创造出错落有致的建筑整体造型，同时也提供了方正、实用的建筑内部空间，充分满足现代图书馆藏阅一体的功能需求。

　　另一方面，设计充分遵循"文商结合"的规划理念，将裙楼屋面作为面向公众开放的城市公共文化平台，进一步渲染本项目的文化氛围；同时，充分借用传统岭南园林框景、借景的手法，将项目佛山公园景观引入到文化平台之中，进一步提升了公共文化平台的空间趣味。

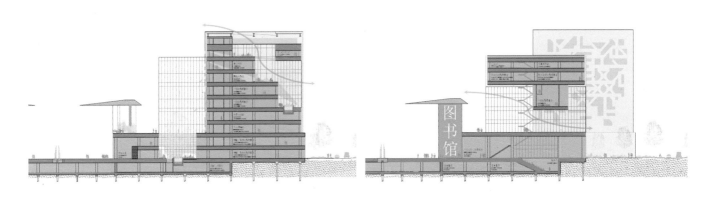

二、技术特色

在建筑内部空间的塑造方面，设计通过开放的室内阅览空间与穿插错落的室外立体庭院的有机结合，营造出开放、舒适、自然、和谐的现代阅览空间氛围；同时，错落布局的立体庭院也充分起到通风、采光的渠道功能，保障了大空间阅览室内部的通风采光效果，达到了建筑自身的生态性与可持续性。

在建筑立面方面，设计以佛山传统的剪纸、灯笼制作工艺为蓝本，通过现代的双层幕墙手法，利用镂空铝格栅拉索幕墙与玻璃幕墙的层次与对比，突出了传统剪纸、灯笼的通透感与轻盈感，力求以现代科技手段重塑传统工艺的精美；同时，通过外层格栅幕墙的排列组合形成"四时读书乐"的立面文字造型，进一步强调了图书馆建筑的文化性格。

在室内装修方面，设计延续了建筑立面的理念与做法，在首层报告厅也采用了佛山传统的陶瓷花砖与玻璃隔墙的组合形式，既作为空间分隔构造保证功能的独立性，又充分达到视线的通透性与互动性，强调了现代图书馆的开放性与公众性。

东台市广电文化艺术中心（一区、二区）

设计单位：杭州中联筑境建筑设计有限公司
建设地点：东台市
建筑面积：77882m²
设计日期：2011-12
竣工日期：2014-12

设计团队：

王幼芬

严彦舟　古振强　骆晓怡　江丽华　钱　铮　鲁小飞
黄建林　孙会郎　王瑞兵　潘　军　王建伟　杨迎春
张　庚　王广文

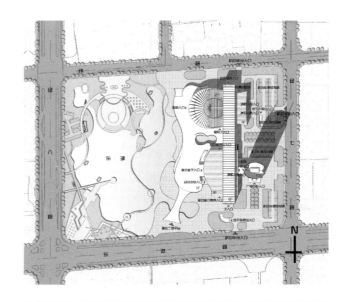

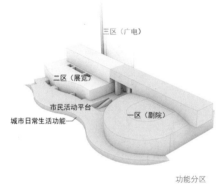

功能分区

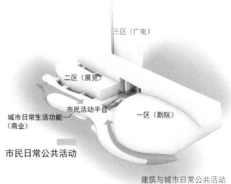

建筑与城市日常公共活动

设计理念：

（一）致力于营造新区极具归属感和场所感的城市公共空间，充分注重与城市环境的整体关系，使之既与整个核心区环境相互协调，又与东湖景观区形成良好互动和融合，同时彰显自身与众不同的的独特气质。

（二）有效地组织建筑各个不同的功能区块、出入口及流线，结合东湖景观区的游人路径，建立整个核心区连续的步行系统，以此提升该场所的的多样性及活力。

（三）创造开放、流动、怡人的文化休闲场所，为市民的日常活动提供丰富的可能性。

一层平面图

二层平面图

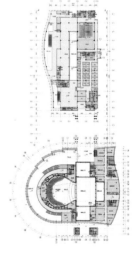

三层平面图

海亮国际幼儿园

设计单位：天津大学建筑设计研究院
建设地点：浙江省诸暨市
建筑面积：10336m²
设计时间：2012-09
竣工时间：2016-01

设计团队：

顾志宏　　　　范　维

宦　新　张晓建　于　泳　周冬冬　闫　辉
崔玉恒　梁维佳　聂　莉　殷　亮　马国岭
镡　新　冯卫星　邢　程

设计理念

　　我们希望能创造出一个真正符合儿童心理需求,能促进儿童身心健康成长的场所,一个既安全愉悦又充满趣味和活力的空间,我们提出打造一个幼儿园新印象的目标,那就是"舒展与柔软"。

　　一个变异的椭圆形母体形成的完整的空间形态,把复杂的环境与功能隔离开,同时提供了一个舒展的围廊,一个宽敞的大院。蓝天、大地、山体、空气被多维地纳入幼儿们的生活体验中。椭圆体向着"舒展和柔软"的印象特征进行了数度不同层次的形态变异,平面从封闭到开敞,界面从锐利到平滑,细节从僵硬到柔软,视野从局促到舒展……

　　幼儿园的空间富有奇妙的流动感,儿童们的行为受到最小的限制,舒展而通透的走廊空间与游戏空间的结合,同样使整个幼儿园弥漫着柔软的多样性。檐口与走廊吊顶部位经过了特别的造型,极大程度地促使冰冷僵硬的建筑属性转化为柔软的特殊印象。朦朦胧胧的U形玻璃,更加强了舒展、柔软的印象特征,就像母亲的臂弯,又像一个欢乐的大沙坑,从而萌生新的体验,神奇而美丽,简约而有趣,舒展而柔软。

　　以孩子的名义,以使用者综合身心体验为导向创造美好独特的新印象,这就是我们在诸暨海亮幼儿园创作中追求和尝试。

海亮教育园学生活动中心

设计单位：天津大学建筑设计研究院
建设地点：浙江省诸暨市
建筑面积：11627m²
设计时间：2012-11
竣工时间：2016-01

设计团队：

顾志宏　　　　　徐丽丽

宦　新　张晓建　马国岭　周冬冬　闫　辉
崔玉恒　梁维佳　陆佳佳　张　波　于　泳
镡　新　冯卫星　邢　程

设计理念

　　海亮教育园学生活动中心位于山脚之下，是通往山顶观景塔的必经之路，我们叫它"山·门"活动中心。活动中心就如同山脚下散落的石块，本设计正是依托这种独特的空间体验，塑造了一个与山融为一体的"山门"，同时结合山地地形为学生创造出多层次、多样化的公共活动空间。

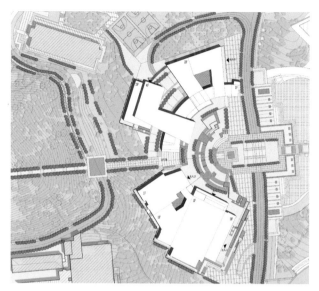

这个活动中心因山水而诞生，它和山中错落的岩石一样自然地融入山体本身，拥有适应山势而进化出来的体形，拥有和周边生态景观密不可分的关系。设计前我们研究分析建设用地内及周边环境，东侧用地坡度相对平缓，依山就势打造了学生活动的景观平台，这个景观平台面向校园开放空间，自然形成了校园中的一个看台，学生可以在这里举办室外演出等活动。在建筑造型上我们利用悬挑、退台等手法呼应山体的变化，同时为学生创造出体验不同的室外活动空间。自然地将建筑融入周围环境之中，使建筑成为山体本身的一种元素，减少了对自然景观、山石、水体的破坏，使自然成为建筑空间的一部分。通过设置中庭和内院再现自然，将山水环境引入建筑，使生态观念深入到建筑的细节，创造出与山融为一体的学生活动中心的独特趣味。

国信·御泉山温泉酒店

设计单位：吉林省建苑设计集团有限公司
合作单位：北京典城艺筑建筑设计咨询有限公司
建设地点：吉林省长春市长清公路 16 公里
建筑面积：73200m²
设计时间：2014-09
竣工时间：2016-02

设计团队：

张 磊

董忠仁　付金晨　张兴书　邹家鹏　于海洋
孙　冬　邹轶林　张　为　翟春龙　徐　波
周东恒　惠　群　衣健全　刘兆民

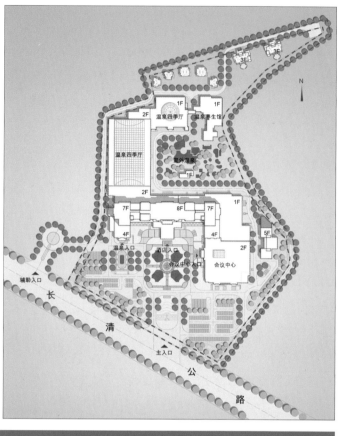

一、设计理念

国信·御泉山温泉酒店北临净月潭国家森林公园，南接小天鹅湖，西抵新立城水库，立于群山环抱之中，自然风光秀丽，环境静谧舒适，是集休闲、会议、商务、度假为一体的温泉文化主题酒店。其中温泉酒店（包括温泉洗浴四季厅）67000m²，客房300余间，中西餐厅，宴会厅，温泉区室内外面积达20000m²，70余个特色汤池散落其中，同时还有配套温泉养生馆、综合楼、企业会所、温泉汤屋等，整个酒店建筑群沿山体自然起伏。

酒店总体布局，以主楼划分为南北两个广场，南侧为酒店主楼与两侧裙房围合的入口广场，广场景观设计采用对称式的法式风格，给人以仪式感。北侧为酒店主体与温泉四季厅、温泉养生馆围合成室外温泉区，成为酒店温泉文化主题的核心。

酒店总体设计围绕着法式风格展开，孟莎式屋顶，精致的老虎窗，高低错落的塔楼，法式柱廊、雕花、线角，构成酒店丰富的外形，建筑整体造型雄伟，形体厚重，与国家森林公园景观相得益彰，通体洋溢着新古典主义的法式风情，自然乐趣皆完美呈现。

二、技术难点

法式风格立面采用GRC和石材交替使用，并做了阻断热桥处理，从而保证建筑节能，既解决造型复杂的难点，又减少了工期，延长了建筑造型的寿命，解决了复杂造型的耐久问题。屋面及塔楼采用大角度金属瓦屋面，有效利用屋面围合的空间。

三、技术创新

本项目从严寒地区地域气候环境和建筑功能合理的角度出发，充分顺应目前节能及可持续发展的时代主题，将良好的建筑体形系数、节能效果、结构形式合理、内部空间优化、立面效果五大因素整合考虑，创作出适用、经济、美观的单体建筑。

杭政储出（2010）39 号商业
金融用房（凤凰大厦）

设计单位：浙江绿城建筑设计有限公司
建设地点：杭州
建筑面积：97064m²
设计日期：2011-03/2011-08
竣工日期：2015-09
设计团队：

总平面图

黄宇年　　　　　　吴寿清　　　　　　李瀛

底层空间图

宋仁乾　　刘亚辉　　姚国财　　劳晓镜　　余 坤　　张 莲　　聂 莉
唐勇辉　　张震寰　　刘传谱　　陈谨菡　　陈国平

一、设计理念：山形水势，景观共享

　　基地南面的凤凰山和水体，形态优美绿植茂盛。本案设计试图以草木葳蕤的凤凰山脉为整体形态布局的出发点，最大化利用周边的景观，使园区的生活能够得到最多的山水景观，绿色和阳光。

二、建筑形式：流动空间，流线形态

　　凤凰大厦的形态空间贴合山形水势作曲线流动状，并沿着基地西侧与北侧道路的建筑形成连续的城市界面，曲线的形体延展开来，犹如将漫山的绿意拥入怀中。

　　整个园区的设计为南低北高的半包围式。南侧的展览建筑及餐厅，则将其设计得低缓延绵，屋顶上的绿化犹如山体植被的自然延续。几个方向的坡道延展到园区中心，使漫步园中的使用者能不经意间走至屋顶平台之上。

三、功能布局：绿色创意生活街区

本案将园区主要功能的产业办公部分，布置在地块北侧及西侧，酒店布置在地块东南侧。平面设计上，将走廊及交通空间设置在靠近城市道路的一侧，使主要功能的办公空间及酒店客房空间，能够最大化享受自然景观。设计将园区内部规划成一条充满绿意的街区，街区的两侧布置展览空间，咖啡，轻餐饮及设计型商店，并结合草坪和绿荫设置座椅供人们闲坐及享用咖啡美食，街区的西侧，顺着坡道与台阶，有一个下沉的广场。下沉广场可以提供作为室外展场及室外剧场，与坡道相接的台地状草坪适合作为舒适随意的观演场所。设计的初衷，希望借由街区式的场所设计，营造轻松自由的人文气息和园区活力。

四、视觉通廊

整体空间布局上重视园区与城市街道及自然景观之间的空间渗透，针对重要的城市道路设置足够尺度的景观通廊，并一直延续到景观山体，形成层次丰富的视觉体验。并使山体景观与城市道路发生有趣的联系。

五、立面设计：融入自然的生态思维

建筑主体采用略带灰绿色的玻璃幕墙，水平向的金属遮阳板强化了建筑在水平方向的曲线延展。本案的色彩规划，取自杭州的四季。利用玻璃彩釉及不同颜色的铝型材遮阳板，在用心调配下，使其应和着植物在一年四季中的色彩变化。

杭政储出（2009）108 号地块（E 地块）

设计单位：浙江大学建筑设计研究院有限公司
建设地点：浙江杭州
建筑面积：69086m²
设计时间：2011-01/2012-03
竣工时间：2014-07

设计团队：

杨易栋　　　　　滕美芳

徐若峰　骆靖巍　徐铨彪　张明山　樊启广
李本悦　魏开重　龚增荣　黄正杰　董绍兵
刘海峰　李浩军

E 地块位于杭州新天地项目北侧区块，以何种姿态的介入新天地商业区，与历史遗存和谐共处；以何种姿态屹立石祥路一侧，成为杭州新天地商务中心在城市快速路的标志性界面；如何适当地响应杭州这个城市的现代性和文化性，都是设计要解决的问题。

1. 对于工业遗存-——对比产生张力

本案通过现代感强烈的造型与材质，拉开与保留建筑的历史距离；通过生态自然的体态，拉开与工业建筑的类型差距；以此延伸空间张力，丰富精神的氛围，赋予场所以意蕴，赋予空间以品质。

2. 对于城市——适度开放创造标志性

本案试图通过适度开放的界面，在限高以下勾勒出变化的天际线，从而创造开放的城市界面。从石祥路高架看，独特的造型打破了北侧单调平直的围合，创造出向上的弧形天际线，让人印象深刻。

3. 对于杭州文化——水墨色彩回应传统

本案的深色与浅色玻璃组合，更好地呼应了杭州的本土文化，如水墨画的远近层次，不设颜色，更显出体积和气韵。

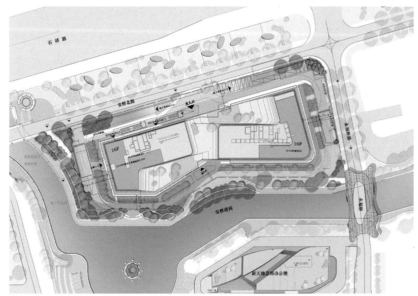

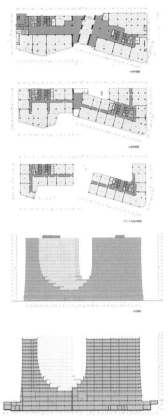

杭州师范大学仓前校区中心区

设计单位：浙江大学建筑设计研究院有限公司
合作单位：维思平联合国际咨询（北京）有限公司
建设地点：杭州市余杭区
建筑面积：1624488m²
设计时间：2009-12/2012-12
竣工时间：2015-10

设计团队：

董丹申　　　　　　杨易栋

黄廷东　余金旺　徐铨彪　张明山　李本悦
黄正杰　刘海峰　余理论　江 兵　陶善钧
陈 凌　吴 钢　曲克明

一、十大功能

　　整个建筑群包含行政中心、档案馆、培训中心、城市学研究院、中心图书馆、师生活动中心、酒店、接待中心、国际会议中心、大剧院十大功能。规划设计中将不同功能连为一体，实现了资源共享和高效运行。

二、中心广场

地上建筑尽量布置在街区外侧，中间围合成学校的主广场。校区主中轴路从广场穿过。广场既是日常人员集散和交流的场所，也满足节庆的特殊需求。在校园中起着统领和聚集的重要作用。

三、步行尺度街区

设计考虑了步行尺度的需求，通过多个空间的廊道形成开放的校园，联系周边学院。

四、三塔

组团中设计了行政综合楼、杭州研究院、接待中心三座高塔，并使之错开布局，满足了容积率要求。高低错落之势，形成校园风景的制高点。

五、内庭

平面内部设计了多个绿化庭院空间，建筑因内庭而减少进深，自然采光和通风达到最佳效果，降低运营成本。

六、基础设施

环形地下室和垂直交通核是建筑的骨架，地下室中布置了车库和设备空间。

七、模数体系

建筑设计基于一个严格的模数体系，用于控制这个复杂功能综合体的所有平面、立面和建造细节，确保成本经济合理。

杭州云栖小镇国际会展中心

设计单位：浙江大学建筑设计研究院有限公司
建设地点：杭州市西湖区云栖小镇
建筑面积：20150m²
设计时间：2015-06/2015-07
竣工时间：2015-09

设计团队：

董丹申　　　　　马　迪

劳燕青　孙啸宇　姚丛琦　肖志斌　王　奇
郑晓清　王靖华　雍小龙　李　平　冯百乐
杨　毅　顾　铭　李向群

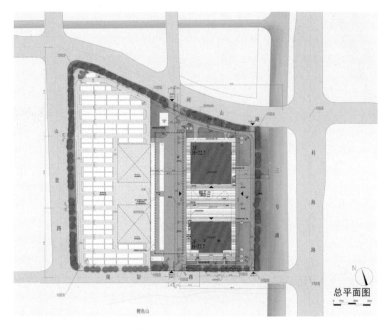

总平面图

一、自由开放的会展中心

不同于传统的会展中心，这里没有大台阶，甚至没有主入口，自由纤细的立柱使主体显得轻盈灵动，也模糊了建筑的内与外，这里也没有宏伟华丽的大厅，取而代之的是自由不羁的曲线与轻松惬意的光影。建筑立面由等长度的斜杆"交织"而成，消隐"大盒子"的边界，也让自然的空气、阳光、声音与视线可以在建筑的内外自由流通，成为建筑空间的一部分。

二、全面尝试建筑工业化

云栖小镇国际会展中心项目即是建筑工业化推进过程中完成的典型成功案例。面对极度压缩的工期，建筑师尝试采用建筑工业化生产装配，本项目主要结构体系均为预制构件进行装配，尽可能保证施工过程中无支模，避免湿作业，减少环境影响，加快建设进度。

三、一百天的设计与施工

为满足全球规模最大的科技盛会——"云栖大会"按时顺利召开，该项目被要求在 100 天内完成全部的设计和施工。设计人员坚持每天驻守施工现场，在与甲方、施工方与监理的各方博弈中，最终使这座仅耗时三个月建成的建筑，呈现出了较高的细节品质与完成度，获得社会各界的一致好评。

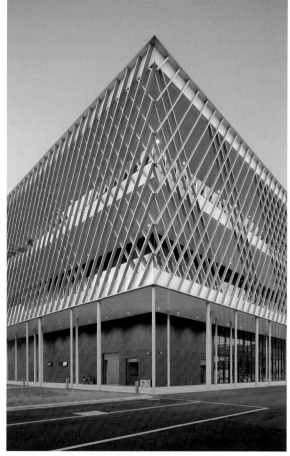

合肥要素大市场

设计单位：深圳市建筑设计研究总院有限公司
建设地点：安徽省合肥市
基地面积：81368.85m²
建筑面积：215099.03m²
设计日期：2009-05/2010-06
竣工日期：2014-12

设计团队：

孟建民　　　　　李劲鹏

王启文　张江涛　黄朝捷　曾智　李梅
徐婷　何晓雪　王必刚　胡凯　吴建宇
王锦辉　徐俊　杨春艳

一、设计理念

　　合肥要素大市场是目前国内唯一的生产要素大市场，取其"日进斗金"之意，以"斗形"的建筑形式，承载集金融证券、房地产与住房公积金、人力资源、招投标、公共资源、知识产权等生产要素的交易活动，使其产生"化学"反应，为安徽乃至中国东部的经济发展发挥巨大潜能。具有"高效""健康""人文"的设计特点。

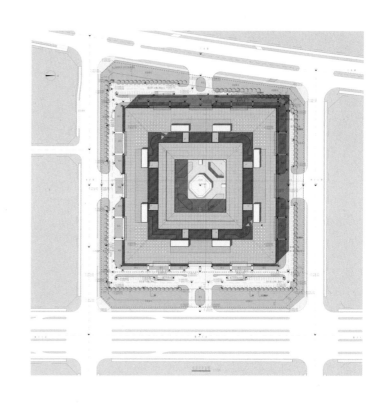

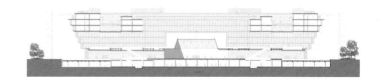

二、技术难点

高效的功能组织，作为承载要素交易的容器，对高效运行"情有独钟"。四大功能区分列建筑四角，围合中央大厅。中央大厅既满足人流集会、发布信息等要求，也是联系四大功能区的交通枢纽。各功能区按不同使用人群对垂直交通进行内、外分组，提高联系的效率。四大功能区首尾相接，形成环形流线；相接处设多个出入口直通中央大厅，有利于大量人流的疏散。引入"多首层"概念，负一层、首层、二层分别设对外出入口，办事人群可快速到达不同区域。空间利用集约、高效。多重的复杂结构，楼板局部不连续；局部竖向抗侧力构件不连续；立面层层叠挑，采用斜柱设计；四个角部采用不规则空腹悬挑桁架；五～七层为大跨度钢桁架连体。

三、技术创新

安徽省首座绿色二星建筑。不但提供健康的公共工作、生活环境，而且建筑本身健康有效运转：利用自身层层出挑的建筑形式产生遮阳效果；屋顶设雨水收集系统，供绿化灌溉与场地冲洗之用；屋顶设太阳能光伏发电板，年发电量占总电耗的2.68%，节约大量电能；在不同位置设多处绿化庭院，既丰富室内空间，又自然采光与通风；有些庭院直达地下室，辅之光导管，为地下室带去自然光线与清新空气。

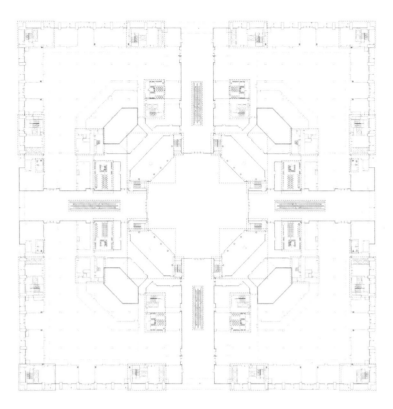

一层平面图

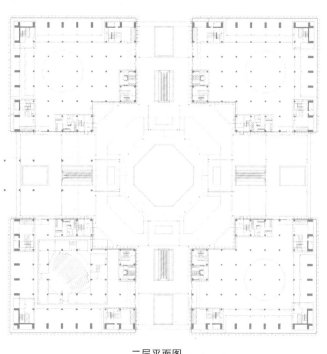

二层平面图

华侨大学厦门校区羽毛球网球训练馆

设计单位：华侨大学建筑设计院

建设地点：华侨大学厦门校区北部

建筑面积：4765m²

设计日期：2013-2014

竣工日期：2015-09

设计团队：

尹培如

杨念民　　陈万滨　　余悦兰　　何俊辉　　曾晓军

一、项目概况

华侨大学羽毛球馆、网球训练馆位于华侨大学厦门校区北部，用地西、南侧为学生公寓，东侧为运动场看台，北侧临时围墙外是兑山村几栋低层民宅。

该项目主要功能由相对独立的两部分组成，羽毛球训练馆主要包括十二片羽毛球场、垫上运动区、体育器材室、教师休息室等；网球训练馆包括两片标准网球场、休息区、运动员盥洗区等。

由于华侨大学厦门校区规划用地未能如期到位，校园现有用地极为紧张。另一方面，校方要求该项目按风雨操场标准建设，工程造价控制在 2500 元 / 平方米，考虑到体育馆净空高（12 米）、跨度大（40 米），主体结构成本较多，要求实际以尽可能紧凑、合理、经济的空间布局加以回应。

南侧临校园道路立面（利用框架柱的厚度，产生楔形造型，光影生动，内部自然形成吸音板构造空腔）

二、技术特色

1. 环境呼应

新建筑形态简洁，但却如变形虫般，能在各个界面敏感呼应环境中力场，左右和睦、周旋不逆。南侧，与道路平行，体量舒展、典雅大方；东北侧，弧形墙与弧形悬臂坡道与对面运动场弧形看台对话；西侧，因毗邻高层学生公寓而将门厅、休息厅、盥洗室等处理为单坡屋顶以削弱其体量感；西北侧，因逼近临时围墙，局部小体量作 45 度旋转。此外，通过台阶、挡土墙、坡道等的综合运用，自然、有致地解决了用地东侧的地形高差。

2. 朴素的雅致

针对造价低（2500元／平方米）、工期紧（9个月）的双重限制，设计自觉以朴素为目标。1）形体简洁，建筑如同受力均匀的肥皂泡，外部所示正是内部空间的直接体现；2）采用成熟、经济的技术方案，施工省工省时；3）采用地产常规材料，认真权衡材料的性价比及后期维护成本。显然，权衡并非妥协，朴素也并非随便，常规项目尤需以设计创作更多价值。如在本案中，设计师多次考察建材市场，最终以20元／平方米的地产瓷砖实现了设计预期。

所谓雅致，则是强调朴素基础上的逻辑与理性。以三个凹入式入口为例：羽毛球馆主入口使用人数较多，故尺度较大并以体量的退折迎向人流方向；羽毛球馆次入口考虑偶有比赛时服务于专业运动员，靠近室外停车场并以相对隐蔽的方式设置在悬臂坡道下部；西立面网球馆入口尺度适中，位置靠北以避开对面高层公寓的山墙。三个入口皆以体量消减法生成，语言统一，处理自然。再比如，利用混凝土框架柱本身的结构厚度，按柱网模数形成具有深度的立面效果，细部丰富，光影生动，节奏分明（楔形造型内部三角形自然形成空腔，符合吸音板结构）。

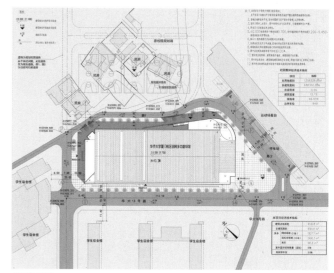

总平面图

西立面

贴临校园主运动场看台的立面局部（建呈弧形，与看台形体呼应）

南侧临校园路立面局部（人行道生动的光影）

三、技术难点

1.利用混凝土框架柱本身的结构厚度，按柱网模数形成具有深度的楔形立面，楔形造型内部三角形自然形成空腔，符合吸音板构造。

2.考虑到短期内学校缺少会堂，该建筑会临时用作毕业典礼的礼堂，这与作为羽毛球训练馆的功能要求矛盾很大，设计通过增加疏散门、安置可调控工程帘、局部抬高垫上运动区等一系列措施，满足了校方的实际要求。

3.羽毛球馆与网球馆有着不同的采光与通风要求，设计一方面满足了两者的个性化要求；一方面又积极协调二者的建筑语言，使他们能够形成更为整体感。

4.本工程造价控制在 2500 元 / 平方米，考虑到体育馆净空高（12 米）、跨度大（40 米），主体结构成本较多，要求设计以最合理、经济的空间布局加以回应。

5.本工程工期紧（9 个月），客观上要求设计采用成熟、经济的技术方案，认真平衡材料的价格、质量、效果以及后期维护成本。

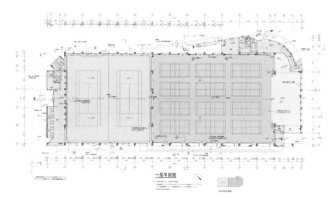

一层平面图

网球场休息厅

室内坡道下行（运动员专用坡道，外部体量反应室内空间）

贴临高层学生公寓的西侧立面局部（采用预制混凝土砌块形成既美观又防盗的建筑表皮）

南侧羽毛球馆入口（采用减法方式自然形成）

湖北文化创作交流基地一期

设计单位：中信建筑设计研究总院有限公司
建设地点：中国湖北省荆门市京山县太子山林场
建筑面积：10078m²
设计时间：2012
竣工时间：2015

设计团队：

陆晓明　　　　　张　强

邓　刚　王　朋　聂丽娟　彭　宁　张志刚
杜小虎　刘　斌　赵振华　夏旭辉　陈　才
高冬花　叶　鹏　高自力

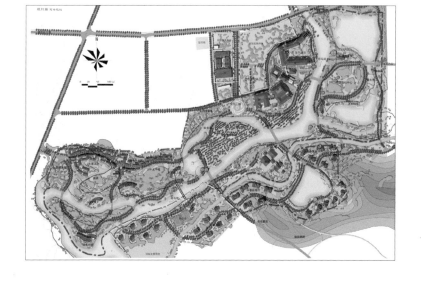

项目简介

　　太子山坐落在美丽富饶的江汉平原的北缘，是一个集探奇寻幽、休闲健康于一体的生态旅游胜地。总面积930公顷，森林覆盖率高达80.4%，这里生态环境优美，自然资源丰富，人文景观独特，历史蕴含丰厚，是镶嵌在祖国荆楚大地上的一颗璀璨明珠。2002年被评为国家级森林公园。

　　"石龙出水"司马河便由之而生，几处村落景点如璞玉般镶嵌在河的两岸，形成"落玉"与"水"交相呼应之势，相映成趣。以木栅道为重点景观表现手法，以其百转千回之势化作"飘带"之形，将两岸的村落景点串联，汇聚成"落玉飘带"的景观创意。

　　湖北文化创作交流基地整合周边旅游资源，致力于建设湖北核心文化群。整个一期用"三村一所"的形式，以艺术之"家"、文化之"基"和荆楚之"魂"这三点为核心理念，结合太子山独特优美的风景，追求回归自然，天人合一的感受，打造了一个似梦非梦的生态村落。

　　建筑造型吸取鄂西传统民居及汉代建筑风格，采用轻盈活泼的风格。文化会所采用大屋顶及360°观景排门，使得室内外浑然天成。创作工作室采用大屋顶及小坡顶相结合的方式，将传统西汉风格建筑和现代建筑手法相融合，错落有致，小巧大方。

　　项目解决以人为本和生态优先的潜在对立关系，办法在于寻求文化、环境、建筑三者共生的结合点。建筑立面均采用了太子山当地的页岩石材作为装饰表皮，部分屋面瓦也是从当地村镇回收的旧瓦片。尽量减少材料制造和能源消耗，并赋予材料本身二次生命，延长材料的寿命周期并提高利用率。场地绝大部分树木都是项目建造前就存在的，根据自然生成的树林布局来规划道路景观。建筑体量尽量做到消隐，建筑其他方面包括颜色、材料、噪声控制、夜间照明等方面都做了细致的考虑。

华宇·锦绣花城幼儿园

设计单位：重庆市设计院
建设地点：重庆市九龙坡区
建筑面积：1600.84m²
设计时间：2012-12/2013-06
竣工时间：2015-05

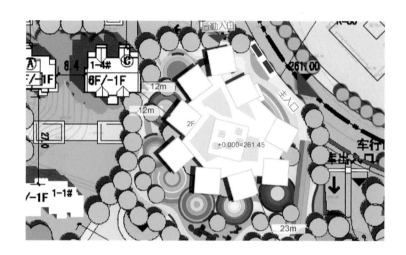

设计团队：

李一帆　　　　　杨　洋

李世权　李光强　游　翔　李锡智

一、项目概况

锦绣花城幼儿园属于华宇锦绣花城的配套幼儿园，工程规模1600.84m²，共6个班，入口广场300m²，各班独立活动场地360m²，全园公用活动场地330m²。

二、设计构思

方案设计从力求充分关注建筑最终使用对象的角度出发，立足细节，体现强烈的人本主义色彩，赋予项目简单纯粹而又又自由活泼的特征，具有鲜明的个体特殊性。

整个设计重点解决三大任务：

第一，空间连接的有机性。合理布局各个功能部分，从时间和空间上理顺其内部关系，使其成为一个有机整体，要求设计完成后要达到各功能区域既相互独立又联系方便，又要有效避免交叉和干扰，满足各个功能单独或同时使用的不同要求。

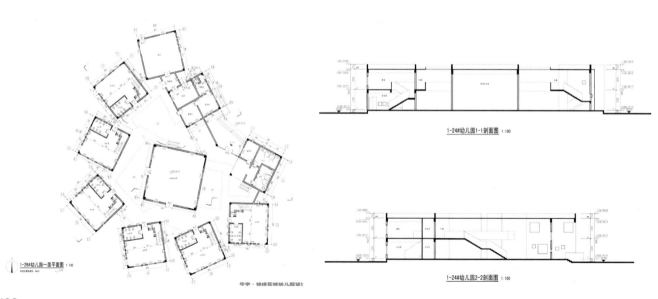

1-26#幼儿园一层平面图 1:100

1-24#幼儿园1-1剖面图 1:100

1-24#幼儿园2-2剖面图 1:100

华宇·锦绣花城幼儿园设计

第二，内部环境的独特性。整个设计重心在于如何尽可能在安全基础上体现趣味性，为儿童成长创造更多具有引导和创新的细节环境因素。

第三，建筑与环境的协调性。项目需要摒弃幼儿园以花哨出格的外观立面突兀存在的传统手法，重点关注与周边环境的协调，不以鲜艳为目的，转而在建筑形体构造上创新，塑造简洁洗练的现代幼儿园特征。

三、空间环境设计

设计追求内外空间组织的流动性，以丰富的趣味性来贴合儿童心理，故而项目设计强调，内部空间的细致追求远远大于简单的外部美化。在外部将其做了立体的切割，以方盒的形式加中庭空间连接的方式组合为一体，整体为简洁的白色，更为丰富的设计重点在于对内部三个环节的处理：

一是幼儿园基本单元的整合。作为幼儿园核心的活动室和寝室，方案将其合为一个单体概念，设计以一个8m×8m×8m的盒子，其中6个作为班，1个作为厨房，2个作为办公，外加一个11m×11m的大盒子作为全园共用的音体活动室。每个盒子处于不同角度，看似独立又联系在一起，共享一个多变的中庭空间。幼儿园的公共交通流线也围绕着音体活动室，让儿童们穿梭在不停扩大缩小的中庭空间里。二层的外廊也提供了许多趣味或是私密的空间。

二是对幼儿园活动室和寝室实现空间的动静分离。整个一楼，包括公共空间和室外场地，都被界定为了"动"空间，而被隔开的二楼全部作为休息的"静"空间。

三是在细节设计具有鲜明的儿童特征。方案中对空间采光、门窗高度、开窗位置都作了富有人性化的安排，充分考虑儿童身高、视觉与成人的差别，为其观察和探索周围空间提供了提供了最适合的尺度，在内部环境中出现了与正常相异的开窗与采光穹顶。

项目通过具有创新性的空间布置，看似简洁，实际处处从幼童的生理和视角出发，摒弃了传统幼儿园的设计手法，在分散空间中进行灵活组合，达到室内外空间的自然流动感，设计趣味性强，非常符合儿童的心理特征。

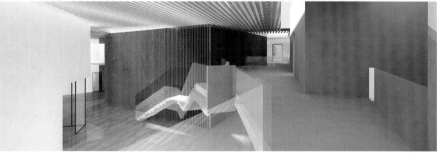

华山医院北院新建工程

设计单位：上海建筑设计研究院有限公司
建设地点：宝山区顾村镇
建筑面积：72187m²
设计时间：2009-08/2010-03
竣工时间：2012

设计团队：

唐茜嵘

钟 璐 成 卓 周宇庆 史炜洲 李 根
施辛建 徐 燕 张 协 万佳峰 陈志堂
孙 刚 葛春申 倪添麟 唐 聪

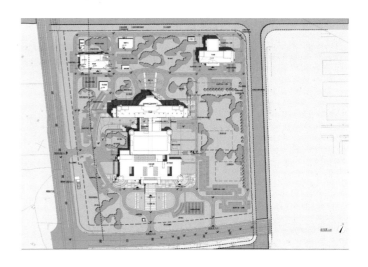

一、可持续的灵活配置体现经济性和高效性

总体布局结合基地情况分为门急诊医技区、住院区、感染区、行政科研区四部分，根据各功能区的发展预期，建筑采用生长式布局方式，预留各区建筑从内到外扩建的可能。

集中式的建筑布局使各医疗功能块紧凑合理，流线便捷通畅。医技部作为核心，为门诊区、住院区、急诊急救区提供有力的技术支持，资源共享。

二、样板化设计体现医疗专业特色

在投资造价和建设规模有限的条件下，充分运用有限资源创造最大化效益。绝大部分诊疗用房有直接的采光通风，每两组门诊单元之间设置景观与通风走廊，有效降低运营成本。除特殊病房独立分区设置外，其余采用全科病房的设计模式，使医院病房的安排可以真正做到按需分配，满足最大适用性需求。

三、生态自然，打造花园医院

充分利用贴邻顾村公园的优势，设计上将医院作为公园的延伸，让病人和工作人员有置身公园的感觉。

医院的室内基调，主色系和医院外部的暖红色采用了近色系的呼应，行走期间，让人不经意间在室内外空间中变化，引入色彩模型体系，按功能在整个建筑内设立了5个主色彩模型。

遵循限额设计的原则，在室内用料上选用了较为常见的普通装修材料，通过对墙面及地面色彩搭配的手法，将各功能区域的空间划分明确。

桓仁民族文化中心

设计单位：辽宁省建筑设计研究院有限责任公司
建设地点：辽宁
建筑面积：11895.62m²
设计日期：2011-03/2012-06
竣工日期：2014-08

设计团队：

杨 晔　　　　　郝建军

刘 畅　王 帅　张宝天　黄仲志　卜 军　陈 玉
姜 超　胡 媛　连 晔　沈力源　刘英哲　王功江
于 浩

一、技术特色

项目在老城的西南方位，聚城门很近，但在城门之外，用传统的建筑语言来阐述桓仁的历史与文化显得过于平淡和人云亦云。故我们以三角形的体量特征，用现代的表现手法，创作有地域特色的、富有表现力的建筑外观。

利用剧场的空间特点，三角形的体量在东坡被大胆切削，甚至"插入"地平线以下，形成"生长"的状态。种植屋面与地面相交织所形成绿坡表现出生态之城的特质，同时利用虚实对比，东侧草坡之上突出的犹如一颗美钻的剧场，形成文化中心本身的标志性，西侧的三层建筑由玻璃幕墙形成的外表皮，将建筑突出于地上的部分消融在周围的环境之中，建筑本身就成为了城市一道靓丽的风景。文化中心既满足了人们的精神需求，同时也创造出惬意的室内外交流空间。建筑的屋面由地面生长起来，完全对市民开放，人们从城市的各个方向轻松地来到文化中心，从步道走上屋顶景观平台欣赏城市的风貌，远眺浑江，享受新的城市生活，这里会成为新的市民广场与活动中心。

建筑内部的一个剧场和三个小影院，均为本项目设计的重点和难点。均需考虑视线、灯光、声音、舞台、消防、控制等专业设计与土建设计的结合，以达到各方面均衡的效果。

二、技术成效与深度

根据图书馆、文化馆、剧场不同的功能要求，利用建筑三角形的平面形式，降建筑分为三个功能区，即南侧图书馆区、东侧剧场区、北侧文化馆区。

图书馆需要良好的采光及相对安静的环境，因南侧为居住区和次要城市道路，车流量较小，并且南向采光良好，将图书馆布置在南向是最佳选择。剧场因其空间较大，相对于整个建筑必然形成突出的体量。

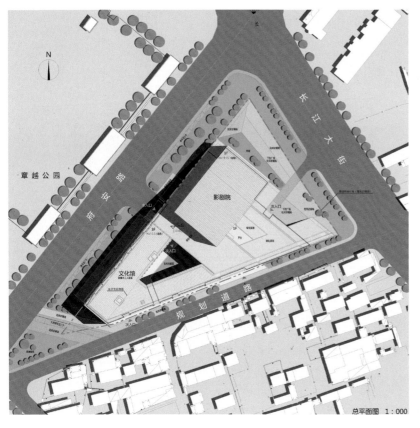

将精心处理的剧场体形，做为整个建筑的标识性元素布置在东侧（两条主要道路的交汇点），会形成有力的城市空间节点，为区域城市景观添入一抹亮色。文化馆及办公部分设置于建筑北侧，与图书馆呈夹角状，在两部分之间设计内庭院，既解决两部分的采光、通风等功能性需求，又丰富了建筑自身的景观环境。

建筑的最大特征是通过现代建筑手法的处理，创作有地域特色的、富有表现力的建筑外观，并使新建筑与环境的完美统一。

总平面图 1:000

江苏省档案馆迁建工程

设计单位：东南大学建筑设计研究院有限公司
建设地点：南京市河西新城区梦都大街与黄山路交汇处
建筑面积：49654.4m²
设计时间：2008-07/2010-04
竣工时间：2015-01

设计团队：

曹　伟　　　　　刘　珏

沙晓冬　施明征　史　青　龚德建　钱　锋
臧　胜　钱　洋　韩治成　顾奇峰　李　骥
沈国尧　刘　俊　唐超权

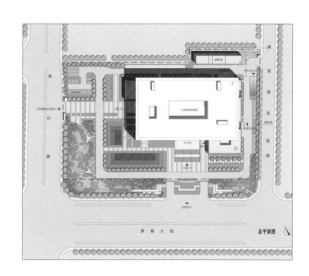

总平面图

一、项目概况

　　江苏省档案馆迁建工程位于南京市河西新城区中部地区，新馆按照一类省级档案馆标准进行设计，馆藏档案数量 70 万卷以上，属于甲级档案馆。建设用地面积 27989m²，总建筑面积 49654.4m²，其中地上建筑面积 43743.3m²，地下建筑面积 5911.1m²。建筑高度 33.85m，层数为地上七层、地下一层。

二、设计特点

1.封闭到开放

我国历史档案保存可追溯到周朝，已有三千多年的历史。受文件保密和传统收藏思想的影响，二十世纪九十年代之前的档案馆基本处于封闭管理阶段。近年来随着时代的进步，馆藏内的档案除核心机密需绝密保存外，其他绝大部分均可面世，甚至可以利用馆藏史料举办各类展览，对市民进行爱国主义教育，强调了开放性和教育性。档案馆从"封闭走向开放，从尘封到鲜活"已是历史发展的趋势。在新馆建设中，我们本着"承载历史，面向未来，服务社会"的原则去创造一个开放式的新型档案馆。

2.地域文化与档案文化的表达

在南京这样一个有着深厚历史底蕴的城市中，文化内涵的体现对于一个开放型文化建筑尤为重要。新馆的设计从地域文化和档案文化传统中吸收精华，应用到建筑空间及表皮设计中。造型设计以"方形"作为设计母题，深色的建筑体量"高台鼎立，方正刚直"，厚重有力，体现出省级档案馆庄重大气的外在形象特点。五到七层外墙采用工艺铝板，每个单元正面为灰色，侧面为红色，从不同的视角会呈现出不同程度渐变的视觉效果，规整中蕴含沉稳而丰富的变化。整个建筑厚重大气，实与虚、灰与白的对比给人以强烈的视觉冲击，无论从造型体块还是细节表皮处理，无不体现出时代背景下档案馆新的精神面貌，犹如一座承载历史长河的"史册宝印"矗立于金陵古城！

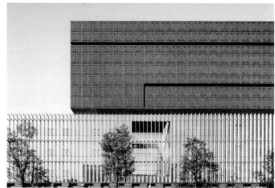

3.绿色与生态

设计综合采用了双层墙体保温、玻璃百叶外遮阳、中庭边庭组织通风、立体绿化微环境调节、雨水收集系统、地源热泵系统等绿色设计手法，实现建筑的可持续发展。

江苏银行总部大厦

设计单位：东南大学建筑设计研究院有限公司
建设地点：江苏省南京市洪武南路
建筑面积：102408m²
设计时间：2009-05/2010-04
竣工时间：2015-04

设计团队：

袁 玮

王志刚

林冀闽　王志明　周桂祥　臧　胜　王志东
徐明立　丁惠明　唐超权　臧传国　余　红
贺海涛　李宝童　王　玲

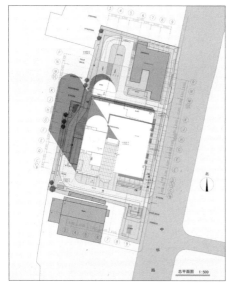

总平面图 1:500

一、项目特色

　　项目地处南京核心区的金融一条街，规划定位为金融中心。建筑与城市空间环境和谐统一，也符合金融地产的整体气质；同时结合地块内部民国保护建筑的修缮与改造，使其成为中华路上一个富有人文内涵的新地标。

二、型体生成

　　江苏银行作为省内最大的地方性股份制商业银行，其总部办公大楼的建筑造型充分反映了南京唯一现代金融总部办公建筑的特性，既表达了江苏银行的独有的企业形象，又体现了金融建筑鲜明的时代个性。建筑造型创意来源于

江苏银行的行徽，主体建筑由两个"J"字形的竖向幕墙旋转相扣，组合成"S"形形体，"J"和"S"分别代表"江苏"两个字的首字母，平面布局又暗示江苏银行钱币方孔造型的行徽。双"J"旋转造型结合大楼顶部LED的夜间照明，代表了银行资金的流通。

三、建筑立面与材料

建筑整体挺拔向上，北侧外墙线条流畅又富有变化。裙房一改传统金融建筑底层厚实、封闭的形象，取而代之以形式简洁、低调，结构轻盈、精制的双层玻璃百叶幕墙形成完整的沿街立面，既与主楼立面统一，又通过玻璃幕墙的倒影与反射，与相邻文保建筑产生直接的空间对话和视觉联系。

四、室内空间

建筑内部空间为了体现银行传统的稳重感，空间布局采用稳定的对称手法，裙房的主入口设置在沿街面的正中，建筑内部中轴上设置三层挑高的"八角形"中庭，意喻银行"四面八方"，向全国开拓业务的宏伟发展战略。

荆州市文化体育中心工程（体育中心）

设计单位：中南建筑设计院股份有限公司
建设地点：荆州
建筑面积：51450m²
设计日期：2012-05/2010-09
竣工日期：2014-09

设计团队：

吴柄江　　　　　万家强

张颂民　李宏胜　程文刚　邓　斌　冯星明
许　玲　姜　毅　聂　钢　胡小敏　杨晶晶
罗桂发　王云鹏　王　伟

一、设计理念：天圆地方，长江帆影

　　以"体育广场""文化广场""市民广场"形成中轴对称、收放有序的城市节点，延续城市轴线。场馆采用"一主四辅"的布局模式，设计中引入"天圆地方"传统意向。建筑设计通过对"长江帆影"的抽象提取，以"风帆"的单元体形态编织成富有韵律的立面，体现"面向世界、扬帆奋进"的拼搏精神。三建筑形如楚台楚阙，空灵飘逸，主馆轮廓弧形束腰，向上升腾，两副馆轮廓弧形外张，饱满有力。

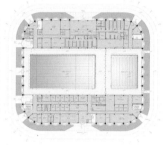

游泳馆一层平面

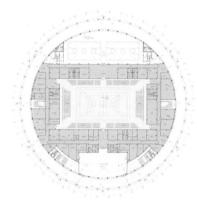

体育馆一层平面

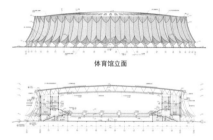

体育馆立面

体育馆剖面

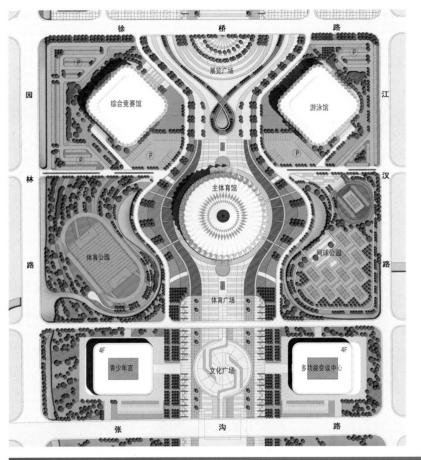

二、建筑技术与结构选型合理创新

荆州体育中心三馆的立面每个单元体由Y形柱、钢构骨架、穿孔板面板组合而成。单元结构体模数化的设计，保证艺术性的统一，制作工艺成熟，可工厂化制作、现场拼装，能减小建筑深化设计的复杂度和缩短施工周期，同时工程质量易保证，造价易控，便于维修。

三、绿色生态技术，设备节能设计

暖通：①冷热源采用水源热泵系统。②空调系统采用热回收技术。③观众区采用座椅送风方式。④场馆的流体输送水泵采用变频技术。

电气：①选用节能型变压器。②采用能源管理系统。③选用高效节能型光源及灯具。

给排水：设计中充分利用游泳馆多个泳池的特点，采用比赛池和训练池做消防水源，于游泳馆地下室设置集中的消防水池和消防水泵房，共用游泳馆屋顶的消防水箱和地下室增压稳压设备。

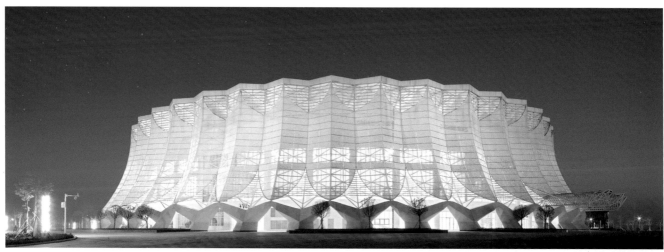

靖江市体育中心——体育馆、游泳馆及配套用房

设计单位：东南大学建筑设计研究院有限公司

建设地点：江苏靖江

建筑面积：79020m²

设计时间：2012-06/2012-09

竣工时间：2015-12

设计团队：

袁 玮　　　　　　石峻垚

李宝童　薛丰丰　吴文竹　韩重庆　王志东
许　轶　陈　俊　陈洪亮　唐伟伟　王　晨
张　翀　贺海涛　时荣剑

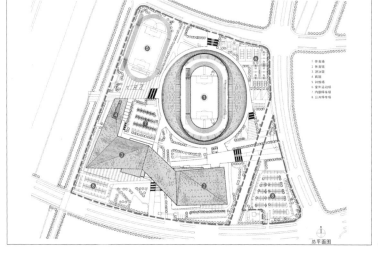

总平面图

一、设计理念

1.地域性源自冲击平原独特阡陌交错的地形肌理，我们没有使用体育建筑常用的曲线造型，而是提取了折线作为形式生成的逻辑，结合不同建筑空间的净高需求，形成高低错落的建筑角点，远远看去，建筑群消引了竖向线条，只剩下高低起伏的横向线条，像地形一样自然。

2. 公共性：体育文化广场和仪式性广场位于场地东侧、南侧。基地西侧为滨河绿化带，建筑退让形成活动广场，同时兼为次要人流疏散。

体育建筑在建成之后会吸聚人流，自然地成为区域性的中心，但是如何提供更多种活动的可能性，激发城市活力则是本设计的切入点。建筑与平台一起创造了与地形结合的建筑外部空间，而体育馆与游泳馆之间的罩棚则盖住了南入口的一部分场地，提供了多种气候环境下可以使用的外部空间。夜晚时，顶棚上星星点点的 LED 灯，像自然星空一样吸引着人们的视线，形成了室外休闲、散步的理想城市空间。

3. 标志性：场地独特的位置使江阴大桥上下来的车辆能观赏到建筑的屋顶造型，本设计用穿孔铝板与太阳能光电板的错落布置形成了建筑的特殊的屋顶肌理。而建筑长约三百米的折线轮廓，充分体现了建筑的超长体量。建成后的建筑成为靖江南大门的标志性建筑。

南海东软信息技术职业学院三期工程图书馆

设计单位：哈尔滨工业大学建筑设计研究院

建设地点：广东省佛山市

建筑面积：20082m²

设计日期：2010-07/2012-04

竣工日期：2014-03

设计团队：

曲 冰　　　　　陈滨志

王东海	王 绯	徐丽莎	赵常彬	常 斌
王凤波	唐传军	樊明亮	肖光华	张 蓉
范一波	于春晓	林友军

设计理念

在复杂的山地环境下建筑群体以院落组合的方式顺应台地，保留了城市景观的视觉通廊。围合的建筑形体营造富有人情味的聚合性交往空间，高低不同、形态各异的庭院空间相互穿插，形成一系列个性鲜明的室外活动场所。造型设计关注地域性的表达，建筑细部的构造工艺适应当地气候，单坡屋面是对南方建筑形式的简化提取。建筑外观敦厚质朴，强烈的阴影效果和竖向线条因素因袭了东软集团的建筑语汇，契合校园环境。

南海东软信息技术职业学院三期工程图书馆

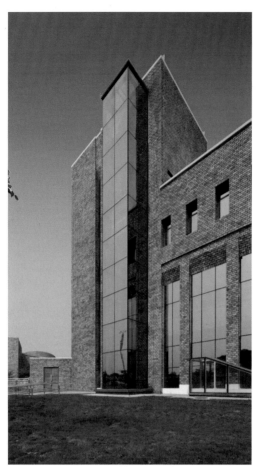

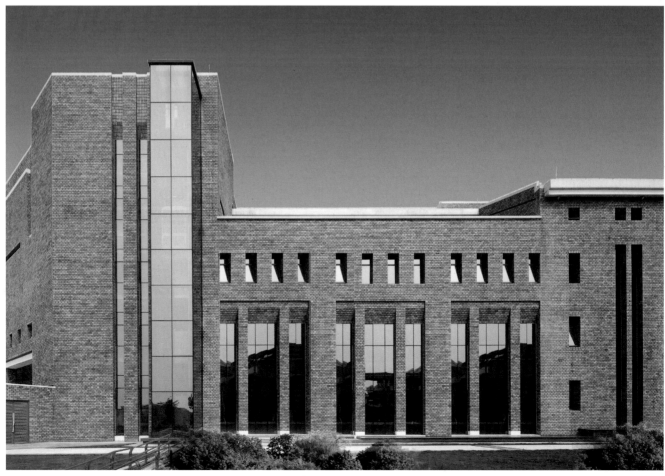

库尔勒市民服务中心

设计单位：新疆维吾尔自治区建筑设计研究院
建设地点：新疆维吾尔自治区库尔勒市
建筑面积：35908m²
设计时间：2011
竣工时间：2015-01

设计团队：

薛绍睿　　　　　周　密

张德华　蔡　卫　张洪洲　王绍瑞　刘　鹏
张文婷　闫学丽　段晓芳　王　欢　汪　勇
燕　辉　高晨星　黄　华

一、设计理念

　　随着城市功能的不断丰富，居民对工作效率和生活质量的追求不断提高，库尔勒城市的现有功能需进一步充实和完善，本次规划的市民服务中心正是对此功能的弥补，规划这组建筑围绕中心湖面呈扇形展开，建筑和水面相互连通，建筑之间既贯通又独立，建筑屋顶以球形面为主，形成一组水面上和空中观赏都为良好景观焦点的建筑群体。建筑造型来源于自然界中存在的自然形态，

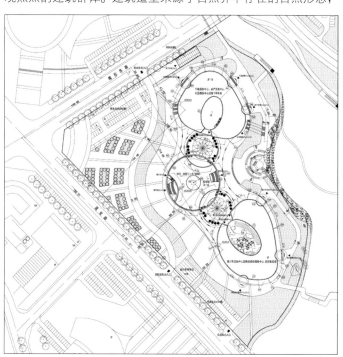

例如河蚌、卵石、相互交织的植物等，设计者试图通过对这些自然形态的模拟达到使建筑更自然、更生态、更能贴合于地形及环境的目的。行政服务大厅、房产交易中心、青少年活动中心、科技馆、防灾教育馆这五部分内容是通过两个巨大的薄壳形外壳围合而成的，其通过舒缓的弧形建筑形态，使这两栋建筑外形更加优美、现代，建筑外墙用砖红色陶土板及玻璃幕墙所包围，体现了一种现代建筑的动感，内侧的巨大内庭院既可解决房间采光问题，又可种植绿色植物，改善建筑的生态系统。图书馆的外壳为一完整的圆形网状结构，包围着其内部的不规则平面，这种处理方式可使建筑更显完整，与其他两栋建筑更协调，同时这种网状外壳也可以遮蔽强烈的日光，使内部阅览环境达到最优。建筑中部的中庭同样也可以解决采光问题，优化建筑内部环境。

二、技术难点

由于项目属于形态不规则建筑，无法使用传统软件进行设计，因此在设计过程中使用到了 BIM 技术，极大地解决了 CAD 制图无法精确绘制曲线建筑的问题，并且在施工和材料定制中也提供了很多帮助。

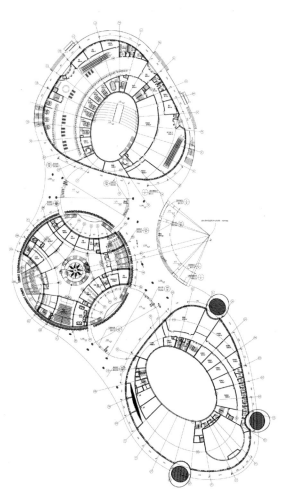

一层平面图

昆明西山万达广场—双塔

设计单位：广东省建筑设计研究院
合作单位：Gensler 晋思建筑咨询（上海）有限公司
建设地点：云南省昆明市
建筑面积：307900m²
设计时间：2012-06/2014-06
竣工时间：2015-12

设计团队：

周　文　　　　吴文凯

陈朝阳　陈　星　孙礼军　卫　文　浦　至
何海平　徐晓川　张伟生　黄继铭　朱少林
付　亮　邓邦弘　张竟辉

设计理念

　　昆明西山万达广场是万达第100座万达广场，是万达集团新一代城市综合体项目，包含双塔写字楼、公寓、购物中心、五星级酒店等功能单体。双塔分南塔和北塔，建筑高度为307m，是目前云贵地区的第一高楼，也是国内第一例超300m高的双子塔超高层建筑。

　　双塔外形从下向上先每层变大，后又渐渐变小，立面为多个双曲面且层层向内退。昆明市花是山茶花，项目整体立面设计灵感便是来自于它。建筑裙房造型以流畅的弧线围合，以石材与玻璃两材质相互穿插，形成不同层次的肌理，富有一片片茶叶的符号。同时结合肌理变化的弧线上设计种植植物，形成一片片绿色的叶子。双塔采用简洁的建筑手法，采用全玻璃幕墙的建筑立面，四向立面及四个建筑转角在简洁的玻璃幕墙上运用幕墙进退的关系营造出山茶花花瓣造型的特点。

　　昆明西山万达广场（双塔）荣获第十二届（2015～2016年度）第一批中国钢结构金奖，是在8度地震设防烈度区，面对超深基坑、超软地基、超难结构、超高建筑等复杂情况下建设完成的精品建筑。

丽江束河"哈里谷"国际乡村酒吧街

设计单位：昆明市建筑设计研究院股份有限公司
建设地点：丽江束河古镇
建筑面积：20398m²
设计日期：2006-05/2008-10
竣工日期：2012-07

设计团队：

简宇航　　　　　　王　洲

宋长琨　冯雁明　叶向明　张天俊　何　喜
黄　军　李　超　余广鹅　陈　英　席　伟
段艺嘉　耿海波

一、设计理念

情理之中，意料之外。本项目是束河保护和发展的战略延续，其主要功能是在束河地区以体验式旅游休闲为核心，满足现代人们旅游度假多元化精神和生活需要，与当今特色区域文化旅游产业运营接轨。功能定位为传统村落建筑形式上以酒吧功能为主导的民居。规划上注重束河古镇的历史文化及独特的地域风格的传承，把丽江束河原生态的人文与建筑环境景观融入到酒吧街的设计中，并针对酒吧街的功能加以提升和创造，使之未来发展成为束河独有，品味独到的村落酒吧文化。

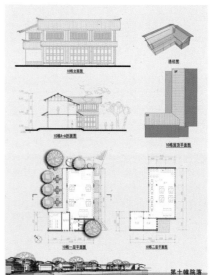

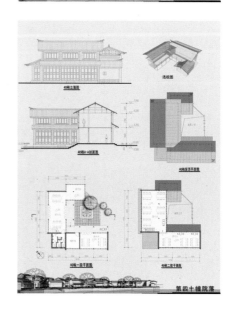

二、技术难点

　　民族的就是世界的。酒吧街坐落聚宝山下，东临古老的茶马古道，西侧青龙河蜿蜒流过。地势高低起伏，一山一水一道赋予哈里谷特有的灵气；总图布局突出束河民居自然生长，富于变化的特点，根据地形，建筑随行就势布置，道路亲水，水绕窗前。街巷尺度亲切宜人，院落空间大小不一，疏密有致。酒吧街和相邻的古村落肌理统一，别无二致，相生相融。根据酒吧街的功能特点，在丽江当地"放水冲街"的独特景观基础上加以艺术的提炼和创造。设计上独具匠心的于傍晚时分将放水冲街的场景再现，同时蓄水为湖，街道消失于水底……形成束河夜晚又一道独特的旅游奇观。白天是村落古道，夜晚是水之广场，潮涨潮落，映射人生无常。水涨船行，造就束河酒吧的神韵；通过许愿池和还愿池构筑束河感情的主线，达到情景交融，天上人间的束河印象。酒吧街的空间艺术氛围营造元素均根植于束河本土文化土壤，把自然的、地域的、民族的元素充分利用，艺术提炼，与束河固有的村落景观别无二致。把束河原生态乡村肌理渗透到酒吧街的每一个细节中去。

三、隐蔽停车

　　酒吧街主要车辆出入道路结合束河相邻地区开发建设单独设计，以维持用地东面茶马古道以步行为主的现状不变，保证旅游景观步行流线的安全和通畅。考虑酒吧街游客来去方便，合理利用用地的现状高差巧妙将车库作为过渡空间，于车库上构筑民宅，并形成高低错落的特色民居建筑，将车库隐形，一举两得。

临汾新医院

设计单位：山西省建筑设计研究院
建设地点：山西省临汾市鼓楼西街西延与滨河西路交叉口西北角
建筑面积：149203.88m²
设计日期：2009-09
竣工日期：2013-07

设计团队

吴 岚　　　　　王 威

弓力强　　屈秦晖　　王力跃　　张 恒　　陈金永
赵 顺　　郭云鹏　　马康杰　　刘 静　　张 莉
王晓东　　魏全红　　赵克通

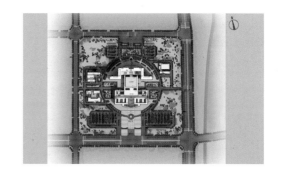

一、设计理念

　　深入把握现代医院建筑的使用功能，着力体现功能的合理性、设施的先进性和设计理念的超前性，为人们提供优质、高效、周到的医疗服务；在充分吸收先进技术、先进管理经验和先进规划设计理念的基础上，立足于国情，注重节能、节地，保护生态环境，尤其注医院建筑的环境保护、三废处理和污物转运与管理，更要考虑日后运行使用的经济性；创造良好的人文环境——以"人"为主体，为"人"服务，追求自然、生态的空间意境，在可能的条件下，尽量做到自然采光和自然通风，改变传统医院建筑的阴暗、不通风状况，创造令人愉悦的健康就医环境。

二、技术难点

  医院中存在着不同类型的人群，需要设置层次丰富的空间来满足他们的情感需求。在本工程设计中，我们创造了一个丰富的，有层次的，立体的公共空间体系，将复杂问题简单化，有效缩短交通流线，为人们创造一个全新理念、高度社会化、公共化和现代化的综合医院。所营造出的空间环境要体现对患者、医护人员及来访者的同等关怀，从而在相当大程度上改变过去传统医院那种冷漠、严肃、拘谨的形象。在这个全新空间环境中，患者甚至可以忘却自己正置身于医院之中，而以一种放松、平和的心态来面对整个就医过程。

三、技术创新

引入"医疗街"概念，一条横街，一条纵街。本工程"医疗街"顶面设置了大面积的消防联动自动开启天窗（华北地区首创），使得"医疗街"既是室内空间亦是室外空间，平时作为建筑内街，有效地组织了门急诊、医技、住院的人流关系，避免了以往传统医院拥挤交叉的现象。遇到火情时，"医疗街"大面积天窗自动开启，即成为室外空间，使人员及时有效地疏散。

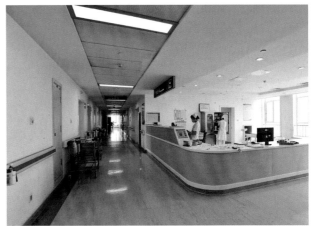

绿地智慧广场（一、二期）

设计单位：广东省建筑设计研究院
合作单位：上海骏地建筑设计咨询股份有限公司
建设地点：广东省广州市萝岗区科学大道南侧
建筑面积：251615.4m²
设计时间：2013-09/2014-07
竣工时间：2015-09（一期）2015-12（二期）

设计团队：

许成汉 　　　 邵　涛

吴　俊　邓伟明　刘哲琳　关雅平　简孔亮
李清宏　阮镜东　江宋标　孙　艺　杨剑晖
温剑晖　何悦苑　卢佑波

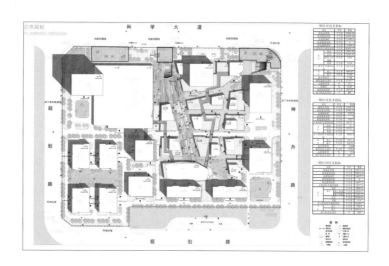

　　绿地智慧广场（一、二期）项目规划总用地 101187.7m²，规划容积率为 4.0，总建筑面积 548221m²。项目临北侧科学大道已规划地铁出入口。作为一个大型地铁上盖的商业商务建筑组团，"街区"是绿地智慧广场（一、二期）项目规划结构的核心。区域内各商业、办公楼就像棋盘上的一颗颗棋子，借助灵动的广场园林空间相互紧密地交织在一起，营造出了一个充满活力的 24 小时综合街区。作为一、二期的联系纽带，中部的中央绿轴贯穿南北，S4 栋艺术中心位于空间景观轴的南端，起到联系和转折的重要作用。

441

　　本项目的规划中，其中一个比较大的亮点，就是各期各栋小商业的三层屋面，都设置有人行景观天桥相连，各栋小商业及裙房的三层屋面，均结合三层商业室内空间，设置有外摆区。此布局极大限度上将区域联系成了一个整体，但是，在技术上，对各设备在天面的出口提出了很高的要求。机电方案结合景观设计，对屋面的 VRV 空调室外主机位置进行了细致的分析，原则上避开了顾客的活动范围，对商业活动的影响降低到了最低。突出屋面的各种井道如卫生间排气井、空调冷媒管井等，均结合屋面景观绿化隔离带，布置在非商业人流活动区域。各单元的厨房油烟排放采取土建主风道的方式，将各单元的油烟收集集中到主竖井后，在屋面最高处集中排放。一系列的技术措施，为各小商业的第五立面的营造创造性地提供了支持。

南京大学仙林国际化校区游泳馆

设计单位：南京大学建筑规划设计研究院有限公司
建设地点：南京市栖霞区南京大学仙林国际化校区
建筑面积：4219m²
设计时间：2010-06/2011-02
竣工时间：2012-06

设计团队：

施 华   陆 春
陈 佳 张 芽 施向阳 胡晓明 桑志云

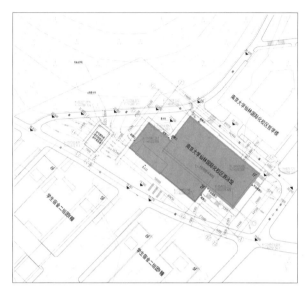

一、设计理念

　　南京大学仙林国际化新校区游泳馆位于校区山脚下的一块不规则用地，地势东南低，西北高。建筑体量巨大，设有一个50m标准泳池，除相应的配套辅助设施外，还设有一个健身房。游泳池区体量与辅助设施配套体量咬合错接，自然在场地东南角的道路交叉口形成一处开放广场，并将池区布置在二层，沿东南角宽阔的露台设有大面积的落地玻璃，既确保了游泳馆相对于校园公共空间的私密性，又给了在馆区里游泳的泳客无限开敞的感受。

二、技术难点

　　场地本身有一层多的高差，而游泳馆区的面积又很大，为了减少开挖土方，将游泳馆区布置在场地标高较高的北侧，配套的男女更衣淋浴则布置在馆区西南侧，相对于南侧的主入口标高而言即为二层，一层则布置了健身房和一系列设备用房。

三、技术创新

　　游泳馆摒弃了传统污染较严重的锅炉房，而采用了空气源热泵室外机组这种较为清洁的能源，用于冬季供暖和夏季制冷，实际使用效果较好；同时二层的男女更衣淋浴在屋顶设置了28mm光热光照明系统，晴天、阴天都能高效使用，大大节约了日常照明能耗。

南京市委党校

设计单位：东南大学建筑设计研究院有限公司
建设地点：江苏省南京市仙林大学城
建筑面积：105802m²
设计时间：2010-10/2012-06
竣工时间：2015-01

设计团队：

曹 伟　　　　徐 静

沙晓冬　孙　逊　刘　俊　唐超权　臧　胜
杨　云　陈庆宁　黄　凯　傅　强　程　洁
陈　俊　许　轶　章敏婕

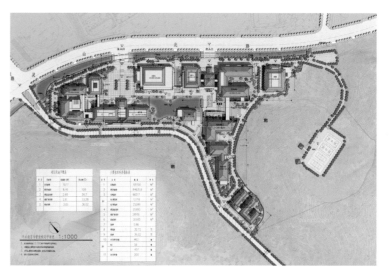

　　南宁市委党校新校区项目基地位于南京仙林大学城中医药大学南侧的灵山脚下，基地北面为灵山北路，西侧为鼓楼医院先林国际医院，西南侧为一城市规划道路。基地东、西、南三面环山，山体植被茂盛，景观资源优美。新校区的规划按照三轴（礼仪轴、生活轴、景观轴）、四区（教学区、生活区、体育休闲区、中心景观区）的规划结构布局。

一、山地与建筑自然融合

合理解决园林式校园空间与用地紧张、不规则且高差复杂的地形条件之间的矛盾。将校园建筑组团分别设置在几个不同标高的台地上，以外圈道路解决交通的可通达性，保证内部空间的完整及环境品质。

二、山水园林空间营造

在空间设计中借鉴传统山水园林借景、对景、框景等设计手法，将外部自然山体环境引景入园，校园内外部景观空间交融，校园内部在创造中心水体景观的同时，以院落空间的营造作为重点，强调各层级院落、院落空间与校园中心景观空间及外部山体景观之间具有良好的对话关系。建筑内部公共空间与外部景观空间之间相互融合渗透，将自然环境引入建筑内部，实现建筑与自然环境的完美对话，实现园林式校园的创造。

三、建筑造型体现党校文化和地域文化

建筑造型与总体设计思想一脉相承，体现了党校文化和地域文化的结合。建筑以现代的手法和庄重大气的形式，抽象中式元素的风格，融于灵山清新自然的环境中，表达传统空间的氛围和传统书院的韵味。

南京移动通信综合楼

设计单位：江苏省建筑设计研究院有限公司
建设地点：南京市建邺区庐山路
建筑面积：70387m²
设计时间：2008-09/2010-03
竣工时间：2015-05

设计团队：

徐延峰　　　　　杨　博

赵　伟　李　伟　王嘉燕　刘　鹏　米金星
王　瑛　毛振毅　史小伟　谢礼祥　周淑艳
沈茗茗

449

项目简介

本项目为超高层综合办公楼，地上由一幢超高层塔楼及四层裙房组成，塔楼设置为智能化高级办公楼、移动通信机房；裙楼设置为移动营业厅及办公服务配套功能用房。塔楼与裙楼之间在四层通过设置空中连廊联系。建筑设计功能分区明确，交通流线布局合理，用地交通组织最大限度地实现了人车分流，人货分流。立面划分以贯通上下排列有序的透明条形玻璃窗与灰色抛光石材为主，立面细部通过挺拔笔直的金属装饰线条表现了一种永不止息、创新超越的进取状态和对完美境界孜孜不倦的追求精神。这也是对移动核心价值观"正德厚生、臻于至善"的最好诠释。工程竣工交付后，得到业主以及同行的一致好评，成为南京地标性建筑。

南宁吴圩国际机场 T2 航站楼

设计单位：北京市建筑设计研究院有限公司
上海民航新时代机场设计研究院有限公司
KPF

建设地点：南宁市吴圩镇
建筑面积：189000m²
设计时间：2009-08/2012-09
竣工时间：2014-09

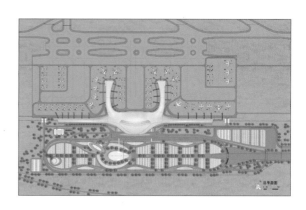

设计团队：

奚 悦　　　　　毛文清　　　　　陈昱夫

崔屹岩　陈 清　朱忠义　穆 阳　谷现良
范士兴　王 伟　张 翀　郭晨喜　陈钟毓
吴 懿　张 鸽

一、设计理念

　　航站楼造型设计的灵感，来源于当地出土的汉代文物"凤灯"，造型流畅，纹饰精美。主体建筑的形态正如两只回首相望、比翼齐飞的凤凰，无论在平面上还是立面上，都构成了和谐优美的空间轮廓。作为传统文化的重要象征，凤凰的形态既与当地人文紧密相连，又让旅客产生飞翔的联想。整体方案造型为重叠的两只凤凰，取名为"双凤还巢"。

二、技术难点

　　机场设计的重点是功能流线的合理与简洁，同时作为省会的窗口，其形象要具有时代感和标志性，这两点是本设计的重点。而双曲面的屋面造型、拉锁幕墙、室内分叉柱是我们要克服的难点，首先双曲面的屋面板从屋面延伸至墙面并落地，这种模糊屋面与墙面界限的设计理念是较为独特的，其次是主入口处的索幕墙是双索、单向、弧形、外倒玻璃幕墙，高度35m，长度约220m，展开面积约4000m²，是目前世界上该类幕墙中最大的；最后是值机大厅的树形斜向分叉柱，主分叉柱8根，承托着约24000m²的中央大厅屋顶，以保证大厅内开阔的视野和与众不同的视觉空间体验。这三点是本设计的难点，也是亮点所在。

三、技术创新

　　"双凤还巢"的造型是吉祥、美丽的象征，将其转化为我们的设计理念，会遇到形式与功能相协调的问题、平面和空间定位问题，我们采用犀牛软件进行三维设计，可以捕捉任意一点的三维坐标，具有很高的技术含量，并应用于方案、初设、施工图和深化设计验证等全过程以及各个部位。此外出发钢连桥穿越拉锁幕墙，而拉锁又穿越钢连桥，为适应变形而采用的滑动节点也有较高的技术含量。

宁波环球航运广场

设计单位：上海建筑设计研究院有限公司
合作单位：株式会社日建设计
建设地点：宁波鄞州区宁东路
建筑面积：143236m²
设计时间：2009
竣工时间：2015-09

设计团队：

庞均薇

杨　琳　宣燕雯　邓置宇　张　坚　乔东良
朱学锦　赵　霖　沈彬彬　朱　文　段后卫
刘　兰　张　隽　归晨成

项目简介

　　作为宁波最高建筑，从设计上力求建造一座城市的标志，而不是一座城市雕塑。力求将城市空间从高塔的压抑中解放出来，寻回地面原有的开放性，通过建筑的处理，如地下室与周边地下室停车库相连通，底层室外开放大空间，裙房中央共享大厅，裙房屋顶花园及主楼顶部公共观光空中花园，在公共服务功能的媒介作用下，由地下到250m的高空，变成一个拥有立体流动体系的城市综合体，为传统单一功能的超高层建筑带来了更为开放的公共性。

　　作为城市标志的超高层建筑，力求将对地球环境的压力降至最低的同时，最大限度地考虑积极利用自然能源，运用多种成熟的节能措施，创造一座与环境和谐的高质量的绿色建筑。主楼南北向，电梯及辅助房间布置在东西两侧；立面铝板与玻璃幕墙相结合，玻璃幕墙采用断热型双层中空夹胶Low-E玻璃，立面采用横向遮阳条，有效遮挡夏季日光照射，充分利用屋顶空间进行绿化设计，采用一系列节能保温隔热措施，以满足国家及当地的节能规范；主楼由于为超高层，幕墙开窗很困难，但为了能自然通风，采用特殊构造，幕墙采用缝的方式达到自然换气效果；将屋顶雨水收集到地下室并做雨水处理后作为栽植灌木等再利用；屋顶采用太阳能发电措施，用于局部走道及贮藏室照明。

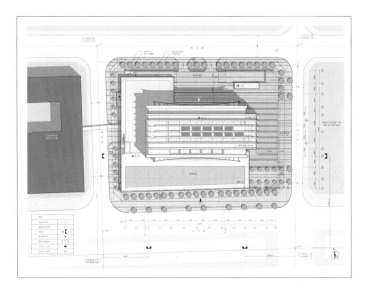

对于环球航运广场这座具有全球贸易战略眼光的大楼而言，南北立面的表现需要具有独一无二的标志性。以地球为设计概念，使用直径400m的圆弧来决定玻璃幕墙的外周形状。圆弧幕墙面使建筑外观颇具整体感；空调通风的出入口，避开正向立面，从侧面导入，正面看不到百叶窗；横向遮阳条在给外立面带来水平方向的节奏感的同时，还可有效遮挡夏季日光照射，从而达到节省能源的经济效果。

该主楼采用带混凝土筒体的巨型钢混结构体系，利用钢桁架结构空间，作为避难层及设备层。裙房中央共享大厅采用钢结构，使大空间没有巨大结构柱的干扰。标准层采用南北向大空间办公布置，由于没有柱的干扰，便于今后出售出租楼层分隔空间的灵活性。由于该建筑为宁波最高楼，为体现其标志性及高档性，在屋顶设置空中花园及俱乐部，可鸟瞰整个宁波新城。

钱江世纪城望京商务中心（H-05 商务综合体）

设计单位：浙江大学建筑设计研究院有限公司
合作单位：杭州明捷抗电设计事务所（普通合伙）
建设地点：浙江杭州
建筑面积：144705m²
设计时间：2011-03/2011-10
竣工时间：2015-10

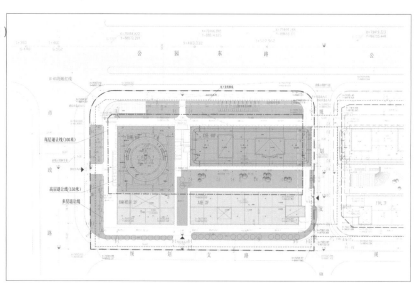

设计团队：

陈　建　　　　乔洪波

黎　冰　毛惠良　李云平　慕万红　干　钢
张　杰　周建炉　王　伟　陈晓东　周雨斌
滕　亮　於小芬　祝　悦

一、项目概况

　　本项目用地位于杭州市萧山区
钱江世纪城 H-08 地块。用地与正
南北向存在 30 度偏角，东北侧为
公园东路，西南、东南和西北侧均
为城市支路，基地周边地块均为相
似性质的办公用地。

二、设计理念

色彩·粉墙黛瓦

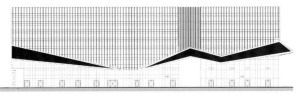

屋檐·雨棚

设计采用塔楼和板楼相结合的模式，以营造产品的多样性。沿基地西北侧布置高层建筑，在基地南侧布置四层的商业，充分利用基地南北向资源，大面宽保证了产品的优质性。整体建筑群采用了"负阴抱阳"的格局，L形的建筑群迎向太阳面，与东南侧的商业建筑成围合之势。

以适应性应对功能的不确定性是本方案的一大特色。本项目包含有总部办公、商务办公等多种可能业态，产品定位存在极大的同质性和模糊性。在无法准确定位业态类型和面积配比的前提下，适应性和可变性成为必要的解决途径。

在高容积率、大体量背景下，本案以清秀的白色竖线条弱化了体量的庞大尺度，结合雨棚造型变化，表达了南方建筑的轻灵之美。在狭小的场地中，设计者创造了小巷、天井的江南空间感受。

青海建设科技大厦

设计单位：青海省建筑勘察设计研究院有限公司
建设地点：青海省西宁市海湖新区五四西路与文汇路交叉口西南角
建筑面积：62296.81㎡
设计时间：2012-04
竣工时间：2016-05

设计团队：

胡东祥　　　　史 玫

付玉萍　何兴福　胡耀军　潘洪涛　索昊平
李向旭　张 莹　刘小红　吴 莹　马 斌
胥 荣　王丽华　张 鑫

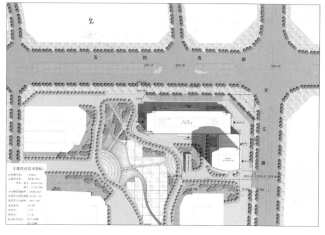

一、项目概况

青海建设科技大厦位于西宁市海湖新区五四西路与文汇路交叉口西南角。本工程地下为二层，地下二层平时为车库及设备用房，战时为人防地下室，抗力等级为核6级常6级，防化等级为丙级，战时用途为物资储备库；地下一层为车库、厨房及设备用房。

本工程地上部分划分为A、B两个区域。A区为高层办公建筑，B区为高层培训中心。A区建筑高度为44.85m，B区建筑高度为88.35m。总建筑面积62296.81㎡

该项目设计依据城市周边环境道路和建筑本身的功能要求布置，人流由城市干道五四西路进入，车流由城市干道文汇路进入。

体块布置结合地形一高一低，A栋写字楼为办公楼水平舒展，B栋培训中心垂直体量，总图布置合理。

二、设计理念

建筑内部根据不同功能划分平面。A区主楼平面呈矩形，B区主楼平面呈椭圆形，建筑立面窗采用玻璃幕墙及矩形窗的分隔方式，实体墙面为挂贴米色陶土板，立面竖向线条为铝合金象牙白氟碳涂膜，立面设计手法现代、简洁、方正、大气，达到良好的视觉效果，幕墙与实体墙比例划分恰当，米色陶土板墙面分格细腻，具有高品质现代办公建筑的特征，成为西宁海湖新核心区具有时代感的建筑。

通过建筑功能合理的布局，所有房间均有良好的采光和通风措施，利用东、西两侧内部通高中庭处增加绿化空间，外围护采用14.3m宽，36.3m高的拉索幕墙，使室内外空间得到完美结合，室内结合建筑布局，形成完整的庭院空间，创造绿色室内生态环境，室内空间更加通透，透过明净的玻璃门窗，将室内外绿色植被融为一体，洗尽一天的疲劳，创造了良好的办公环境并积极采用新技术新材料。

曲靖市体育中心

设计单位：云南省设计院集团
建设地点：云南省曲靖市
建筑面积：96629.5m²
设计时间：2009-09/2011-12
竣工时间：2014-08

设计团队：

唐春晓　　　　　苏　昕

董卫青　陈荔晓　赵建新　陈江波　李娅薇
高堂亮　曹晓昀　沈家忠　李　昆　陈清漪
肖云峰　滕　英　王雁春

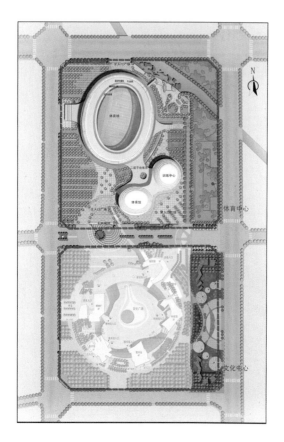

一、设计理念

曲靖市体育中心是曲靖市"五馆一中心"总体项目建设中的"一中心"——体育中心部分,定位为承办地区性和全国单项比赛的乙级体育建筑群体。总体布局遵循着"五馆一中心"修详规设计"源"的规划理念和规划思想,体育场、体育馆及训练馆各单体建筑形体均设计为水滴形状又形似卵石,与源于东北角湿地公园并环绕于各场馆间的规划水系相呼应,融为一体。同时通过景观水系引导串接起用地南面文化中心五馆,充分体现出"一水滴三江"、"一线串五珠"的总体规划理念。建筑设计则从城市建筑学观点出发,建筑无论从形体上还是外表面,均以一种柔和的流线造形存在于环境当中,而不给环境空间一个硬性的边界和压迫感,无论从城市哪个视线角度来看,建筑本身都体现为城市内一道独特的建筑景观。

二、技术难点

结构设计如何更好的满足体育中心建筑功能和型体要求,是本项目设计的技术难点所在。复杂空间大跨结构,体育场通过在 Rhinoceros 空间造型中截取结构杆件和节点实现从而实现结构精确建模;并绘制精细三维施工图,实现复杂结构的施工图表达;体育馆和训练馆两馆连接体则与两馆设抗震缝脱开并采用悬挑嵌入两馆方式实现视觉上的整体造型,按三维造型截取结构模型实现精确建模和与两馆的平滑过渡。

三、技术创新

体育场及两馆屋盖体系的外表面材质均采用不同宽度比例的带状阳光板和铝镁锰合金板材结合设计，随着屋盖的高低起伏变化，形成水平延展而流畅的弧型分隔带，在形态上突出源于珠江"从容飘逸"、"源远流长"的总体设计构想，使得场馆各个方向均具有极强的透视纵深感和盘旋上升的动态形象。

结合内部混凝土体系的功能布局，有效形成采光和通风带，充分保证内部空间的自然采光通风要求，使光线均匀漫射到场馆内部，得到柔和的自然光。而在夜晚透出的内部光线，则会形成明亮的光带，烘托出热烈的赛场氛围，也是一道独特的城市建筑景观。

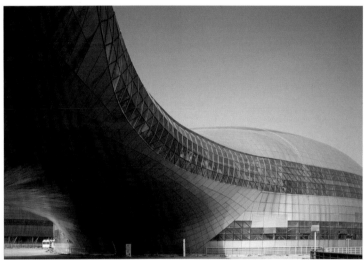

山东大学青岛校区博物馆

设计单位：山东建大建筑规划设计研究院

建设地点：山东省即墨市鳌山卫镇

建筑面积：40087.87m²

设计时间：2012-04/2014-10

竣工时间：2016-03

设计团队：

王润政　　　　　赵学义

尹纲领　孙永志　何　欣　李永存　王　乾
吴蔚迪　李　冬　安俊贤　石玉仁　程相芳
甄　霞　冯廷龙　田　丽

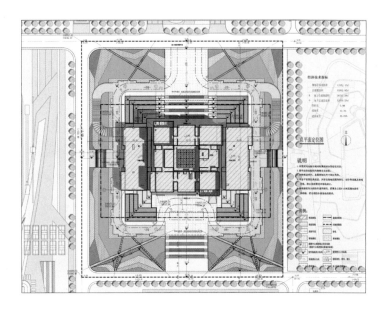

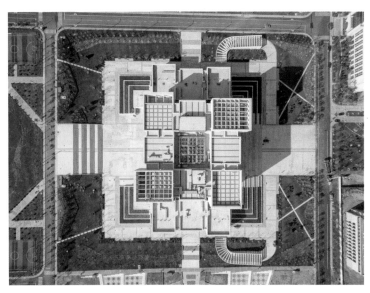

设计理念、项目特殊性、技术难点、技术创新

　　该博物馆以"鼎、青铜、竹简"为文化意象，造型由"鼎"字的形体特点抽象变化而来。以简洁方正的体块为主体，在四个立面顶部出挑同样方正的建筑形体，整个建筑形成了一种鼎力向上的趋势。在建筑立面材料的选取上，采用铜板作为四个出挑建筑体块的外立面材质。这个选材也是把技术娴熟的青铜文化融入到建筑立面中的设计一种设计手法。幕墙设计上，采用特殊定制的铜板，通过不锈钢拉铆钉与骨架来进行固定。另外，把截面经过内凹处理的铜板进行拼接，来实现竹简的造型肌理，把历史传承下去，是一种传统文化的现代化表述。

　　项目规划总用地面积 43302.43m²，总建筑面积 40800.87m²，容积率 0.96，绿地率 45.5%，建筑密度 19.09%。

汕头大学新医学院

设计单位：悉地国际设计顾问（深圳）有限公司
合作单位：Herzog & de Meuron Basel Ltd.（瑞士）
奥雅纳工程顾问公司（英国）
建设地点：广东省汕头市汕头大学
建筑面积：39205.43m²
设计日期：2011/2015
竣工日期：2016-04

设计团队：

覃 宣　　　　　　施永芒

李亚军	谢标云	赵 伟	杨德志	金庆友
孙福梁	戴军益	朱赛花	温小生	霍艳妮
刘 柳	朱毅辉	吴 健		

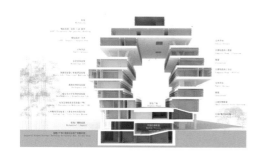

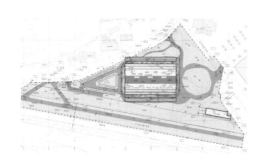

一、设计理念

　　a. 仿生学的建筑创意和环状功能空间组织，创造新型医学院建筑模式。设计灵感源于人类脑干系统。教、学、研等功能组群竖向环绕着一个中央开放空间进行堆叠，形成"学术环"，解决了复杂功能之间的分区与组合、流程与流线。b. 建筑和校园环境之间相互对话和空间渗透。c. 气候适宜性设计，采用绿色建筑的设计理念，充分利用自然条件创造健康的生活环境。d. 立面设计强调建筑的体量由主要功能延伸而出，外墙横向构件主要起遮阳作用，东西侧的外墙为实墙。

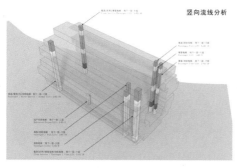

竖向流线分析

二、技术难点

　　新颖的管状空间结构对建筑消防疏散、结构设计和施工、机电安装都造成难点及挑战。综合功能和先进医疗实验设备引入，增加了机电设备设计难度。

三、技术创新

  a. 通过消防部门组织的论证，增加消防措施，解决了特殊消防难题，满足了消防和安全疏散要求。b. "双塔强连体巨型结构"形式实现了建筑创意和功能空间。该结构形式在八度抗震地区属首例。c. 设计与施工相结合，同时设计贯穿施工全过程。d. 设计主动践行了绿色建筑的大量具体措施，包括规划布局和建筑设计、机电设计，并通过计算机模拟化调整建筑布局，设置两侧敞开中庭及架空平台，为人提供一个安全健康的活动空间。

深圳中洲控股金融中心

设计单位：北京市建筑设计研究院有限公司
　　　　　北京市建筑设计研究院深圳院
　　　　　ADRIAN SMITH+GORDON GILL ARCHITECTURE
建设地点：深圳市南山商业文化中心区 T106-0028 地块
建筑面积：233902m²
设计时间：2006-11/2008-11
竣工时间：2015-02

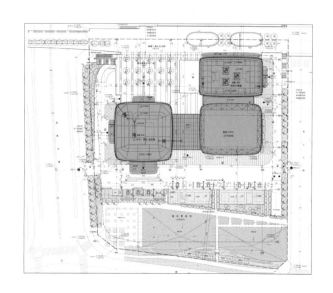

设计团队：

张江涛　　　　　　马 泷

马自强　　　　　　解立婕

侯 郁　束伟农　张铁辉　孙成群　宋 玲
蔡志涛　刘蓉川　邓益安　陈小青　徐丽光
刘大为　陈 辉

一、设计理念

为城市建造一座高效、充满人性化设计，结合经济性与自然生态于一体的多功能超高层综合体，创造具有独立领域感的城市空间和场所，作为本项目的主设计理念。主楼和副楼错位分别布置在西南和东北角，裙房布置在东南角，与塔楼自然连接。建筑物包括办公、酒店、公寓和商业等多种功能，人流量大，需求各有不同，又密切联系，在建筑内部很好地解决了不同人群的不同活动需求，满足使用者的视觉、感知和体验的需求。在外墙适当位置设置多层水平金属遮阳板，将有用的光线通过漫反射引入室内，减少人工照明，同时降低了玻璃对城市的光污染；在非景观视线范围内的玻璃设置彩釉图案，进一步减少眩光，提高了外遮阳性能。

二、技术难点

位于 200m 高空的 70m 高酒店边庭贯穿酒店各层，采用竖向拉索、横向水平桁架钢结构吊挂式点支承玻璃幕墙，玲珑剔透，深圳湾美景一览无余，是项目最大的亮点和难点，据了解国内尚属首例，现已成为深圳市新的城市观光点。酒店边庭结构平面凹进尺寸大于相应方向总尺寸的30%，东侧边框架中间两根柱子被取消，柱间距达 27m，每隔两层设一榀水平桁架抵抗幕墙传来的水平风荷载，竖向荷载由拉索承担并最终传到边庭最上面的桁架上，酒店边庭空调设计使用 DEST 和 PHOENICS 对边庭和与其相通的各层开敞式走廊进行了负荷计算及热环境模拟分析。

三、综合效益

项目获得美国 LEED-CS 设计金质奖证书，现正申报国家绿色建筑三星运营标识。办公设变风量全空气系统，酒店设置了新风热回收系统，回收空调冷凝热量用于生活热水的预热，将空调冷凝水回收至酒店的冷却塔集水盘；采用市政中水系统用于浇灌、冲洗和冲厕；智能化系统达到 5A 甲级写字楼的标准；电梯也按国际甲级办公楼标准配置。办公为业主自持物业，已满租给世界 500 强企业，美国万豪五星级酒店已开业，给整个片区带来效益极高的城市配套。项目建成后成为南山区第一高度的城市综合体和深圳市的标志性建筑。

天津大学新校区机械组团

设计单位：天津大学建筑设计研究院
建设地点：天津市
建筑面积：77611㎡
设计时间：2012-11
竣工时间：2015-07

设计团队：

顾志宏　　　　张大昕

柏新予　胡艳娇　宋睿琦　张新玲　唐雪静
郑　亮　杨永哲　王　磊　王品才　石　玲
杨成斌　王建栓　杨廷武

设计理念

　　机械教学组团是由教育部拨款的、最早启动建设的项目之一。它位于学校的东南端，东邻学校体育运动场地，南邻高速路和次入口。建设用地共分为四个地块。由于机械学院使用功能的特殊性，规划中充分分析机械学院实验室使用功能动静分区的需求，将产生噪音较大的实验厂房区：实践教学中心和热动大楼组团置于整个学院组团的南端，远离学生宿舍生活区，尽量减少对外界环境的干扰。考虑热动大楼油库使用的安全性，将热动大楼规划于整个机械学院组团的东南角，临近高速路立交桥的交叉口，既降低了对校园内部环境（本学院其他学科及其他学院）的危险性影响，又作为整个校园对外的形象展示，提高了国家重点实验室的展示度。

天津大学新校区水土建教学组团 B- 实习车间

设计单位：天津大学建筑设计研究院
建设地点：天津市海河教育园区
建筑面积：29321㎡
设计时间：2013
竣工时间：2015

设计团队：

曲晓舟　　　　　刘 瑛

张艳亮　杨 蕾　王特立　王文亮　姜子林
庞 巍　李 明　李雪飞　刘 珊　王 利
刘晓龙　于占文　钮 涛

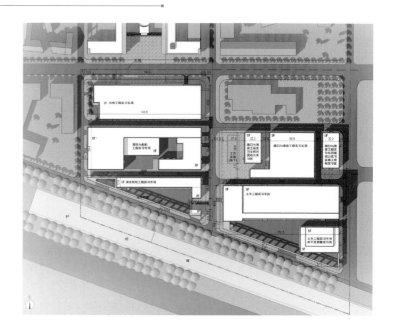

一、设计理念

尊重基地特性，挖掘场地精神，使用适宜的设计手段使建筑和谐的融入校园整体空间体系。同时凸显自身特性，通过有效的设计手法营造具有校园气息的、整洁而优美的实验（工业）建筑空间。

二、技术难点

实习车间建筑自身的特性与外部校园环境之间的矛盾是较难协调的问题。设计首先把握住建筑实验的、工业的基本功能，将强调空间的功能性贯彻始终。同时，兼顾建筑外部形象与周边建筑比例、尺度以及建筑风格进行协调的可能性，以现代的造型语言来塑造空间图景，使建筑与校园环境和谐共生。同时注重贯彻环保理念，将室外实验操作场地结合建筑群体内部的庭院布置，将实验产生的废物、噪声等对周边的影响降至最低。

项目用地南侧倾斜建筑体量不完整，跳跃较大。由于南侧为校外市政道路，景观形象很重要，设计在有限的造价条件下，通过混凝土柱廊对空间边界进行限定，用较低的成本修饰出规整而又富于节奏的建筑整体形象。

三、技术创新

实习车间的形象体现了端庄稳健的建筑个性，展示了天津大学作为百年老校的悠久底蕴与新的时代特征；建筑北侧与水土建 A 教学楼相邻，通过适当的设计处理，使大尺度的建筑仍可与教学建筑宜人的尺度相协调；建筑形象设计体现了简洁明晰的体量关系，建筑外观忠实反映了内部大空间的功能特点，形式质朴、沉稳。沿护校河及校外纬八路的建筑形象利用多变的实习车间高度，配合底部柱廊的设计，将变化丰富的屋顶空间错落有致而又形象统一地呈现给校外城市空间。

无锡硕放机场二期航站楼扩建工程

设计单位：中国航空规划设计研究总院有限公司（中国航空国际建设投资有限公司）
建设地点：江苏省无锡市无锡苏南硕放国际机场
建筑面积：63430m²
设计时间：2010-12/2012-09
竣工时间：2014-12

设计团队：

徐平利　　　　　李佳音

赵伯友　李海莉　高学忠　刘晓雨　施　曼
袁　颖　黄　海　张书勤　周华军　曲承宝
刘鹏飞　付　饶　王　媛

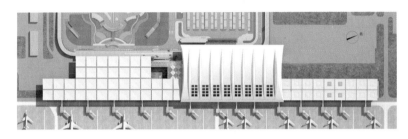

设计理念

　　睡莲之上、莲花怒放

　　新老航站楼国内、国际功能划分清晰。新建航站楼延续一期的流程设计，为两层前列＋局部指廊式。

　　新建航站楼提取一期航站楼"睡莲"的设计元素，以怒放的莲花为概念。主体屋面酷似九片"莲花瓣"，形象清新高雅，于睡莲之上呈现出"花瓣"合拢，"莲花"怒放的不同意象。

车道边内侧的落地曲线钢梁花瓣造型使车道雨篷简洁、轻盈，正交正放交叉桁架与四肢钢管柱上的结构单元体，构成航站楼优美的莲花形象。

实现对原有航站楼建筑的尊重、传承和适度的创新，采用简练优美的建筑语言协调两建筑于一体。最终达成新老航站楼在过去、现在、未来的时间维度的无缝衔接，并形成真正和谐一体的时空景观。将绿色理念融入航站楼的室内外空间之中。

乌鲁木齐红光山大酒店（希尔顿酒店）

设计单位：中信建筑设计研究总院有限公司
建设地点：乌鲁木齐
建筑面积：72212m²
设计时间：2009-02/2011-09
竣工时间：2015-08

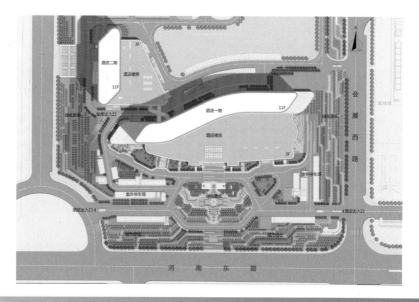

设计团队：

陆晓明　　　　　韩　冰

叶　炜　申　健　李　晶　万亚兰　王　新
曾乐飞　高　炬　郑　博　高冬花　张俊华
张　帆　贾鲁庄　万东东

一、设计理念

乌鲁木齐希尔顿酒店坐落于乌鲁木齐红光山 4A 级风景区，毗邻国际会展中心，是新疆维吾尔自治区首府乌鲁木齐市的标志性建筑。

作为会展片区最高端的星级配套，酒店拥有 383 间客房。同时，酒店配套了具有时尚生活特色的餐饮文化和休闲文化走廊，完善了会展的产业链结构。

项目利用现有的优质绿化景观，加以改造、重整，塑造出一个曲折生动的"步移景异"的人性化的空间。

酒店主体与山体结合，并与会展中心互为补充。会展形成的商业文化氛围在酒店得以延续，为酒店带来人气和商机。

建筑曲线层叠，虚实对比，形成强烈的韵律感，创造出休闲度假酒店形象和地标建筑。

娱乐区、商务区、餐饮区、住宿区分区合理，联系紧密，动静分区，功能完善且互不干扰。

二、技术难点

由于酒店主楼长 220m，且体型不规则，故结构设计时结合建筑具体的使用功能的情况，在主楼之间设置了防震缝，使主楼形成四个独立结构单元。地下室不设缝，以保证地下室空间的完整性。

三、技术创新

主楼上部结构设防震缝后有两个结构单元的长度和宽度仍超过了规范关于设缝长度的限值，设计中采取如下措施解决混凝土收缩及温度应力问题：①裙房部分每隔 45m 左右设置 800mm 宽后浇带；②考虑基础及梁柱的弹性约束以及混凝土徐变的影响，并参与结构内力组合计算；③直接暴露于大气环境部分的构件，采用外保温隔热做法。

无锡苏宁广场

设计单位：江苏省建筑设计研究院有限公司
建设地点：无锡市中山路人民路交叉口
建筑面积：314759m²
设计时间：2008-07/2010-03
竣工时间：2015-05

设计团队：

徐延峰　　　　　王小敏

张 卉　汪丹颖　陆文秋　江 敏　金如元
冷 斌　李 均　庄 莉　陈光生　毛丽伟
李 山　邓锦良　朱峥彧

一、设计理念

在设计上，打破传统的封闭式风格，采用特有的三个半开放式中庭设计，中庭相互咬合，首尾相连，形成了错落有趣的空间，布局于各个楼层低、中、高三个区域。通过扶梯、台阶和平台等巧妙相连，营造错落有致的商业消费空间。地铁 1、2 号线的交汇点未来与苏宁广场地下一层无缝对接，把整个城市旺盛的消费力首先导入苏宁广场。

二、技术难点

本工程为超限高层，北塔楼体形细而高、南塔楼为板式住宅楼，整体刚度均较弱，位移较大。裙楼房屋的中间设置中庭，造成平面楼板开洞面积较大。北塔楼利用 25、41、63 层设备避难层做加强层，对核心筒底部加强区和加强层钢桁架按中震弹性设计。南塔楼核心筒底部加强区按中震弹性设计。裙房平面主要柱网采用 11m×8.5m，商业价值较高的一层沿街及内部商业街（中庭）两侧基本为商业所用。

三、技术创新

　　本项目集成了当今世界一流的高端科技系统及设施，应用数十项绿色生态技术，近30台国际品牌分区垂直电梯极限提高运力，保障各功能区间畅通无阻。商业中心特别规划50部手扶电梯将商业区全面链接，对人流动线有效引导，极大提升空间商业价值。沿中庭设有敞廊，南北入口架空形成贯通空间使室内外空间相互穿插，自然过渡。

武汉创意天地一期、二期

设计单位：中信建筑设计研究总院有限公司
合作单位：纽约国际新视野规划设计咨询公司
建设地点：湖北省武汉市洪山区野芷湖西路
建筑面积：187004㎡
设计时间：2010-10/2012-12
竣工时间：2015-05

设计团队：

尹蓁　　　　　李全武

金蕾　赵云莉　王霓　王南　张达生
钟声华　方立　张帆　高冬花　雷建平
张再鹏　David Hu　陈炫佐

　　创意天地是全国新建面积最大、业态
最丰富的文化创意产业园，是武汉市洪山
区打造的国际性创意产业聚集园区，是武
汉创意产业发展的核心园区及洪山区"中
国创意大道"的重要组成部分。

一、设计理念

　　以"合美术馆"铸造精神雅典娜，以
艺术家工作室和实验剧场作为纯艺术的发
酵引擎，将现代艺术融入时尚商业，带动
创意商街、艺术精品酒店、创意工坊等建
筑群，形成一座浑然天成的艺术城邦、艺
术天地，是华中地区首个纯粹艺术性创意
综合体。

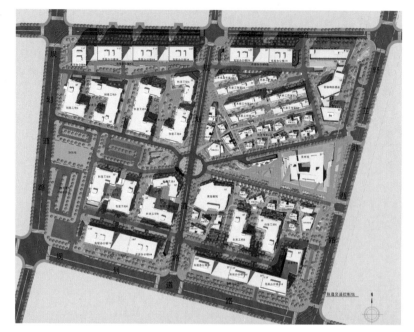

二、创意文化综合体

　　三条反射性主干道把场地分为 3 个区域，突出美术馆灵魂地位。建筑高度由外向内部降低，屏蔽外部干扰，打造低密度宁静空间。合美术馆，寓意艺术与时代之合，艺术与生活之合；紫缘精品酒店，是中部地区首个加入法国帕佛伦斯酒店集团的精品酒店，提供的是一种全新的酒店模式和服务理念；创意工坊，由半围合群落组成，将莫高窟的设计理念和形式融入其中，外观灵动异形、凹凸有致；艺术剧场，带有实验性质的小剧场，其独特的先锋性特点，与合美术馆相得益彰，成为武汉推进当代艺术与城市文化发展、融合国际化的新据点。

三、技术创新

为实现美术馆的建筑造型及艺术效果，采用了较多的三维空间结构框架，并为满足建筑内部及外部立面空间艺术效果要求，创新地设计了结构轻钢龙骨体系，实现了异形门窗、美术品展示、墙面立体艺术造型以及建筑防火功能为一体的整体结构墙体。此外，天然气分布式能源站布置于园区地下室，利用城市天然气网输配，可满足园区用户全天候的用能需求。

四、国际视野的艺术地标

武汉创意天地延承世界文化名城发展之惯技，奉献出这个在全国同类文化创意产业园中体量最大、业态最丰富，且规划结构合理，空间设计独特的一流城市文化创意综合体。为艺术家及文创相关企业创造了最优良的创作和工作空间，弥补了千万人口的江城迟无"艺术与生活合谋共域"之憾。

五、绿色、可持续发展能源站

武汉创意天地天然气分布式能源站布置于园区地下室，利用城市天然气管网输配气，采用燃气内燃机及余热余压机组实现冷热电三联供，气源供应可靠稳定，可满足园区用户全天候的用能需求。

武汉客厅——中国文化博览中心

设计单位：中信建筑设计研究总院有限公司
合作单位：上海艾亚建筑设计咨询有限公司
建设地点：武汉市东西湖区
建筑面积：84883.02㎡
设计时间：2011
竣工时间：2015

设计团队：

李 黎　　　　　刘 畅

傅胜远　潘 莉　温四清　尹卫军　秦 鲲
闫军晓　倪可乐　孙雁波　尹东方　杨建宇
刘晋豪　夏旭辉　申健平

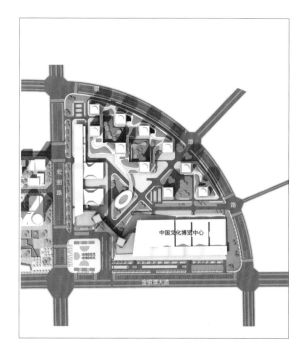

设计构思

一座城市需要一座客厅。

本设计的灵感源泉来自中国传统山水画卷，从云海瀑布的意境中提取出奔腾激荡的自然曲线和倾泻垂落的线条，塑造出简洁抽象的中国文化展览空间。

从远处看，自由奔放的屋顶天际线和疏密有致的密柱组合营造出别致的屏风画面，密柱的间距在展厅入口处渐宽，形成疏密变化效果，同时作为空间的引导；从近处看，建筑立面由外到内有三层元素组成——密柱、穿插密柱间的盒子空间以及玻璃立面。柱廊作为入口的同时可作为临时展览和户外活动的空间。建筑内部展览厅、会议厅、门厅、会展服务组成了大小不等的盒子空间，人在建筑中移动，在不同的盒子中穿梭，领略幻变的展览空间。

厦门建发国际大厦

设计单位：上海建筑设计研究院有限公司
建设地点：厦门东海岸的会展中心北片区
建筑面积：178793m²
设计时间：2007
竣工时间：2013-09

设计团队：

陈国亮

孙燕心　黄慧　周涛　魏志平　何焰
朱喆　张隽　朱文　虞炜　归晨成
康辉　段后卫　路岗　廖国安

项目简介

　　厦门"建发国际大厦"是由厦门建发国际有限公司投资兴建的集高档写字楼及商业餐饮为一体的大型综合类公建项目。项目用地临环岛路，地处厦门沿海第一排，东面朝向一望无际的大海，视线畅通无阻，有着得天独厚的海景资源；地处正在大规模开发建设的厦门城市副中心——会展北片区内，是厦门未来海湾型城市一个功能非常重要的标志性节点；周边道路宽敞，交通便捷。

　　项目是南面会展中心、会议中心等公建和北面商业酒店发展的转折点，同时也是海岸和西面办公、艺术剧院之间的过渡空间，延伸不同地块人流的步行系统，连接不同的建筑，成为人流的交汇点。

　　本项目技术特点及难点：1.独特立面造型及幕墙设计；2.高效舒适的办公空间；3.灵活可变的内部空间；4.结构、消防设计与造型的有机融合。

武进区洛阳初级中学

设计单位：南京大学建筑规划设计研究院有限公司
建设地点：常州市武进区洛阳镇永安里路
建筑面积：42110.86m²
设计时间：2013-02/2013-07
竣工时间：2014-07

设计团队：

丁沃沃　　　　　吉国华

郝　钢　康信江　肖玉全　胡晓明　桑志云
王　倩　倪　蕾　左亚黎　荣　琦　李　青
刘　洋　马明明　孙　逸

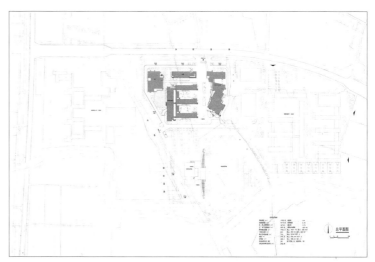

一、场地组织

方案将校园的主要建筑相对集中布置于基地北部，南部为校园体育设施。北部教学区自西向东依次为食堂、行政楼、教学实验楼、图文艺术综合楼。图文艺术综合楼相对独立设置，以减少北侧道路的噪声干扰。

二、交通组织

本工程功能复合，单体较多，分别有学生人车流、教师办公人车流、厨房后场工作人员人车流、图文艺术综合楼人流、货流和地下车库自行车与汽车等流线。设计首先合理考虑校区出入口，在北侧设置礼仪性主入口，在西侧设置常用次入口，在体育馆的西端，将设置一个供体育区专用入口，以便体育场馆未来向市民开放，提高利用率，同时不干扰教学区。

三、建筑形式语言的继承与创新

立面考虑整齐、韵律，较深的窗洞加强虚实对比，形成丰富和错落有致的立面系统。图文艺术综合楼形式新颖，通过体量穿插和色彩变化彰显轻快活泼的特点。建筑色彩以红白为主，间以灰色，活泼不失沉稳，与邻近的洛阳中心小学相协调。各单体建筑作为一个校区内的共生群体，造型和谐中有变化，辅以室外休闲活动场地和绿化，形成一个具有整体性、充满自然气息、具有教育文化内涵、个性独特的校园景观系统。

新光三越百货苏州项目

设计单位：中衡设计集团股份有限公司
合作单位：（国内）三大联合建筑师事务所
建设地点：苏州工业园区时代广场北侧，紧邻苏州大道（南）
建筑面积：161035m²
设计时间：2011-11/2014-11
竣工时间：2015-06

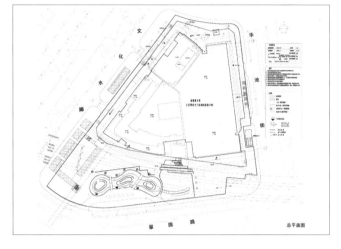

总平面图

设计团队：

蒋文蓓

杜良晖

张恒诚

苏信照

冯杨明　谢小洲　高卫军　龙　敏　王　伟
邵小松　顾　蓉　刘义勇　徐宽帝　薛学斌
杨俊晨　姜肇锋　周冠男

项目简介

　　建筑结合苏州园林的特色，提出"现代园林式百货公司"的概念。层层绿化退台，延续了苏州大道和月廊街的绿化，成为道路的端景。退台从2层一直延伸至6层，既层层独立又每层有各自的主题和特色，藉由阶梯相连，让人们可以任意穿梭悠游其间。而内部的商业流线组织，人流疏散，也都是围绕它展开。

　　6层到8层，则是整个建筑的亮点——"山"形的屋顶天窗。将园林中"山"的意匠套入建筑物之中，从外部看它连接两层楼的景观，增强了屋顶花园的视觉效果，丰富了屋顶花园与主体建筑的连接方式。从内部看，他使得整个室内的空间、采光更丰富，更有趣味，让室内不再是一个单调乏味封闭的空间，而是藉由外部阳光的变化产生出多样的光影效果。

沂蒙红嫂纪念馆

设计单位：山东大卫国际建筑设计有限公司
建设地点：山东省临沂市沂南县
建筑面积：9850㎡
设计日期：2011-09
竣工日期：2014-02

设计团队：

申作伟　　　　　张冰

朱宁宁	范新	赵娟	王奎之	黄广国
孙宪敬	申建	宗伟	郭真	王泽东
刘钊	冯杰	王笃豪

一、设计理念

　　常山庄特定的历史人文环境，"红嫂"所要求的特殊的展览教育功能，使我们意识到：这里需要的不是华丽的建筑，而是那个特殊年代的场景，大到一间茅草屋，一处原汁原味的庄户院，小到一草一木、一石一瓦，都是展示教育的一部分，任何人为的设计都有可能破坏这个原始而古朴的村落，只有做到"无痕设计"，才能将历史场景保存，只有这个场景，才是最特别的、最感人的、最有意义的教育。

　　"干插墙""门楼""半隔挡""敞口门""小帽头""团瓢"……这些当地村落特有的建造方式，组成我们的素材库。

山村现状

半隔墙

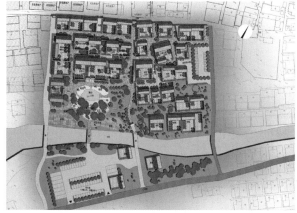

门楼

干插墙

小帽头

农具棚

二、技术创新

"红嫂原型明德英""沂蒙母亲王换于""沂蒙大姐李桂芳""沂蒙娘亲祖秀莲""拥军妈妈胡玉萍"，这些可歌可泣的红嫂精神院落，是我们要重点打造的纪念馆的空间核心。所有这些，有机组合成一个融于古朴村落的"沂蒙红嫂纪念馆"。鸟瞰常山："村中有馆，馆中有村"，生态自然、功能齐全、浑然一体，既保留了原汁原味的古村风貌，又赋予了鲜活的教育内容。

三、技术特色

本项目保留了大自然原有地貌和环境。尊重地域文化和特色，将地域性作为建筑的基本属性之一，做到因地制宜。使项目真正融入当地文化脉络，与村庄共生长尊重古山村原始风貌，尊重历史，建筑功能合理，空间丰富有特色，赋予了鲜活的教育内容，使沂蒙红嫂纪念馆成为一处富有地域特色的党性教育基地。

在采购建筑材料过程中严格进行招标管理，依法进行，切实做到选用物美价廉的建筑材料，并优先选择富有当地特色的石材等材料，因地制宜在满足建筑效果的同时，降低了施工造价和材料费用，也更好地表现出了建筑的地域特色和文化。

徐州奥体中心工程

设计单位：中国建筑西南设计研究院有限公司
建设地点：徐州市新城区汉源大道与紫金路交叉口东北侧
建筑面积：20.5 万 m²
设计时间：2010-10/2011-11
竣工时间：2014-05

设计团队：

蒋玉辉　　　　刘亚伟

黎佗芬　冯远　刘小东　金蓓　王絮梅
陈文明　向新岸　迟春　王建军　王素军
王宁　邓洪　陈希

SITE PLAN

一、大气流畅的规划布局

徐州奥体中心设计通过确立体育场核心地位，利用南北向中央景观带将其他场馆串联，构成怡人的空间体验与统一流畅的建筑群体。

二、建筑造型、建筑功能、地域文化的有机结合

在建筑造型上，以"玉帛"为构思源泉，蕴含着昔日兵家必争之地的徐州如今已"化干戈为玉帛"的美好态势。体育场取意徐州汉代"古玉"，造型完整流畅。三馆以"帛"为寓意，毗邻布置形成气势恢弘的建筑群，起伏的屋面同内部空间高度吻合。立面以结构与幕墙系统形成抽象的徐州市树"银杏叶"菱形肌理，用简练自然的手法强化了地域性造型意向。

三、"运营优先、兼顾比赛"的可持续发展设计理念

设计贯穿"运营优先，兼顾比赛"的理念，首先依托中央景观轴及地下空间打造贯穿南北的产业主动线，再结合两侧场馆地下室设计商业空间。

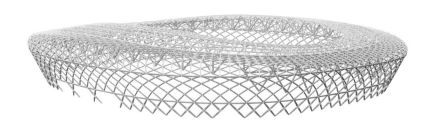

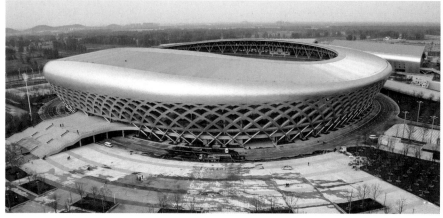

合理利用场馆赛后闲置空间与产业用房，在功能上相互补充激化，令徐州奥体中心的后期运营具有先天优势。

四、高新建筑技术的运用

体育场屋盖采用的车辐式索承网格结构为国内首创，徐州奥体中心体育场是目前国内首例该结构形式的建成项目。整个体系高效、简洁、通透，达到了极佳的建筑效果。体育场立面采用轻盈通透的单层网壳结构，切合建筑立面肌理要求，达到了建筑与结构的高度统一。

在奥体中心内，采用了多种绿色节能技术。其中光导技术被应用在三馆训练区，白天能提供充足的自然光满足训练要求，大大节省运行和维护费用。

五、深远的社会意义

徐州奥体中心是徐州市重大民生工程之一，借助 2014 年江苏省运会向江苏展示了徐州健康发展的全新面貌。场馆设计的先进理念和原创性受到了广泛关注与一致好评，产生了良好的社会影响。

沂南汽车站

设计单位：山东大卫国际建筑设计有限公司
建设地点：山东省沂南县
建筑面积：11684m²
设计日期：2014-08
竣工日期：2015-10

设计团队：

申作伟　　　　　张 冰

王泽东　庞兴然　张 生　张 颖　陈国刚
宋 磊　郭 真　王 翔　庞恩帅　孟雪莲
徐以国　孙宪敬　吴 丹

■ 外观风格设计元素

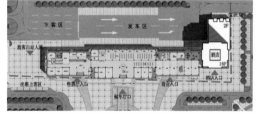

一、设计理念

新建的沂南汽车站将成为沂南新的门户，同时也做为沂南的标志性公共建筑，承载着发扬沂南汉文化的重任。主站房立面构思取自沂南的"崮"以及汉代的"门阙"，崮：稳当、敦实，隐喻沂南人民质朴、坚强的精神；主楼构思于汉代的"门阙"即大门，抽象出汉阙意向，隐喻沂南客运中心是人们入沂南的大门，是沂南重要的展示窗口。设计中用简化的现代建筑手法去追求汉代建筑的大致轮廓特点，力求做到神似，提炼出最能体现汉代建筑精髓及气质的建筑元素——平缓的屋面及深远的出檐，同时将汉画像运用在立面浮雕上，也是一种城市文脉的继承。

总体上，沂南客运中心建筑设计风格大气、浑厚，内外空间丰富、光影效果强烈，既现代又有厚重的历史感，颇具文化建筑的气质和品位。

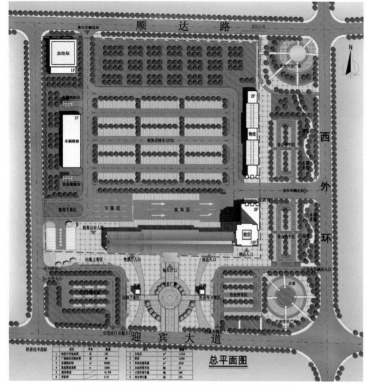

总平面图

二、项目概况

本项目位于山东省临沂市沂南县西外环路与迎宾大道交叉口西北侧，顺达路以南，交通位置优越。场地北侧规划道路一侧开有以专为进站车用通道，进站口道路宽12米。出站口设在西外环路上，专为出站车用，道路宽为12米。进出口分别设置在主站房后面，使进出车辆互不干扰，车辆在车站内的行驶线形更加合理流畅。室外洗车台、安检台按流程线形布置，设置在车站北侧，与停、发车场，加油站形成良好的交通流线。停发车场设在主站房北面，占地面积3万平方米左右，共设302个停车位。沂南汽车客运站站房为四层，其中一层中间部分为入口大厅、安检区、候车大厅、治安保卫室、医务室。西侧为售票大厅兼行包用房等。东侧为商铺兼站务办公等。二层中间部分为旅客超市及提供部分休闲、阅览空间。二层右侧部分为职工餐厅，三、四层右侧部分为司乘公寓，二、三、四左侧主要为行政办公。

三、技术成效

屋顶采用了生态屋顶的设计理念，侧面屋顶采用轻质钢结构，抵挡日照辐射，上方屋顶采用双层玻璃材质进行自然采光，并且做雨水回收系统使得屋顶收集的雨水从雨水管流入蓄水池，然后经过系统过滤，用于植物的灌溉。这使得建筑更加绿色环保，适应了政府对项目低碳环保的要求。

四、综合效益

结合现有场地条件及相邻道路环境，将主体置于场地前区，同时预留充足的场地以结合城市绿地设计。单体在沿主干道方向采用"一"字形横向展开布置将建筑主体融合于整体场地环境中，同时用玻璃幕墙将主体美化，以体现建筑与周围环境的协调统一。

鸟瞰图

广场正透视图

■设计效果图

■实景透视图及节点大样图

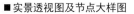

室内实景图

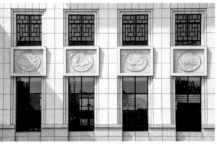

· 2017 年度
中国建筑设计行业奖 **作品集** 公 | 建 | 类
二等奖

浙江大学医学院附属第四医院（浙江大学医学院附属义乌医院）

设计单位：浙江省建筑设计研究院
建设地点：浙江省义乌市
建筑面积：110008m²
设计日期：2006-07/2010-05
竣工日期：2014-09

设计团队：

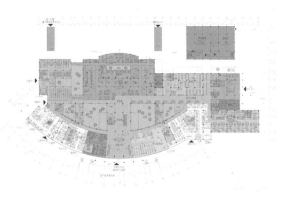

陈志青　　　　　　骆高俊

姚之瑜	张 瑾	赵长青	沈璐莹	彭 怡
冯永伟	楼 卓	裘俊琪	王燕鸣	李 峰
马慧俊	汪新宇	詹海雷

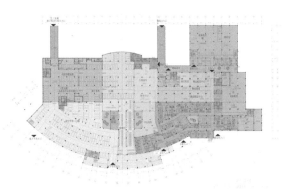

一、目特殊性

　　浙江大学医学院附属第四医院（简称浙医四院）是经浙江省卫生和计划生育委员会批准、义乌市政府全额投资、由浙江大学和义乌市政府合作共建、浙江大学负责管理，按照综合性三级甲等医院标准设计建设的著名大学附属医院。

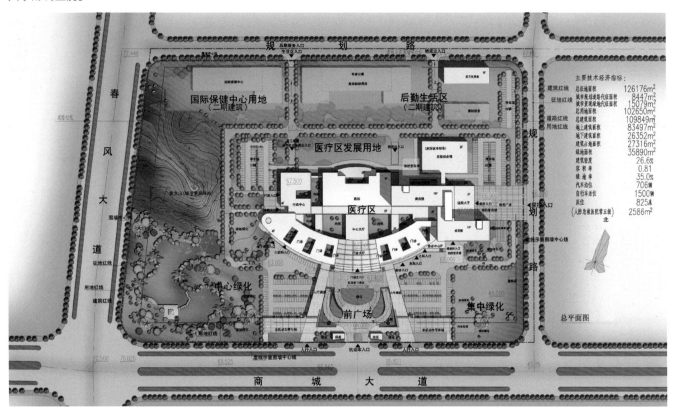

二、设计理念

本项目的设计真正体现"以人为本"的设计理念，从设计角度解决了医疗建筑普遍存在的一些弊病，如高峰时期交通拥堵、人车混行带来的安全隐患、医患流线与物流流线不清带来的低效及卫生问题等，实现人车分流、医患分流、高效便捷、绿色节能的可持续发展绿色生态医院的设计，创造"可呼吸的医院"。

三、技术特色

建筑采用低辐射中空玻璃幕墙系统、绿色智能照明系统、室内环境质量监控系统、自然采光系统（导光筒）、可调节外遮阳系统、雨水回收利用系统等多项绿色建筑新技术，真正实现绿色节能可持续的目标，创造了良好的环境效益。

粤剧艺术博物馆

设计单位：广东省建筑设计研究院
合作单位：华南理工大学建筑设计研究院
建设地点：广州市荔湾区恩宁路以北，元和街以南，多宝坊以西地段
建筑面积：19573m²
设计时间：2012-10/2013-09
竣工时间：2016-03

设计团队：

郭 谦　　　　　江 刚　　　　　许 滢

陈 星　李 宁　庄少庞　梁志豪　蔡淳镇　陈 琼　黄洁华　潘旭丹
蔡 荫　谢雪珍　过 凯　许爱斌

项目简介

粤剧艺术博物馆的设计和建造充分发扬现代技术优势，弘扬地方传统工艺，并集当代艺术创作于一体，是一处传统与现代相结合的博物馆。

1. 项目的总体融入广州历史街区脉络，挖掘其文化底蕴，总体规划形成数组岭南建筑院落和中心庭院，传承了岭南建筑风格和气韵。

2. 项目结合粤剧的特点，以建筑空间作为载体，建筑园林院落既是博物展示空间，又可作为私伙局和对外交流活动的举办场所，体现博物馆开放、亲民的姿态，凸显粤剧艺术源自民间、回归民间的特点。

3. 项目充分运用现代技术手段，如自带防火阻燃层的"木包钢"梁柱构造，屋面防水和传统辘筒瓦屋面工艺相结合的坡屋面构造，轻质砌块非承重墙体与传统水磨青砖"二合一"的墙体构造等，有效地实现了传统建筑和现代建筑的有机结合。

4. 项目以传承非物质文化遗产为设计理念，采用传统民间工艺和当代艺术创作融为一体的手法，呈现具有地方特色的高标准工艺和建筑艺术有机结合的细节，其中以三雕两塑（木雕、砖雕、石雕、灰塑、陶塑）和园林假山营造最具亮点。

昭山和平小学综合教学楼

设计单位：湖南省建筑设计院有限公司
合作单位：湘潭市建筑设计院
建设地点：湖南省昭山
建筑面积：16472㎡
设计日期：2013-06
竣工日期：2015-10

设计团队：

　　杨　瑛　　　　　周朝亮

周素妮　肖妙思　梁梦琳　袁　倩　龚建德
王　颖　罗　嘉　陈　辉　黄端阳　贺琪寓
刘　华

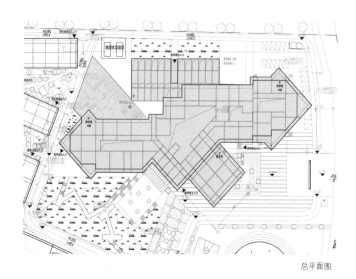

总平面图

一、工程概况

　　坐落在长株潭城市群生态绿心中心位置的昭山和平小学，是由昭山示范区与市教育局联合创办的一所特色鲜明的公办制学校。占地80亩，计划48个教学班，满足两千余学生就学。综合教学楼位于校园教学核心区，是校园内规模最大的院落式布局单体建筑，建筑4层，钢筋砼框架结构，总建筑面积16472平方米。

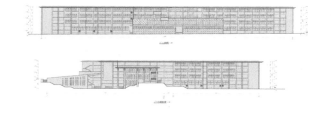

立面图

二、设计理念

昭山和平小学综合教学楼的设计具有现代气息和校园建筑的特征。它是建立在对场地环境充分理解的基础上，从学生使用的角度去体验它、诠释它，调动场地各种信息要素，创造出一种环境与心理和谐的情境空间。建筑本身就是一本生动的教科书，希望学生在内部学习先进知识的同时也可以感受到设计本身的魅力所在。

三、技术难点

本工程按6度抗震进行设计，工程地质复杂，基础型式采用预应力高强混凝土管桩。该工程平面结构超长，且属于特别不规则的多层公建，通过设置6条抗震缝，将平面划分为为5个独立的结构单元，部分结构单元仍同时存在扭转不规则和楼板局部不连续等两项不规则，且部分结构单元还存在跃层柱。为保证结构安全，结构设计时采取了如下措施：1.补充了弹性时程分析；2.按性能设计原则补充了跃层柱的中震弹性设计；3.大洞口及薄弱部分的楼板加厚至150mm，楼板配筋按0.25%控制；4.本工程框架梁柱抗震等级为四级，跃层柱等抗震等级提高至三级。

浙江大学舟山校区（浙江大学海洋学院）

设计单位：浙江大学建筑设计研究院有限公司
建设地点：浙江省舟山市临城惠民桥新区
建筑面积：199861.8m²
设计时间：2012-09/2015-04
竣工时间：2015-04

设计团队：

黎 冰　　　　　沈晓鸣

孙啸野　张 锴　高裕江　彭怡芬　侯 青
张鑫锋　刘国民　吴庆勇　王铁风　吴洁清
袁松林　王 杭　姚黎明

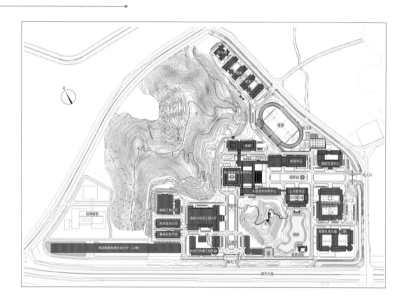

一、项目概况

作为百年浙大的第六个校区，浙江大学舟山校区选址于舟山临城新区与定海城区之间，依山面海，环境优美。校区定位为国际一流的专业型、研究型海洋学院，设计有多个国际一流的大型实验平台，如世界唯一的双六自由度实验平台，世界第四大操纵性水池实验平台等，目标成为服务浙江省乃至全国的高水平海洋科教基地和海洋人才高地。

二、总体规划

校区规划从对群山相夹不甚规则的用地现状的梳理切入，采取"保留整合、借景理景"的手法，最大程度保持原始地形，并引入周边水系，充分强化"依山融湖，凭海为邻"的基地自然条件，突出"山水"要素，强化"海洋"特色。

建筑布局则顺应景观地形，形成一核二轴三组团的整体结构：图书馆学生活动中心作为校区的标志性建筑位于核心位置，也是东西、南北两条轴线建筑序列的交点。东西向功能性主轴是串联校区主要建筑群的核心交通空间；而南北向礼仪性主轴则面向海天大道及东海打开，形成舟山校区对外形象展示的窗口。

三、建筑风格

建筑风格贯彻"和而不同"的总体原则，在传承浙大老校区校园风貌特色的基础上力求突破，并重点在材料、构造上创新，在满足现代施工要求和功能需求的同时体现时代感和海洋特色。

四、精细化设计

通过细节的推敲取得很高的建造完成度。陶土面砖局部搭配真砖使用，很好地还原清水砖墙的外观质感；外立面的设备排风口均被设计巧妙地通过砖幕墙、歇山顶侧山花、挑檐口铝板装饰线条等手法予以隐藏。

浙江音乐学院

设计单位：浙江绿城建筑设计有限公司

建设地点：杭州

建筑面积：360674m²

设计日期：2012-08/2013-10

竣工日期：2015-09

总图肌理

设计团队：

王宇虹

张 微

朱培栋

宋 萍　王 静　徐 亮　程 越　宋一村　李 明　钱明一
任光勇　徐凌峰　崔大梁　吴文坚　陆柏庆

引山入园

围而不合

一、设计理念：流动地景、音院山居

　　设计因循望江山势、沿续了场地的自然基因，以"流动地景、音院山居"这一设计理念来确立本项目的校园空间和建筑意象。通过对于任务功能的解读和重组，方案打散了建筑尺度，对竖向标高复杂的场地进行了梳理和还原，以"修坡""砌台""疏水""筑屋"等四道流程，将各功能组团或沿山而筑、或望山而设。望江山的自然景观在"流动地景"的整体场景意象组织下得到了保留和再生。

二、设计创新和技术特点

1.引山入园：采用了建筑融合自然的地景式的设计手法，建筑和景观与望江山体无缝衔接，使得郁郁葱葱的自然山体渗透至校园内。

2.围而不合：北区以连续的建筑体量，限定了校园面向外部环境的边界，将外部噪音屏蔽在校园之外，同时面向自然又敞开校园的边界，使自然和校园环境相互渗透。

3.模糊边界：校园中部音谷云廊连接了南北校区，利用场地自然高差，形成一处模糊的校园边界，在形成风雨连廊的同时，也构成了校园地景的重要组成部分。

4.优雅流动：整体风貌以大气、优雅、流动作为关键词，造型上不拘一格，抽象地传递出乐感的流动特质。同时白色优雅基底下，立面第二层次活跃色彩的点缀，在优雅流动的基调下又传递出跳跃、灵动的艺术气息。

5.智能声学：声学环节，设计方聘请国内知名声学专家作为顾问，从建筑方案开始，全过程介入项目设计和施工管理，从空间体型、室内外材料、构造、施工工艺等多角度多层次控制校园声学效果，确保建筑功能定位的最佳实现度和完成度。

浙江诸暨剑桥国际学校

设计单位：天津大学建筑设计研究院
建设地点：浙江省诸暨市
建筑面积：66000m²
设计时间：2012-09
竣工时间：2015-03

设计团队：

顾志宏　　　　　李雪涛

宦　新　张晓建　李　涛　镡　新　冯卫星
张在方　聂　莉　穆　毅　张　波　于　泳
郭玉章　闫　辉　邢　程

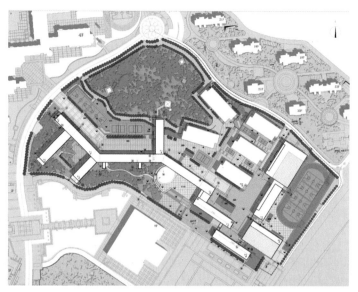

设计理念

　　浙江诸暨剑桥国际学校山清水秀环境优美，设计突破了常规的国际学校建筑形象和传统的山地建筑设计手法，打造出一个通透、朴素的整体建筑空间，好像一片轻盈的羽毛轻轻地落在山水之上，创造出漂浮、轻盈、通透、朴素的国际学校新印象。

　　整座建筑以完整的形态铺展在微微起伏的山地丘陵上，最大限度的保护自然环境，为学生提供流畅实用的校园空间，从而更加适应中小学生的行为需求，在山地环境下为学生提供一个安全、流畅的校园整体空间。

　　建筑东侧面临园区入口广场，平面呈锯齿状后退，随着山形向西北侧延伸，周围环境越来越开阔，建筑形态也逐渐舒展，以线的形态顺着山的走势，形成连续的折线，向前向上延伸，既蜿蜒曲折又不停向前，仿佛在挣扎中迸发力量，既自然又具有生命力。到建筑的端部底层标高达到场地最高处 60 米，逐层收进呈跌落的态势，形成台阶状的观景平台，站在这里，园区的景观大道、潺潺河流、连绵的远山尽收眼底，颇有气势。建筑两侧伸出不同的分支向两边生长，或向北插向山间与山体相连，或向南探出水面，向周边的湖光山色致意，为学生课余欣赏高山流水、景观步道等提供了极佳的场所。

中国（武汉）国际园林博览会综合设计工程场地工程
——园林材料展示馆

设计单位：中信建筑设计研究总院有限公司
建设地点：武汉东西湖区金南二路 8 号
建筑面积：28375.51 ㎡
设计时间：2013-10/2014-07
竣工时间：2015-07

设计团队：

肖 伟　　　　梁 倩

熊小飞　王小峰　张 丽　梁 爽　陈 宇
王 志　雷建平　汪庆军　胡 峻　刘 杰
陈 松　黎 玲　孙小青

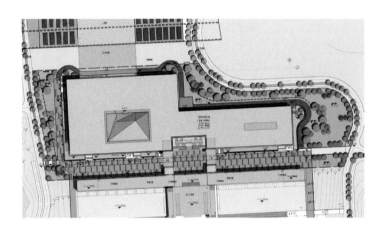

项目简介

　　第十届中国（武汉）国际园林博览会
为武汉市近年来举办的重要国际性大型盛
会，被列为武汉市重大工程项目。园林材
料展示馆位于园博园中心区域，三环线南
侧。项目南侧为园博园主场馆之一——长
江文明馆，北侧为三环线二号连通桥的连
接桥，东西两侧为园博环路。

　　园林材料展示馆总建筑面积 28375 万
平方米，主要功能为园林材料、民俗展示
等功能，层数为 1～3 层，高度 12.1 米。
中间跨度为 27 米的通高展厅长达 230 多米，
展馆在通高展厅屋顶东西两侧设置两个采
光中庭，为展厅提供了柔和的自然光线。
场馆内部南北两侧三层展厅通过四座钢连
接桥连通，空间层次丰富，参观路线流畅
便捷。

　　项目设计构思的源泉从契合园博生态
主题与传承地域建筑文化为出发点，最终
方案确定为覆土建筑，其屋顶种植花园是
连接园区北侧"荆山"跨三环线后的连接

桥与长江文明馆的重要景观节点，将园博园南区北区自然地融合在一起，在形体和空间塑造上融入荆楚文化，形成一个"镶嵌在园博园中的绿色方舟"。

建筑创作通过对特有的场地环境分析，运用生态策略，力求表达湖北地区地域文化，运用现代建筑材料来表达对传统文化的敬意。表达建筑师在创作过程中对于运用现代建筑语汇，传承具有荆楚美学意境的建筑点滴思考，探索如何更好地将生态性和地域性融入建筑之中。

建筑采用双层表皮技术，外层穿孔铝板，内层砌块墙体，形成腔体，从而达到节能的目的；天斗与采光天窗设计改善地下层的物理环境，体现了本项目绿色技术设计难点。

项目最大的不同在于，一改将建筑立面展示放在最突出地位的常理，而将建筑"藏"于洼地中，甘做环境的配角，一切从整体环境的融合与舒适空间的营造入手。外部空间尺度谦虚内敛，内部空间开阔高亢流畅，给观者以别样的感受。

中国电子科技集团公司第三十八研究所科技展示馆

设计单位：浙江大学建筑设计研究院有限公司
建设地点：安徽合肥
建筑面积：1002m²
设计时间：2014-03/2014-09
竣工时间：2015-12

设计团队：

鲁 丹　　　　　程 啸

冯小辉　苏 健　黄 山　杨 毅　田向宁
卢德海　金圣杰　张鹏飞　戴 建　白启安
姜 浩　姚黎明　卢宇佳

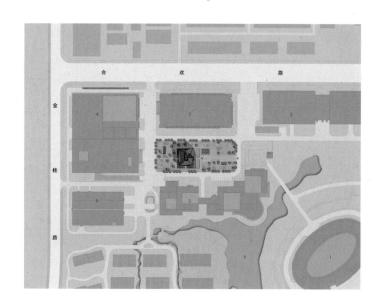

一、设计理念

　　设计采用地域主义的策略，并非视传统为非理性和怀旧的，而是直接面对场地条件的理性与感性的交织。设计回归民居建筑空间形态，对微小体量的地域化设计，更接近场地中的场景建构，并无过多地平铺直叙和扬抑铺垫，而是恰到好处地一叶知秋，直至意义核心，以"微空间"的设计来诠释"徽空间"的内涵。

二、技术难点

　　总体布局上，面对周围现存紧张的空间关系，如何尊重、延续场地文脉并建立场域；功能设计上，面对科研发展的各种需求，如何平衡不同功能属性并达到功能与形式统一；技术建造上，面对创新的结构和构造方式，如何协同各方工作，平衡实际需求，推进工程进度并达到技术与意境的融合。

三、技术创新

　　布局上，遵循"群落"般的生长规则，并非刻意对预设规划框架的填入与完成，而是在周边建筑完成之后，针对场地已有实际空间形态作出的策略回应；功能上，有效解决仓展示、交流、停车等多种功能的平衡，并在形式上符合总体布局的定位，与周边建筑良性对话；技术上，建筑师与业主施工管理方协同合作、相互理解，努力平衡施工建造中出现的种种细节问题。在多方沟通与管理之下，通过专业技术、工程经验、组织结构和设计智慧，找到满足各方需求的"平衡点"，最终共同创造精品。

中国航空集团总部大厦

设计单位：中国中元国际工程有限公司
合作单位：法国 AREP Ville 公司
建设地点：北京
建筑面积：138199.43m²
设计时间：2008-11/2010-10
竣工时间：2015-11

设计团队：

孙宗列　　　　　周　铃

李　凯　姜孝林　张向荣　刘澳兵　潘学中
陶战驹　陈　晖　黄李涛　祖　青　陈洁琼
李晶晶　单永明　马丽丽

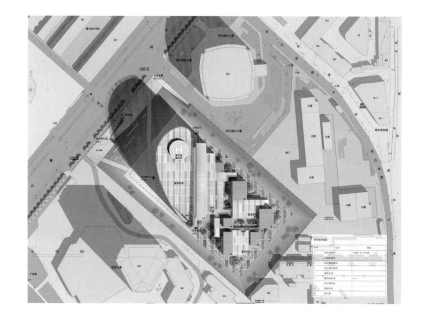

项目简介

　　中国航空集团总部大厦建筑用地在北京东北三环，采用巧妙的平面构图以及独特的立面造型，成功解决了这个难题。塔楼与裙房的组合关系象征了企业文化中天与地之间的联系，同时回应了城市与人的不同尺度的要求，体现了科技与自然的和谐，化解了基地与城市主格网的偏转。从二环路的不同角度，或瞬间或长久，人们会看到白色巨翼从绿色的基座腾飞。

　　立面设计从整个区域环境以及自身体量出发，强调简洁明快的建筑立面风格，整体感强。从建筑功能和节能因素考虑东侧为大面积玻璃幕墙；南、西、北侧为大弧线外墙，设计中考虑在玻璃幕墙外设置一层穿孔金属板幕墙，幕墙开孔大小以一定韵律在大尺度上发变化。

中航发动机公司 1 号科研楼一期

设计单位：中国航空规划设计研究总院有限公司（中国航空国际建设投资有限公司）
建设地点：北京市顺义区
建筑面积：48773m²
设计时间：2009-03/2010-11
竣工时间：2014-10

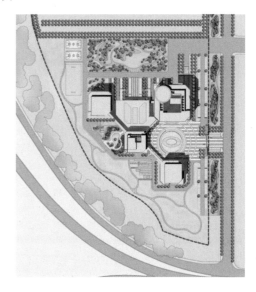

设计团队：

傅绍辉 　　　　 吴思海 　　　　 刘玉珠

裴　燕　张　晶　刘　亚　黄银莹　赵艳刚　刘运良　付胜权　逯　霞
赵　芃　刘武彬　杜慧英　张　硕

一、设计理念

1号科研楼的设计构思与园区规划相结合，以建筑建设的可行性及使用的相对独立性以及行业精神的表达为切入点。本工程采用热水地板辐射供暖系统、智能多联空调系统、地源热泵系统，节能、节水、资源回收和再利用。雨水收集、景观水系、中水回用综合系统。建筑采用紧凑式中心核心筒、规整的柱网设计，尽量减少交通面积的浪费，有效地利用空间。

以科研楼为中心的建筑布局与产业园整体规划轴线形成对位关系，向城市提供了一个连续运动界面。礼仪性的中心广场作为产业园整体空间的高潮和焦点。

从投资角度，建筑分期建设更加具备优势及操作性。模块化设计将建筑分期建设，建设投资亦可与建筑建设分期相结合。

立面造型以具有韵律感的方窗为母体，与局部玻璃幕墙穿插、重复，形成庄重、严谨、细腻、精致的立面风格。立面装饰材料以浅米色陶土板和净白玻璃为主，进一步强化建筑大气、典雅、简约、现代的设计风格。造型与企业庄重、严谨的科研氛围相呼应。

科研楼建成将作为一个整体形象屹立在顺义航空产业园，作为航空系统的标志性建筑，以体现整合后的航发集团崭新形象。

中国移动新疆有限公司红光山生产基地

设计单位：新疆维吾尔自治区建筑设计研究院
建设地点：新疆维吾尔自治区乌鲁木齐市河南东路南侧
建筑面积：82864m²
设计时间：2011-05/2012-06
竣工时间：2015-07

设计团队：

薛绍睿　　　　　李红

左涛彭哲杨军刘军王绍瑞
李疆马丽娜林程陈智高言
周明

一、设计理念及特点

　　基地环境景观布局结合场地特点，利用南北向景观轴的设计，通过中轴线系列绿地的设置和利用场地高差形成的广场，将功能区域划分与整合，造就高品质的总部基地环境。绿地布置通过周边以树木为主的边界绿地与内广场中的景观性绿化，形成有机统一的绿地系统。结合现场的地形，生产指挥楼与生产辅助及安防楼结合采用T形布局，在河南东路方向上形成较大的体量，立面采用均一的表皮加强连贯性，如此可以有效地同对面的新疆国际会展中心的巨大体量相协调。设计中采用模数化构成塑造数字科技感。立面用竖向铝单板造型线条，单元式玻璃幕墙，塑造建筑的统一性，局部的凹凸变化又形成了简洁中富有变化的光影效果。立面整体关系上强调比例尺度的模数化和理性构图，使主次之间、虚实之间形成良好的比例关系，达到和谐宜人的效果。整体造型通过材料与构造来强调细节，并通过一些节点构件，使整个立面充满现代科技感。

办公

贵宾室

休息厅

多功能厅

篮球场

中航国际交流中心项目

设计单位：四川省建筑设计研究院

建设地点：成都市高新区金融总部商务区，益州大道以东，泰来路以西，富民街以南，民贵西街以北

建筑面积：297514m²

设计时间：2011-03/2011-08

竣工时间：2014-03

设计团队：

李 茂　　　　罗 杰

蒋志强　余 斌　阮会明　朱 强　屈子秋
王 溯　杜雪萍　杜风茂　熊晓瑜

设计特色

1.多种方式解决高容积率带来的使用问题，形成集中、高效、共享的"城市综合体"。

设计将增加内部共享中庭设置，形成集中、高效、共享的"城市综合体"；这样的布局，极大地方便了各功能区域的独立运营和管理，同时也为项目的分期开发提供可能性，实现了各业态的价值最大化。

2.遵循绿色建筑的设计原则，通过精细化设计降低了建造成本。

项目设计中对地下室做了深入优化设计。通过地下室管网综合设计，在满足空间使用净高要求的前提下，降低了地下室层高，

节约了建造成本。同时尽可能利用现状条件实现部分地下分区的自然采光通风，办公楼外立面通过仔细推敲，利用开窗和装饰的变化实现幕墙的装饰效果。

3.具有较大公众影响力。

该项目位于成都市高新区金融总部商务区，其中益州大道为贯通南北的城市交通动脉。随着世界500强纷纷在该区域入驻分公司及办事处，该片区的经济价值日益显露，被业界誉为成都未来最具发展潜力和投资价值的优质区域。

重庆环球金融中心

设计单位：重庆市设计院
合作单位：大原建筑设计咨询（上海）有限公司
建设地点：重庆市渝中区
建筑面积：204611m²
设计时间：2010-03/2012-01
竣工时间：2015-02

设计团队：

邓小华

李祖原

余　波　汤启明　李正春　黎　明　周　强
钟文泉　胡　珏　张　蕾　杨航超　徐小林
谭　平　周爱农　黄显奎

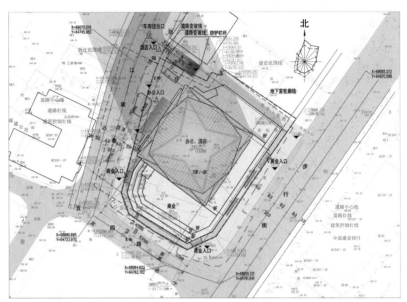

一、项目简介

　　本工程位于重庆市解放碑原会仙楼宾馆处，东侧为 CBD 商业中心步行街，南侧临五四路，与时代广场相望，西侧靠江家巷，与国泰艺术中心相对，北侧接地王广场，距解放碑中心咫尺之遥，地理位置十分优越。重庆环球金融中心项目总占地面积 5800m²，总建筑面积 204611.63m²，建筑层数 70 层，建筑高度 338.9m，是一个集甲级写字楼、高级酒店、高档商业等功能于一体的城市地标性超高层综合体，作为目前重庆已建成的最高楼，成为渝中半岛新的制高点和璀璨的城市之冠。

二、设计定位

　　以抽象几何体量塑造超高层建筑——重庆之星；

　　提供高品质的甲级写字楼；
　　提供一流的高级消费空间体验；
　　打造符合重庆都市环境的新地标。

三、造型设计

　　整体造型力求与周围现状建筑形成对比、以简洁、现代的建筑处理手法强调新的美学体验，并融入东方文化元素，追求精神理念的崇高与丰富。单纯突出的竖向线条修饰整体比例，使城市的焦点集中于顶部造型，淡化庞大建筑体量的压抑感。塔楼顶部的多折面设计和高反光性能玻璃材质的利用，在重庆多雾的气候环境中，反射来自不同方向的日光，犹如重庆之星，成为目光焦点，让人从不同角度接受到新地标的意向宣导。

重庆解放碑威斯汀酒店（A 区）

设计单位：重庆市设计院
合作单位：深圳汤桦建筑设计事务所有限公司
建设地点：重庆市渝中区
建筑面积：205390.04m²
设计时间：2010-05/2012-05
竣工时间：2014-06

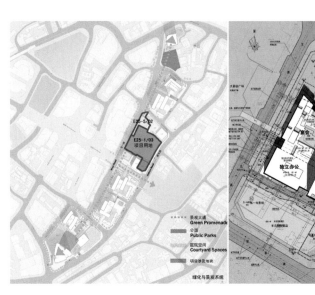

设计团队：

汤 桦　　　　　　杜 源

黎 刚　王 鲲　朱印刚　林 锋　杜 静
舒云峰　黄 杰　谢龙祥　李 露　廖 敏
江显奇　游 红　李 宜

项目简介

　　重庆解放碑威斯汀项目用地位于重庆渝中半岛，解放碑金融商务街区中段，项目用地形状不规则，东高西低，两侧道路高差达 13m。建筑由三个相互连接的体量及裙房组成，使用功能主要由五星级酒店、A 级写字楼、名品商业、会议宴会等组成，其中 A 区为酒店和办公。塔楼的高度为 245.3m，在位于 53 层（230.4m）高度设置了悬挑 3m 的玻璃泳池和空中花园。

　　考虑到用地相对局促，建筑的两长边与高差达 13m 的两条市政道路相临，短边则因场地进深不够而无法直接以坡道连接。设计将建筑首层部分架空，形成一条贯穿东西的 Z 字形消防车道，连接两条市政道路形成内部消防环道。充分利用现有道路的高差，分别设置出入口以实现清晰的功能分区，体现重庆山地建筑的特色。

　　建筑内部商业街、人行步道和建筑周围的台地、阶梯和广场构成一体。地面以下共 6 层，用于设备、机动车停放和货物存放。设计还打破了常规酒店的布局，将酒店大堂设在 51 层，客人通过首层的穿梭电梯直接到达，使得客人在办理入住之时就能饱览山城的江景山色。合理布局的国际一流的楼内高速综合交通系统，首次将速度 6m/s 的高速电梯成功用于重庆的项目。电梯数量的合理配置和分区布局，让使用者能够快速、方便地到达各个功能区域。

建筑立面采用满足节能要求的竖向线条玻璃幕墙，体现超高层建筑高耸挺拔的美感，赋予建筑体量简洁、通透的形象。中灰色三种材质的玻璃与灰色金属立梃按照一定的间隔进行自由排列，充分展示出现代、纯粹的立面形象。塔楼的顶部设置出挑的无边际泳池，打破了全竖向线条会造成的单一感，也形成建筑内部的特设使用空间。室内良好、通透的视野，尽览两江交汇的自然美景与重庆渝中半岛的城市景观。

重庆是中国西南地区人口最多的城市，城市依托长江和嘉陵江，是一个山水格局的超级城市群。其市中心的渝中半岛则由于其传统的商业核心的存在，成为了一个高度密集的多元化城市区域。重庆申基金融广场（The Westin Hotel）就坐落于这样一个充满现代气息和传统文化的地方。为了使新的超高层建筑有别于已有建筑的复杂和多样的形态，我们力求创造一个纯粹主义美学的建筑，一个在未来的城市天际线上具有强烈个性的建筑物，也是一个包容了多种功能，适应场地街道标高变化的具有山地特征的当代建筑。

珠海十字门会展商务组团一期——国际展览中心

设计单位：广州市设计院

合作单位：罗麦庄马香港有限公司（概念方案设计）
    广州容柏生建筑结构设计事务所（结构设计）

建设地点：广东省珠海市湾仔区，南湾大道东

建筑面积：200000m²

设计时间：2010-07/2012-06

竣工时间：2014-05

设计团队：

马震聪

高 东

伍泽礼 李盛勇 陈永平 郑 峰 曾庆钱
张建新 朱 峰 廖 耘 黄斯权 罗 杰
彭少棠 陈晓航 刘 奂

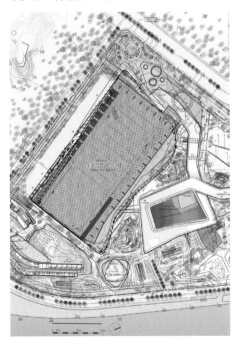

一、设计理念

设计灵感来源于海上的贝壳。建筑屋顶为一双曲面造型屋顶，屋顶高度高低错落。高低起伏的波浪造型与条带状的采光天窗组成了动感的流线造型，酷似贝壳的一条条纹路。

二、技术难点

本项目超大空间的防火分区划分、超大空间的疏散距离超出规范要求，通过与消防主管部门的多次沟通，与天消所的协调，与消防设计专家的讨论，最终设置了较多合理可行的补强措施，设计满足消防安全的要求。

本项目还存在双曲面屋面的设计和定位、超高净高要求的大巴落客区和停靠位、展览地面机电一体化地沟系统等一系列的非常规设计，这是一般项目甚至是一般的展览项目里面不会全部出现的，设计在各方的协力合作下，很好地解决了各种设计难题。

三、技术创新

展览中心屋面采用大面积大跨度直立锁边压型钢板，很好地解决了曲面屋面的造型问题。外立面主要采用半单元式铝框幕墙连钢背板，建筑两侧的后退玻璃入口是由钢支撑的玻璃窗墙，设计意向为明框透明玻璃墙，令大堂发挥最大限度的通透感。部分外墙采用金属竖向遮阳板，解决采光及通风与遮阳的双重要求。

河南省大学科技园（东区）新材料产业基地建设项目 15# 楼工程

设计单位：清华大学建筑设计研究院有限公司

建设地点：河南省郑州市

建筑面积：72644m²

设计时间：2012-06/2013-05

竣工时间：2015-11

设计团队：

任 飞

董容鑫　许笑梅　郭玉夏　曲　强　陈　宏
王　一　张雪辉　陈经纬　邵　强　张晓伟
李　晖　丁明琦　刘力红　张　华

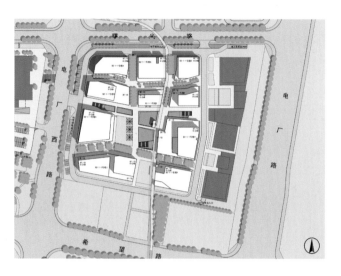

一、项目简介

　　河南省大学科技园东区 B2-1 地块北至曙光路，南至希望路，东临电厂路，西临电厂西路。占地面积约 44281m²，地上总建筑面积约 13.27 万 m²，容积率 3.0。

　　B2-1 地块分为 B2-1-1 及 B2-1-2 地块，本项目用地为 B2-1-1 地块，用地位于 B2-1 地块西侧。建筑设计 15-1# ~ 10# 共 10 栋楼，总建筑面积为 72644m²。其中地上建筑面积 53081.21m²，地下建筑面积 19562.79m²。建筑地上六层，地下一

层，建筑高度（室外地坪至女儿墙顶）23.9m。其中首层 4.78m，二层 3.92m，三～六层 3.6m，地下层 5.4m。建筑功能为科研用房。

二、技术特色

建筑形体使用整体切削的造型原则，突出了建筑组团内各单体建筑形态之间的有机联系，形成统一的特征。组团建筑间街景的形成，给科研建筑带来趣味空间，对城市空间给予积极的回应。开放的地面环境营造，形成了丰富的近地空间，增强了园区的活跃气氛。组团内部广场是园区的中心，整合了多流向的人流，为创意产业参与者提供互动的平台。

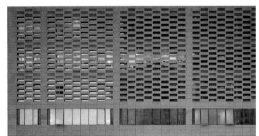

武汉绿地国际金融城 A04(B2,B3,B4)

设计单位：中信建筑设计研究总院有限公司
合作单位：上海大橡建筑设计事务所
建设地点：武汉市武昌区和平大道
建筑面积：93572m²
设计时间：2011-05/2013-09
竣工时间：2014-04

设计团队：

胡艳阳

郭方芳

王 军　竹显军　陈 松　冯红波　李传志
喻阳光　李 蔚　彭寒冬　刘晓燕　郑玉涛
洪东涛　红 华

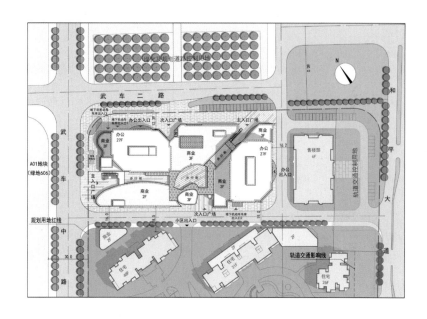

设计理念

　　项目位于武汉绿地金融城核心区，贴临636m超高层地标建筑，与多栋超5A级写字楼和超五星级酒店为邻，是整个金融城商业区的开篇之作。从城市设计角度，建筑以两栋100m酒店式办公塔楼、3万 m² 商业裙房沿城市景观轴布置，与超高层地标构成连续商业界面；从建筑设计角度，引入"开放式商业前区"概念，尽可能开放城市空间、强化街区尺度、组建清晰可达的交通网络，商业裙房以全开敞的无顶盖中庭结合底层架空，营造丰富的入口流线，同时街区以多种表皮手法展示不同主题功能空间。

技术难点

　　打破住宅区配套商业固有的"落地"模式，设计将底层结合出入口做架空处理，形成开放的商业前区。以多种表皮手法展示不同主题功能空间，浅棕色陶板幕墙、陶土条格栅、开放式陶板幕墙、铝合金遮阳百叶板与玻璃幕墙等不同材料在同一连续界面上的巧妙运用，使建筑材料与形体互为映衬，构成统一的建筑整体。环保节能，最大限度地节能、节地、节水、节材，高效利用地下空间，在极其有限的用地中统筹考虑各功能空间的规定及使用特性。机电、结构等专业高度配合，通过技术手段在保证大面积开敞区域净高的同时对机电装置"藏而不露"，使商业空间美观时尚。

技术创新

利用陶板性能稳定、耐久性好的特性，结合各功能空间使用幕墙、条形格栅、装饰隔板，避免了使用单一玻璃幕墙产生的光污染，同时使立面虚实结合、光影变化丰富。对地下空间统筹设计，局部设置双层立体停车位、利用特性交错布置各类设备用房、按极限使用条件设计雨水收集和废水回用系统。结构基础底板采用倒无梁楼盖形式，受力明确、施工方便、减少基础梁的开挖和支模，缩短工期并提高结构经济性。

西安地铁运营控制中心
（西安市地铁二号线北客站至会展中心段施工图设计）

设计单位：中国建筑西北设计研究院有限公司
建设地点：陕西省西安市
建筑面积：26300m²
设计时间：2007-04/2010-03
竣工时间：2010-06

设计团队：

郑晓洪　　　　董 方

王元舜（李飞）　肖冠湘　何云乐　赵 民
刘 潋　张 洁

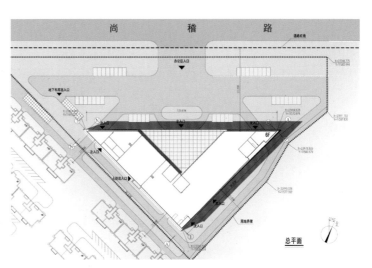

总平面

一、设计理念

项目用地呈三角形，对建筑平面功能布局带来了很大的困难。本设计将建筑平面设计成"L"形，内部平面规整，外部轮廓与三角形用地相契合，进而形成了建筑前部规整的广场空间。而建筑两端及中部的不规则空间则以大门厅或楼梯间等公共空间加以交汇融合产生新颖灵活、功能合理的空间格局。

二、技术难点

由于地铁运营控制工艺设计的复杂性，对设备控制用房的建筑功能及技术的设计提出了很高的要求和设计难度。以往国内各城市的地铁控制中心都是以内廊式平面布局为主，这种传统的程式化的功能布局，使对温度及洁净度都有很高要求的地铁控制设备用房直接对外部开窗开门，对房间的温度和洁净度的控制及人员行为的管理带来了很大难度和不利条件。因此，本项目建筑功能设计根据西安地区灰尘大，冬夏温差大的特点，大胆突破传统模式，充分结合当地气候条件，提出内置功能核心区，外设生态节能环的创新理念，将功能复杂、技术要求高的控制设备区集中设置在建筑的内部，而将建筑外侧设计成封闭的环廊，开设大玻璃窗保证室内采光充足。外环廊成为温度过渡的控制区，并形成阻隔外部灰尘渗透的隔离廊。充分保证了内部控制用房对采光、温度、洁净的要求。对整个建筑的节能也起到了关键性的作用，并取得了预期的使用效果。

三、技术创新

建筑以中心生态大厅配合两端的生态侧厅形成整个建筑的生态空间系统，厅内大量布置绿植，生产氧气并结合侧窗输入的室外新鲜空气，将清新的空气通过建筑的外环廊输送到整个建筑的各部位；屋顶设有光伏电池板，为走廊及地下车库的照明提供电力能源；外玻璃门窗均采用断桥隔热中空 Low-E 节能技术；采用外墙外保温节能系统；采用室外雨水回收集系统并入小区的回收大系统中。

玉林市文化艺术中心

设计单位：广东省城乡规划设计研究院

建设地点：广西省玉林市城东新区

建筑面积：53348m²

设计日期：2012

竣工日期：2015

设计团队：

麦 华

杨剑维 刘伟丞 冯万鑫 王如荔 吴校军

黄艳山 陈钟卫 邹恩葵 张志坚 张庆晖

陈述今 李 一 谭瑞峰 陈 丁

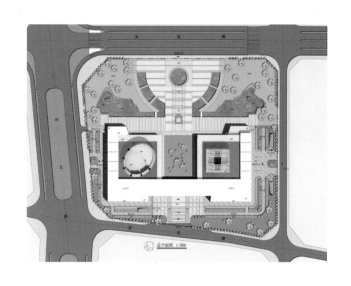

一、设计理念

项目在设计建造中坚持适用技术原则，务求达到实用、艺术与经济的综合优化平衡，成为一个美观大方、朴实适用的城市文化综合体。

二、技术难点

项目技术难点体现在剧场的专业技术设计及大空间的结构设计两个方面。剧场楼座结构采用纵向悬挑桁架的结构形式，屋面大跨度采用钢管桁架体系，同时采用钢筋混凝土叠合楼面，结构体系传力方式明确，同时满足了建筑功能的要求。

三、技术创新

项目追求建筑生态节能设计，采用多种被动式节能措施。裙楼采用了"L"型平面，在建筑中部设计了透光大中庭，使大部分的用房及公共空间获得良好的自然采光与通风。不同部位的建筑外墙分别设计了垂直或水平向的白色穿孔铝板遮阳系统、干挂花岗石幕墙、干挂复合铜板幕墙等外维护结构，起到有效的遮阳隔热作用，达到良好的被动节能效果。

重庆两江企业总部大厦

设计单位：重庆市设计院

建设地点：重庆市两江新区

建筑面积：111065.75m²

设计时间：2012-08/2014-01

竣工时间：2015-06

设计团队：

李秉奇　　　　　汤启明

秦　岚　王　凯　蒋　欣　陈　皓　吴胜达
蒋晓华　赵　炜　麦松冰　朱亮亮　李　卓
李　怡　陈　进　张胜强

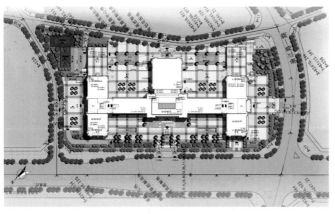

一、项目概况

项目选址位于重庆两江新区龙兴工业园两江大道与渝江路交叉口处，基地四面邻接城市道路，西侧两江大道为城市主干道。项目由主体建筑、配套服务用房和地下停车库组成。建筑主楼基本形体为工字形，北楼、南楼、中部主楼分别为各公司办公楼，三部分形成两江企业总部大厦的主要功能。主楼东侧广场下方为配套服务用房、模型展厅和地下车库。其中配套服务用房包括为办公服务的员工食堂及可对外使用的运动用房。

二、设计理念

重庆两江企业总部大厦体量宏大，建筑总长度234m，量的四个立面均以主立面进行处理，在建筑形态上偏向厚重的新古典主义手法，以理性的秩序、严密的几何逻辑、对称均衡的轮廓表达了对未来发展的希望。建筑墙面采用石材，既体现了恒久、庄重的建筑个性，又契合了重庆地方建筑文化的色彩质感。

三、技术难点

项目为多功能组合设计，含开敞式办公、公寓式办公、大型展厅、室内运动场、餐饮食堂、车库等功能，在流线设计上尽可能保证各功能分区相对独立。智能化系统在系统、服务、管理上进行优化组合，以综合布线作为基础，实现通信自动化、建筑设备管理自动化、办公自动化等，达到安全、高效、节能、舒适、便利的建筑环境。

四、技术创新

项目在设计阶段优先采用被动式设计理念，利用计算机仿真模拟技术，对建筑设计和规划进行优化调整，采用了多项节能先进技术，在设计中既体现建筑不同功能之间的协调配合使用，又坚持生态可持续发展思想，获得绿色建筑金级设计评价标识。

杭州临安湍口众安氡温泉度假酒店

设计单位：浙江工业大学工程设计集团有限公司

建设地点：浙江杭州临安

建筑面积：67527.6m²

设计日期：2009-08

竣工日期：2014-09

设计团队：

李 俊

单玉川	虞 杰	季怡群	陈 琛	池爱信	刘 筠
吴景洪	陈瑞生	熊海丰	陈 玮	李建民	赵德威
吴可立	金 珠

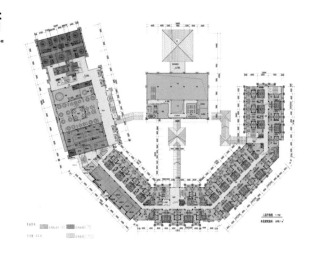

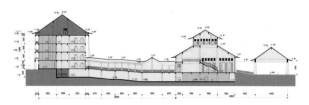

一、设计理念

设计充分结合群山环绕、缓坡临溪的自然地形地貌，建筑依缓坡地而建，形成丰富退台式、围合式建筑空间，强调的是建筑因场地而生，从地貌中寻找地域自在生成之美，融于环境，这正也是杭州临安湍口众安氡温泉度假酒店的总设计理念——"源于境生，思与境偕"。

二、项目特殊性、技术难点、技术创新

因项目体量大、用地面积相对较小，为此本项目充分考虑了建筑高度与两侧山体的关系，建筑体量顺应河流又消隐于大地，成为了两个山体的延续与过渡。建筑俨然成为自然地势的一部分。在建筑空间布局上以巴厘岛文化、休闲、庭院为出发点进行整体空间设计。开放空间和私密空间的视觉定制发挥得淋漓尽致；在风格上采用东南亚风格，营造出休闲、浪漫的巴厘岛度假环境，建筑景观构筑物——茅草亭，采用纯巴厘岛人工组装，榫卯结构。花钵、垃圾桶、佛像，景观灯等都是巴厘岛采购。在建筑空间上和景观打造上，我们通过对巴厘岛风格上的巧妙贯穿，运用材料特有的质感和图案经过提炼后来演绎纯正巴厘岛文化度假酒店的非凡空间。

河北中捷青少年活动中心项目

设计单位：哈尔滨工业大学建筑设计研究院
建设地点：河北省沧州市
建筑面积：29903.65m²
设计日期：2011-03/2011-12
竣工日期：2014-03

设计团队：

李铁军　　　　　　　　田　浩

杜柔鹏　　冯志远　　魏兴涛　刘　杨　　赵忠良
王树伟　　张　婷　　吴　玮　董诗伟　　王洪兴
米长虹　　陈　港　　赵培江

设计理念

　　本工程为河北中青少年活动中心，主体建筑4层、地下1层，建筑总高度24米。考虑河北沧州的气候条件、经济技术对于工程设计的限制条件，力图融合中欧时尚元素，彰显中捷友谊文化特色。通过集约高效的功能组织，将绿色宜人的空间环境、培训、演艺、展览、交流等功能融合，构建出一座特色鲜明、形态丰富、具有时代性的文化艺术殿堂，是人们欣赏艺术、享受文化并与之互动的城市文化客厅。工程设计中全面应用四新技术，在建筑、结构、设备诸方面应用绿色思想，实现可持续创作目标。

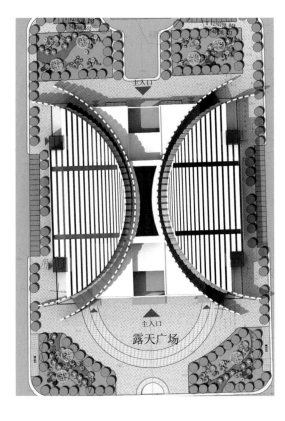

经济技术指标

总用地面积（㎡）		38686.70
总建筑面积（㎡）	地上建筑面积	32679.33
	地下建筑面积	1600
建筑占地面积		12166.76
容积率		0.65
建筑密度（%）		31%
绿地率		30%
绿地面积（㎡）		11606.01
停车泊位（辆）		140
建筑限高（米）		24

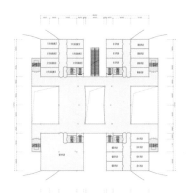

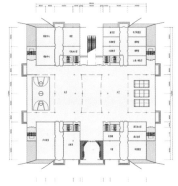

津秦客运专线秦皇岛火车站

设计单位：中信建筑设计研究总院有限公司
建设地点：河北省秦皇岛市
建筑面积：93572m²
设计时间：2009-03/2013-06
竣工时间：2013-06

设计团队：

　　汤　群　　　　　　胡　端

陈　亮　胡晓非　杨瑾慧　杨　彦　尹卫军
温四清　刘　斌　徐军红　胡　峻　和宏亮
王　疆　张从丽　谢小莲

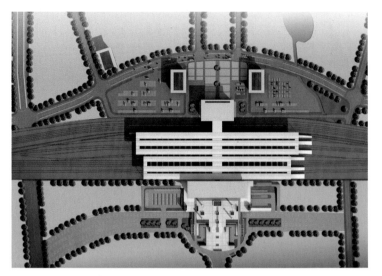

项目简介

　　秦皇岛站房设计以"雄关凤舞"为构思主题，从秦皇岛所具有的历史文化名城和滨海旅游城市的双重特色出发，以建筑庄重大气的整体轮廓凸显秦皇岛市厚重的历史感，利用建筑虚实剪影同山海关形成文脉上的呼应；檐部流畅的线条取自先秦帝王图腾"秦夔凤"以反映这座唯一以帝王为名的城市独特的历史。

　　建筑造型秉承"稳中有变，和而不同"的设计理念，既追求秦皇岛市人民引以为傲的"雄关万里"的悠久历史文化积淀，又用现代化的手法对传统建筑的比例加以抽象简化，同时以"夔凤试翼"的姿态象征着秦皇岛市将在新时代建设中奋勇向前。

　　在立面的处理上，我们采用了整齐规律的横向线条贯穿整个建筑，建筑表面肌理的疏密变化，宛如蜿蜒流淌的海水；石材幕墙和玻璃幕墙的虚实对比，呼应了秦皇岛滨海城市的特色。大气庄重的手法恰似波澜壮阔的海水冲刷着厚重的石墙；"雄关越千年，海韵谱新篇"的豪情，在这样极富动感的画面中挥洒得淋漓尽致。

南京直立猿人化石大遗址博物馆

设计单位：南京长江都市建筑设计股份有限公司
合作单位：美国 UID 建筑设计事务所
建设地点：江苏省南京市江宁区
建筑面积：28536m²
设计时间：2012-06/2013-03
竣工时间：2014-08

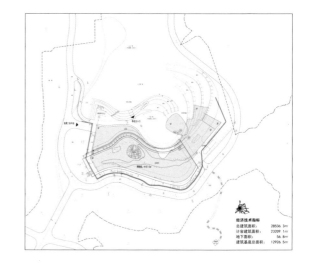

设计团队：

邱立岗　　　　　钟 容

沈 伟　孙 峻　顾小军　田小晶　蔡宗良
李 婧　秦 轶　付修兵　叶 涛　顾 巍
候 建　张 磊　刘大伟

设计理念

博物馆坐落在老宁杭公路和汤山主体山系之间，形体源于基地的等高线，在加入博物馆功能空间的同时，博物馆也像一座因地质活动而产生的山体一样，受外力而移动变形，甚至上升与下降。同时，博物馆屹立并向北凝视地质公园，而公园本身的规划，也是在基地的等高线和博物馆的重要轴线的影响下生成的。最终，博物馆与整个汤山地质公园，又相互依附与影响，紧密地结合在一起。

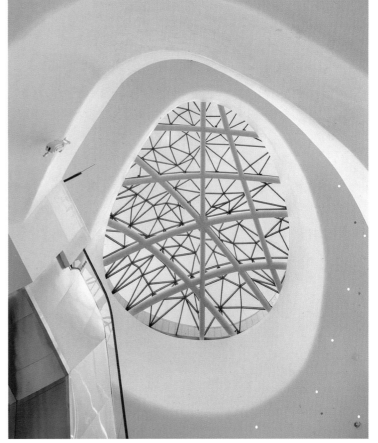

康力电梯股份有限公司新建综合楼 1 区

设计单位：中衡设计集团股份有限公司
建设地点：苏州汾湖高新技术产业开发区
建筑面积：11542.61㎡
设计时间：2013-06/2013-08
竣工时间：2015-06

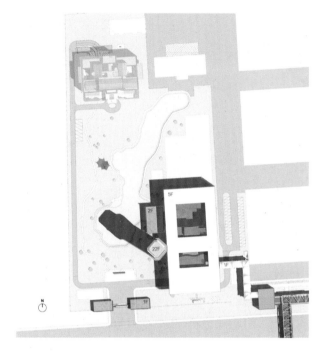

设计团队：

冯正功　　　　　陈 曦

黄 琳　高 黎　蔡逸帆　路江龙　李 刚
朱勇军　钟 声　王 祥　陆智杰　陈寒冰
黄富权

项目简介

    本设计是对原办公楼进行改建、加建，在保留老建筑的同时，增加了办公面积，满足企业扩大后的需求。加建部分在老建筑后方开始，从原有建筑上方盖过，前方挑出20m，并在挑出部分下面设置了新的办公楼门厅，人们可以通过门厅背景墙上的玻璃盒子看到后面保留的老建筑。新老建筑之间布置了花园，北部新建建筑采取了层层退台的方式，将自然绿色引入办公环境之中。花园中两个玻璃盒子为贯通上下的观光电梯，既为内部员工使用，同时也向访客展示了自身企业的产品。门厅中的观光电梯直通5层董事长办公室前的花园，满足集团高层私密办公的需求。门厅中的自动扶梯引导访客进入位于主楼西侧的企业展厅，此展厅临水而建，访客通过展厅中的观光梯还可到达位于展厅屋顶的花园，俯瞰花园景色。此设计旨在为企业创造一个全新的现代化绿色办公楼，同时将象征企业历史的老办公楼包含在其中，达到完全融合的状态。

福建海峡银行办公大楼

设计单位：福州市建筑设计院
　　　　　柏涛咨询（深圳）有限公司
建设地点：福州市台江区江滨大道北侧万达广场以西金融街 D5 地块
建筑面积：65997.48m²
设计时间：2012-07
竣工时间：2015-06

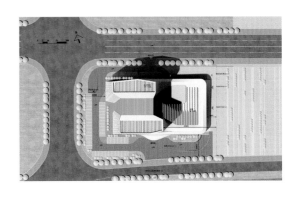

设计团队：

许育能　　　　　陈乐明　　　　　杨大东

游志红　黄晓忠　翁锦华　林功丁　陈文诚　庄　晨　洪剑飞　吴建清
时　鹏　施旭东　王烨冰　孟　亮　林其昌　李炳华

一、设计理念

　　一直以来，海峡银行由多个成员银行逐步合并发展，壮大成就今日辉煌，体现出海纳百川的企业文化。本项目从银行的历史渊源和企业文化入手，充分发掘海峡银行的文化底蕴，将福建兼容宽广的气质以极具特色的建筑形象展示出来，以虚实相间的建筑肌理充分展示了其独特的文化与内涵，在建筑形态构思上，两个互相倚靠的建筑体量寓意海峡银行互相依赖、积极进取、共同发展的精神。

二、技术特色

结合建筑功能需求,将建筑的通风系统融入建筑构造,
作为建筑绿色节能的重要手段,达到实用、经济、美观的
设计意图。西立面外遮阳采用电动遮阳百叶系统,既丰富
了立面构造,又确保建筑内最低的能量传递。

三、技术创新

本项目结构采用梁板结构体系,由于上部结构楼板
开间及进深较大,通过多方比较,上部标准层大板(进深
10.5m)采用蜂巢芯空心板,地下一层楼板采用竹芯空心板,
结构总重减少约 76740kN,减少本工程直径 1200 冲孔灌注
桩约 13 根,按定额节约桩基造价近百万元。另外,重量减
轻,地震作用减小,主梁、柱断面、配筋也更为经济;且
大板无次梁,便于后续的装修设计。

本工程还获得 2016 年福建省建筑业 10 项新技术应用
示范工程、福建省"第六届优秀建筑创作二等奖"、"2017
年全国优秀工程勘察设计行业奖优秀建筑环境与能源应用"
三等奖等相关奖项。

钦州市风情酒吧街

设计单位：华蓝设计（集团）有限公司

建设地点：广西钦州市

建筑面积：32809.24m²

设计日期：2012-12/2013-01

竣工日期：2015-09

设计团队：

何江玮

聂　君　　俞谷年　　王会娟　　吕　智　　黄燕枫

张　伟　　胡朝昱　　林海瑛　　吴　柳　　经　辉

刘瑞强　　全敏通　　覃芳慧　　陈　伟

一、设计理念

"红花墨叶"作为齐白石独创的绘画风格，引用为方案创作的中心构思，同引入"原，浓，重，淡，清"墨分五色的国画思想，将传统国画与建筑设计结合起来，与白石湖的文化寓意相吻合。

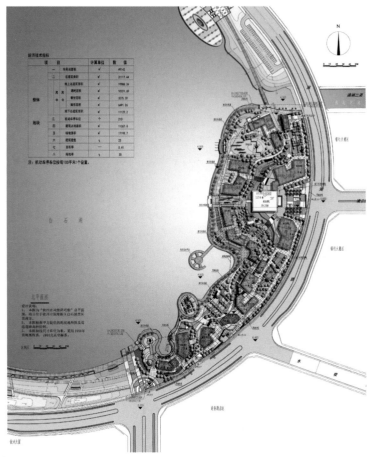

二、技术难点

设计充分利用白石湖这一天然水景，引入具有活力的商业氛围，展现出建筑的地域特色，同时也满足游客到此休闲活动时的交通停车问题。

三、技术创新

设计中运用广西地域性材料来诠释本土建筑的精髓，从而营造出"原，浓，重，淡，清"的组团色调变化的中国式建筑古韵。墙面的材质运用了坭兴陶、火山岩、劈离砖、页岩砖、广西白、竹子、生态木共同诠释古色古香的建筑意境，使用了因城市化而拆除的传统建筑的旧砖瓦，建筑造型上也试图用一种饱含传统记忆而又简洁优美的造型来达成其建筑与场地的关系。

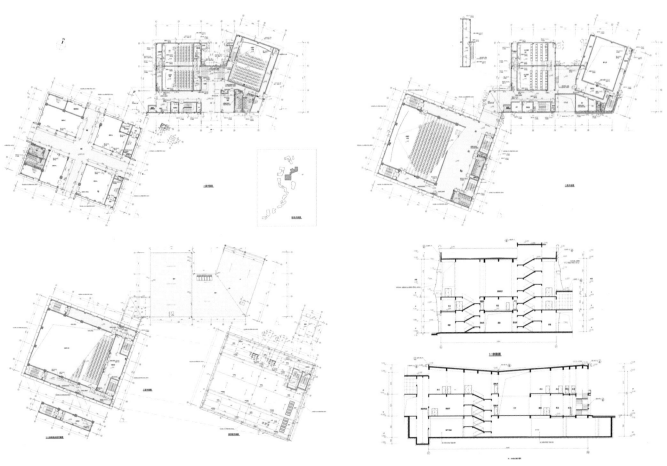

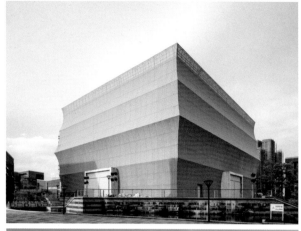

南京大学仙林国际化校区地学楼

设计单位：南京大学建筑规划设计研究院有限公司
建设地点：南京市南京大学仙林国际化校区
建筑面积：46482.53m²
设计时间：2010-03/2010-06
竣工时间：2013-03

设计团队：

廖 杰　　　　左亚黎

钱志嵩　王 雯　张 芽　胡晓明　王 成
桑志云　查旭明　赵 振　赵丽红　刘国舰
丁玉宝　蔡华明　施向阳

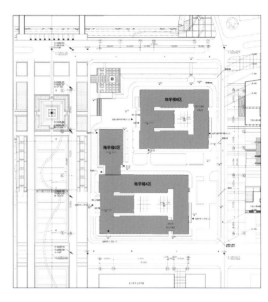

一、总体布局及平面设计

地学楼是南京大学仙林国际化校区南入口处的重要建筑之一，位于校区中轴线东侧，校园的地标建筑图书馆的东南侧，北临地理海洋大楼，南临电子楼。机动车出入口位于基地的东南角，与校区环形路相连接，沿建筑周边设置环形消防车道。建筑主入口位于基地的西侧，面临校区中轴景观大道，次入口位于基地的南侧。通过主门厅和次门厅可到达建筑内庭院。建筑平面两个"L"形相咬合形成"回"字形布置，形成建筑内院，这样既充分的利用地形又有效的解决部分教学用房实验室采光通风的问题，同时形成内院空间，为师生的教学科研用房提供了良好的交流空间。

二、立面造型处理

地学楼建筑造型为突出地质学院的特点及风格，设计上强调其体积感、雕塑感。主入口处敦实稳重的门头入口，充分体现了地质学院师生敦重、雄朴的科研风格。建筑立面采用凹窗凸墙的建筑元素，产生了丰富的光影效果，同时解决了空调室外机的位置和外窗遮阳要求。一、二层为深灰色干挂花岗岩墙面，三～五层为深、浅灰色面砖墙面，并与一、二层的深灰色墙面按照一定的规律开启窗洞，形成了丰富的韵律及表现力，同时在凹窗部分使用了暗红色面砖，使得整个立面色彩稳重而不失单调。

三、技术成果

整个建筑群高低错落有致，强调建筑的雕塑感、体积感，突出了地学院敦重、雄朴的科研风格。建成后与地理楼前的下沉广场、绿化相互映衬，与南大诚朴雄伟、励学敦行的风格相共鸣。整个建筑群体建成后，成为南大仙林校区一个新的建筑亮点，稳重大方又不失灵气。

青羊区龙嘴幼儿园

设计单位：四川省建筑设计研究院
建设地点：成都市青羊区同怡横街 139 号
建筑面积：4953m²
设计时间：2012-07/2013-10
竣工时间：2015-07

设计团队：

赵红蕾　　　　　柴铁锋

高 锐 王 丹 柯贤敏 王希文 董 超
涂 舸 蒋志强 余 斌

一、响应教育改革的设计创新

项目打破传统幼儿园每个班级单元由简单的走廊单向联系的布局方式，将公共空间与单元体以拓扑的方式咬合，探索单元与共享空间的交融关系，构建"组团＋共享空间"模式，将过去单一的交通空间扩展成为丰富而有趣的活动空间。

二、体验式的空间构成

本案设计中着重研究了室内外空间的构成，更多地强调体验性、趣味性、拓展性，采用流畅的坡道贯穿下沉庭院到活动绿化屋面的多层公共空间，使公共活动得以立体、便捷、无痕地展开。

三、人性化的建筑表现

项目将传统的规则平面演变成三维雕塑式的独特空间，

结合室内外活动的需求，建筑的维护结构有意识地模糊了天地、室内外这些传统的界限，创造了独特的建筑形态、戏剧化的空间体验和自然而富于变幻的光影效果。

四、绿色生态的设计理念

绿色生态的建筑理念在项目中得以充分体现，在提供人性化的、舒适健康的建筑空间的同时，项目还充分考虑了建筑的可持续发展和对环境生态的尊重。

五、创新的设计手段

项目在设计、施工过程中运用了 REVIT、ECOTECT、RHINO 等计算机设计辅助软件。

值得一提的是，本项目外立面有较多异形非标造型，为精确控制外观效果以及高效施工，采用了装配式外墙。

台州恩泽医疗中心一期医疗大楼

设计单位：浙江省建筑设计研究院
合作单位：株式会社日本设计
建设地点：浙江省台州市路桥区
建筑面积：119057m²
设计日期：2008-07/2009-07
竣工日期：2014-12

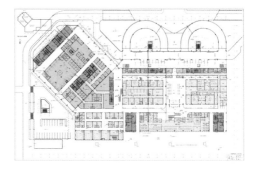

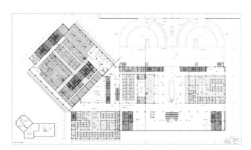

设计团队：

陈志青　　　　　高桥正泰

姚之瑜	张 瑾	骆高俊	阮良通	朱余博
林可瑶	陈海啸	王燕鸣	马慧俊	辛高峰
利田纯一	叶晓健	泷田小间雄		

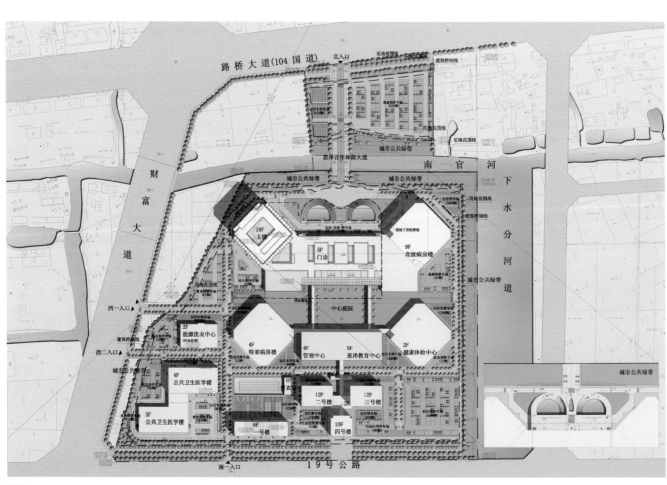

技术特点：

1.一切以病人为中心：所有的医疗资源围绕着就诊的患者展开，功能布局采用塔楼集中式方式。

2.立体交通流线：利用主入口前河道桥梁把建筑入口分成上下立体交通，一层为急诊和影像中心入口，二层为如机场般的车道（含公共BUS）直达门诊大厅。

3.北入口南大厅：台州冬天气候寒冷，为弥补北入口的缺点，设计引导人流入口后进入阳光明媚的南向中央大厅。

4.板式病房变为"回"字形病房：有利于病房单元的病房数量的灵活借用。回字形的病房塔楼呈45度展开，迎合了周围的各个角度，巧妙地回避了病房之间的视线隐私。

5.会呼吸的医院：大量的公共灰空间使医院更加明亮、通透；敞开的技术层、通透的病房楼转角。

浙江海洋学院新校区（一期）项目

设计单位：浙江绿城建筑设计有限公司
建设地点：浙江省舟山市
建筑面积：282165m²
设计日期：2010-03/2010-08
竣工日期：2010-08

设计团队：

张微

程 越　吴寿清
萨 枫　黄丽斐
仲 磊　齐 帆
邓琳爽　李保忠
吴文坚　严祖军
张跃强　戚 乙
姚国才　劳晓镜

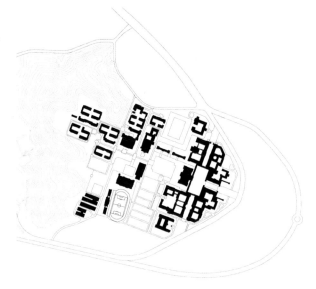

一、设计理念

项目位于浙江省舟山市长峙岛，东南西三面环海，北靠自然山体，景观资源绝佳。设计师从"控制尺度"着手，以营造舒适的"校园生活"为线索，采取了一种类似原型设计的方式，场景最终被赋予复合的功能，形成了一个能生成和容纳校园缤纷活动的"培养皿"。

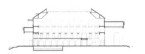

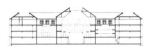
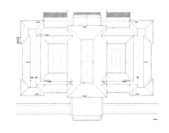

二、设计难点

设计追求传统校园的空间意象和场所品质，以一系列连续生动而各具特色的街道和小广场串联教学区和生活区，并将学习和生活功能适当混合，为校园和周边社区提供活动的场所。校园的核心不再是冰冷空洞的大广场、大绿地，而是一派热闹生动的"生活"场景，建筑风格、建筑形态等技术追求自动退居其后，使用者的流动性、活动的即时性成为主角。

三、技术创新

本项目中采用类似"原型设计"的方式，将多个世界知名学府案例以 1∶1 置入场地，抽象其拓扑关系和设计元素，寻找共性：轴线、方院、柱廊、钟楼；再根据本项目的需求进行抽取、重构，力图重塑经典的校园空间和尺度；最后在这一场景中，注入适当的混合型的功能，打造一个能生成、容纳校园活动的"培养皿"。

常州现代传媒中心

设计单位：上海建筑设计研究院有限公司

建设地点：江苏常州

建筑面积：307561㎡

设计时间：2008

竣工时间：2015-03

设计团队：

袁建平

沈　钺　杜　波　贾水钟　孙元杰　唐甜甜

李　军　包　虹　邓俊峰　张晓波　陈杰甫

万　洪　万　阳　沈国芳　张继红

　　常州现代传媒中心是一座以广播电视台为主体的结合了办公、酒店、商业、剧场、公寓等多种功能的综合性超高层项目。项目主楼58层，高度333m。

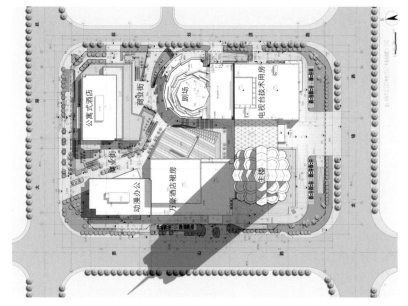

一、地域文化和场所精神的结合

本项目作为常州新区的地标建筑，在建筑立意上，既体现了现代城市的时代特征，又反应了对地域文化的尊重。项目基地和常州著名的天宁寺宝塔在一条城市轴线上，主塔楼的设计取天宁寺宝塔的意向，建筑造型秀逸挺拔，层层向上，新塔与古塔遥相呼应，形成历史的对话。

二、综合性复杂功能的协调

常州现代传媒中心是一座综合性开发项目，在设计中需要解决多种功能之间极其复杂的总体功能关系。项目通过内向式的、组团式的布局，在局促的用地条件下，协调组织各种不同性质功能，使其各居其位，互不影响。

三、室外空间营造和地下空间开发利用

项目在设计中根据不同的功能主题，在基地内部引入一条步行商业街和中心景观广场，既增加了项目内部商业的价值，又为传媒中心创造了一片绿色、休闲的公共活动空间。多个不同大小的下沉广场的设置，提升了地下空间的环境品质。

大连海事大学大学生活动中心

设计单位：大连都市发展设计有限公司

建设地点：大连

建筑面积：11265m²

设计日期：2009-09/2011-03

竣工日期：2013-10

设计团队：

李文海

白万明　　张绍亮　　王　莹　　吴金波　　胡新平　　郭　鑫
杨兆华　　尚春雨　　翟传德　　曹　婷　　刘国庆　　梁文选

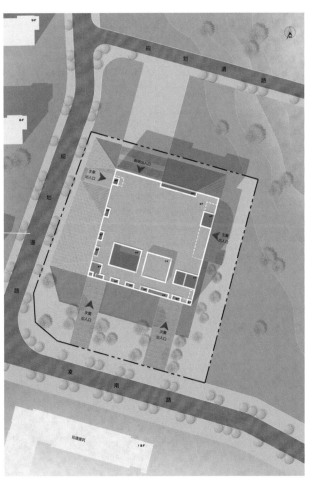

一、设计理念

大连海事大学大学生活动中心是为学生组织及社团提供活动的场所，供学生开展科技创新、进行技能培训、组织社会实践等活动。

该建筑主要包括以下三类功能空间：一类是大跨度的多功能厅；第二类是舞蹈室和研讨室；第三类是普通工作室、社团活动区和其他辅助性空间。这三类空间对层高、结构布置、通风和采光，以及公共性的要求都是截然不同的。建筑设计将这三类空间采用垂直叠加的方式进行组合，充分满足了空间的丰富性和合理性，为校园生活区增添了活力。

二、技术难题及成效

1. 本项目功能多样，相互间联系且要避免彼此的影响。设计考虑周边环境情况分设不同朝向的出入口，既保证了流线不交叉，入口本身也作为造型的一部分，丰富了空间效果。

2. 本项目功能分区不同，立面需求也不同。层高的差异、虚实的不平均都是立面处理的难点。设计通过穿插变化的内凹空间既解决了采光通风，又弱化了层间高度的差异，使立面的完整度和统一性大大提高。

3. 主体结构四周均有跨度约为 3m 的悬挑梁，最大悬挑梁跨度为 6m，通过严格核算梁截面高度，施工过程中控制梁钢筋最有效锚固方式，实现了与立面的无缝衔接，又保证了悬挑结构的安全性。

4. 建筑中庭设为跨度达到 12m 的复杂坡道，是组织多功能厅和其他空间的点睛之笔。结构通过有限元分析，保证坡道的承载力、刚度及舒适性，同时也保证了视觉上的连贯性。

柬埔寨威尼顿（集团）有限公司易地技术改造项目

设计单位：广州市设计院
建设地点：柬埔寨金边市
建筑面积：44463.3m²
设计时间：2011-03/2013-01
竣工时间：2015

设计团队：

黄惠菁　　　　高玉斌

陈菲宇　王云丹　郑宇明　林惠文　胡小兵
郑　蕊　余永辉　伍志毅　邱建国　陈红超
唐　骞　骆志成　张笑海

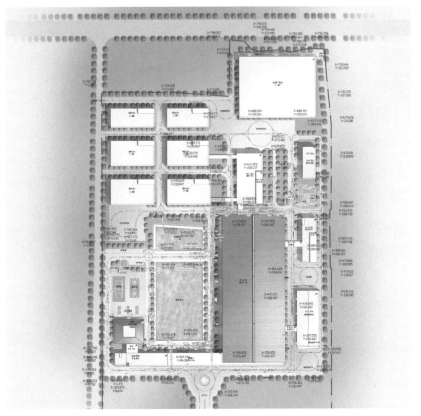

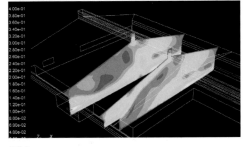

一、设计理念

场地布局上以生态环境空间为主体，合理组织庭院，运用现代设计手法创造出具有东南亚地域特色和富有景观园林建筑意境的建筑空间。气候适宜性的特点，展示威尼顿公司的文化底蕴及柬埔寨地域传统文化内涵。

中国改革开放是当今世界最大的创新，本项目是响应国家和中烟集团"一带一路"倡议的建设项目。

二、技术难点

低生态影响开发（LID）、规划策略、微气候改善规划设计之初的思路是：通过对雨季雨水的回收、储蓄、沉淀、过滤、净化等一系列的措施，实现雨水再利用循环，特别是为旱季的生产生活供水，达到全年周期的厂区水资源自给自足的目标，为工厂生产生活提供高标准洁净水源补给。景观设计充分利用东南亚季节性气候特点（全年雨、旱交替，供水不均的现象），湖作为景观中心，既可以调节区域微气候，也是一个储水池，促成雨水再利用，满足工厂需求，提高水资源的利用率。

三、技术特色：当地选材，自给自足

设计上优先选用当地建材。本项目大量选用建造效率高难度低的钢筋混凝土框架结构，主体厂房屋面采用球型网架轻钢屋面而不是选择钢桁架，相比之下前者用料节省运输便宜。面对隶属冲积平原含有大量淤泥的土质地基，设计谨慎采用设有加强整体性地梁的浅基础，以调和地质现状与造价有限的矛盾。利用当地建筑工人的精细手工技艺，墙体砌筑采用现场制作砼空心砌块，取材方便，施工简易，实现建材自给自足。

四、技术特色：海绵城市，水资源自给自足、循环利用

利用人工湖创造总体空间环境，解决厂区道路填高土方，同时实现雨季排洪、旱季水资源储存、净化目的。将建筑使用功能、空间序列和基地自然环境巧妙结合，形成"一心—轴—河多环路"的建筑总平布局。整个设计思路满足规划、建筑形象设计和交通、工艺流程设计需要，具有海绵城市的功能。

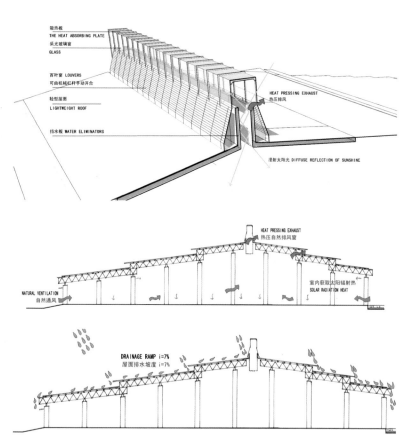

五、技术特色：尊重地域气候文化，颠覆工业建筑固有模式，被动节能措施

设计尊重柬埔寨气候特征、吸取当地建筑应对气候的手法思想和卷烟厂的特殊功能需求，顺应当地西南主导季风，创新性引入屋顶太阳烟囱（热压通风结合机械措施）、外遮阳板、外廊遮阳、自然采光天窗等低成本投入的绿色措施，在炎热的雨季卓有成效地降低室内温度和湿度，极大地改善了生产用房的室内物理环境品质。设计尊重生产功能的需求，但不固守工业建筑的传统模式，使得绿色技术成为建筑外形设计的组成元素和出发点。

六、技术特色：大坡顶排水、本地材料低成本建造

设计运用现代设计手法，但无意消除当地传统文化的影响。富有创意的跌级大坡屋顶为空间网架结构，在缺少钢结构材料与加工工艺的柬埔寨，更利于减少包装与运输的成本，降低安装难度。20度跌级的坡屋顶形象，不仅避免了雨水滞留屋面，还创造出具有气候适宜性、富有地域特色、又不失现代简洁气息、庄重而气势磅礴的建筑文化特质，展现柬埔寨地域传统文化内涵。

润南大厦

设计单位：苏州华造建筑设计有限公司
建设地点：江苏省苏州市
建筑面积：40000m²
设计时间：2012
竣工时间：2015

设计团队：

顾柏男　　　　　汪骅

汪　洋　蒋一新　王　琪　　陆国琦　张　华
张丰云　陈　媛　袁璐莺子　张晓刚　浦秋健
余叶飞　张冬冬　张　庆

项目简介

　　本案以人性化的设计营造出舒适的办公环境、轻松的空间氛围。同时在设计中突出增加科技与环保的含量，秉承技术服务于功能的理念。在环境设计方面积极营造浓厚的人文气氛，突出尊贵、享受的主题，并注重内部空间与城市的多方位、多角度的协调统一。因地制宜的景观廊道将内院中的各个景观节点连成一个整体，并将中心庭院与各个商业空间联系起来，形成完整的建筑空间序列。设计中，采用体块与体块之间的相互穿插扭转，体现出了简洁明快的设计风格，表现出现代感、冲击力以及视觉上的震撼力。同时，建筑体形由两大块组成，相互关联又相对独立，各体块围合出的灰空间使内外空间充分交流，也能让办公人员得到愉悦的视觉享受。

武商摩尔城（武汉国际广场二期）

设计单位：中信建筑设计研究总院有限公司
建设地点：武汉市汉口地区
建筑面积：272910.85m²
设计时间：2009/2011
竣工时间：2011-09-28

设计团队：

辛 冰　　　　　　李 波

吴则徐　郭必武　聂启玲　胡鸣镝　刘 冰
谢道鹏　肖 薇　李红萍　史济良　吴婧华
卢 泽　温 芳　刘晋豪

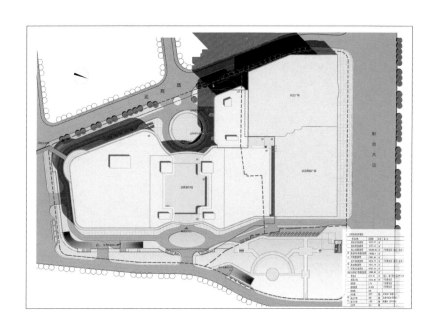

项目简介

本项目位于汉口传统商贸核心地段，是一个集购物、餐饮、娱乐、休闲于一体的现代高端购物中心，也是武汉唯一一个连接双轨道线、以自身实现轨道线路间换乘的商业综合体。

一、生长型发展模式，新旧有机融合，激发城市活力

本项目不是传统意义上的改造扩建，而是增量发展与存量盘活的有机结合，通过与一期的无缝对接、加建独立式停车楼、地下室新旧对接联通等技术措施，将原有线性商业格局发展为现如今的街区型商业格局，恢复了从解放大道中山公园至京汉大道轻轨站点间的步行联系网络，疏通并还原了城市街区的毛细功能，实现了城市发展、社会效益与商业价值的多方共赢。

二、多元化交通格局，科学组织各类流线，效率创造价值

本项目南侧以架空天桥连接城市轻轨，北侧地下一层联通地铁轨道交通站厅，以自身的体量实现轨道交通的无缝对接。停车方式采取多级蓄水式纾解导流，三层整体联通地下室、十一层独立停车楼、周边式停车环带依次作为停车引导首选。行人步行网络与街区尺度匹配，倡导步行优先。专属后勤服务流线采用隐蔽式设计，车流进出相对独立，互不干扰。

三、一站式购物体验，功能叠置的立体城市

本项目业态涵盖大型购物中心、休闲游乐中心（室内主

题公园、真冰滑场、儿童游乐场等）、餐饮中心、大型院线，大型停车场，可同时泊车 3500 辆。不同尺度的中庭增强空间识别性，并缓解购物体验的疲劳。购物不受时间、空间与天气的限制，仅此一站，消费者便能以最近的距离到达消费目的地，实现吃、喝、玩、乐、购一体化需求。

四、全过程设计控制，精细化的现场管理，服务全面覆盖

项目设计从方案前期策划阶段开始全程参与，通过方案推敲阶段的多方比选、设计阶段的紧密配合、实施阶段的现场把控，完成项目的交付。在项目后期运营阶段，针对运营招商后的业态变化不断调适优化，设计服务涵盖建筑的全生命周期。

悦天地

设计单位：云南省设计院集团
合作单位：柯凯建筑设计顾问（上海）有限公司
建设地点：昆明市西山区书林街 128-130 号
建筑面积：37322.4m²
设计时间：2011-11/2013-08
竣工时间：2016-01

设计团队：

杨铭钊　　　　张 楠

Andrea Gestefanis 李 伟 金朝龙 曾晓强
唐春晓 蒋 黎 梁 佶 文兴红 王 红
胡 鹏 张 炎 阮先显 赵 能

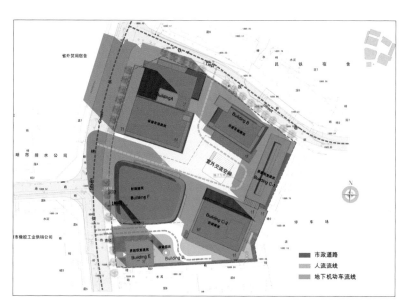

一、设计理念

　　提出城市更新改造的解决方式——保护＋创新；悦天地是在原昆明橡胶厂旧厂房建筑基础上改造的。昆明橡胶厂创建于 1956 年，曾演绎了一段璀璨夺目的昆明现代轻工业发展史；本设计合理有效解决项目内部功能需求

的同时较好的处理了与周边的城市空间界面关系；设计对原有旧厂房采取了分级甄别的方法，科学合理地界定了保护和新建的范围，为城市更新提供了非常有益的探索；设计关注对旧建筑的保护，采取的技术措施合理；通过设计在如此狭小的空间里完全做到人车分流。

二、技术难点

原有旧厂房建设年代久远，使用功能发生变化还要进行增层，安全性已达不到现行规范要求；用地狭小，而且周边有大量的居民楼和学校，交通流线混乱。

三、技术创新

作为地震设防烈度区老旧工业建筑升级、加固、改造、增层、结构设计难度大，要求高，具有挑战性；设计综合采用了隔震、粘钢、托换、植筋、叠合等先进适用的专项技术，比较圆满地解决了多项工程技术难题，效果良好。

四、绿色环保

全球生态环境恶化和能源危机日益突出的严峻形势下，绿色环保节能已成为全世界永恒的主题。云南是一个重要的生态省市，更要走可持续性、绿色发展的道路。本项目有效的避免大拆大建，为城市更新改造、绿色环保提供了非常有益的探索。

悦天地为橡胶厂注入了新希望，时空仿佛已经穿越又能听见橡胶厂机器运转的轰鸣声……

中国人寿陕西省分公司综合楼

设计单位：中国建筑西北设计研究院有限公司
建设地点：陕西省西安市
建筑面积：99687m²
设计日期：2010-12/2012-04
竣工日期：2016-02

设计团队：

郑犁　　　　罗乐　　　　刘磊

嵇珂　周萱　单桂林　胡智勇　高莉　马庭愉
季兆齐　刘刚　刘亚丽　李士伟　朱东升　高京伟

一、设计理念

　　方案采用了空间上先集中后分散的布局方式，形体上采用化零为整、相对集中的设计策略，利用地形创造庞大的建筑体量。建筑的立面沿唐延路长向展开，形成一道以城市为尺度的宽广画卷。用地一侧的唐城墙遗址公园中大尺度的绿化景观赋予了建筑造型的灵感——"城市之树"的建筑形象便应运而生。主体幕墙树干材料为铝型材，自下而上由粗到细，由少到多，呈现枝繁叶茂形的效果。

二、设计难点与技术创新

　　建筑西面及北面采用外循环双层幕墙；结构形式采用对称的双核心筒和大柱网的框架 —— 剪力墙结构；空调采用冰蓄冷技术；办公照明灯具，采用最新推出的 LED 面板灯。

　　项目被评定为绿色建筑二星、LEED 银质认证，绿色、生态、节能是本项目的一大亮点。

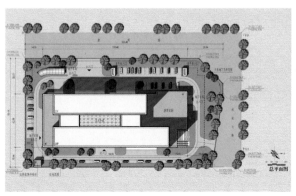

福州安泰河历史地段保护与更新

设计单位：福州市规划设计研究院

建设地点：福州三坊七巷历史文化街区光禄坊巷南侧，安泰河两岸

建筑面积：19691.55m²

设计时间：2008-10/2009-01

竣工时间：2011-07

设计团队：

严龙华

薛泰琳　陈白雍　阙　平　王文奎　刘　平
陈汝琬　李凌枫　傅玉麟　张　蕾　曾文众
谢智雄　张健轶　张　曦

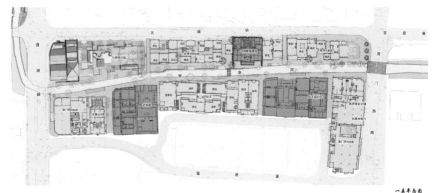

一层平面图

项目基地位于福州三坊七巷历史文化街区光禄坊巷南侧，安泰河两岸。

一、设计目标

延续安泰河、澳门路浓郁的传统河街特色，在保持历史感同时又要有时代信息。

二、设计思路与策略

（1）以古城整体空间景观的修复为出发点，通过片区风貌修复，北连三坊七巷，南接澳门路西地块，重塑三坊七巷与乌山历史风貌区的历史关联性。

（2）以修补光禄坊历史完整性并创造适应当代城市日常活动的空间场所（修复安泰河历史情境）为设计目标。

（3）研究三坊七巷街区肌理形态与建筑类型特征，并加以类型学演绎设计，作为创作整体思路。

项目整体营造出历史街区的传统环境氛围，形成白墙黛瓦、古榕繁茂的别具特色的水巷风情，成为传达三坊七巷历史韵味的公共空间。使游人感受到坊巷特色、建筑语言、空间形态、装饰元素、滨水景观等，适于公众旅游和活动需求，并可承载一些非物质文化的活动要求。

辽宁铁道职业技术学院图书教学综合楼

设计单位：天津大学建筑设计研究院
建设地点：辽宁省锦州市
建筑面积：16068m²
设计时间：2012-12/2013-03
竣工时间：2013-12

设计团队：

吕大力

盖凯凯

周 琨　刘倩倩　王 亨　孟范辉　刘莉娜
沈优越　纪晓磊　彭 鹏　韩 瀛　乌聪敏
田 军　范炜玮　张岩寿

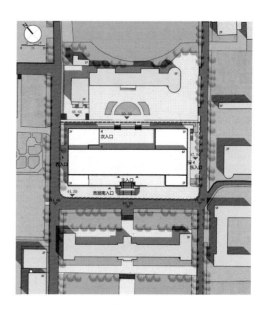

一、设计理念

建筑设计须有整体感，反映时代特色，与原有校园相适合，构思要巧妙地疏理和组织多重使用功能空间，各得其所，互不干扰，又联系顺畅；建筑造型与立面设计，着意做出大型建筑的表意，力求与功能内容贴合，既体现出校园主楼独特的大气、稳重，又兼具平和、舒缓的空间氛围，准确地把握大学建筑和东北寒地建筑的双重特色。

二、技术难点

　　a. 项目功能要求复杂，需在有限场地和面积内，解决教学、图书、实训、行政办公、校史馆及报告厅的功能；b. 校园具有的水、电和道路条件，仅能满足多层建筑（高度 ≤ 24m）的防火设计要求，建设资金和运维成本的严格限制，也不容许设计高层综合楼；c. 场地东高西低，没有足够的平整场地组织各不同功能之间的出入口；d. 项目工期紧，任务重，需当年设计当年建成，而东北地区可施工时间短，要求高；e. 项目资金紧张，需在 3200 万投资内建成不小于 16068m² 的建筑。

三、技术创新

　　a. 功能布局立体化，空间组合有机化；b. 首层下沉 0.3m，采用宽扁梁增高有效可利用空间，把建筑高度控制在 24m 内；c. 构建"工"字形大平台，以此连系前后两个广场，并围绕平台布置主要出入口；d. 依赖结构专业设置的温度抗裂钢筋、砼膨胀剂等组合措施，实现建筑的无缝化，增强了建筑的整体感，也加快了施工速度；e. 屋顶采光罩的设置改善了六层超长走廊内的采光条件；f. 女儿墙不锈钢压檐构造，既可替代避雷带，又可保护外保温板的收头免遭雨雪侵袭，使造型更加美观。

苏州中国昆曲剧院

设计单位：苏州华造建筑设计有限公司
建设地点：江苏省苏州市
建筑面积：12938.49m²
设计时间：2012-03
竣工时间：2016-01

设计团队：

顾柏男　　　　　王志斌

钟　立　朱明华　袁继冲　陈　刚　陈敏峰
陆　鸣　王煜林　徐宇同　葛舒怀　丁敏铖
李　祺　谢美君　王　智

一、设计特点

1．保留并移植了基地内百年树龄的广玉兰，保留并修复了基地内原有的二层民国红楼；

2．新现代苏式建筑与桃花坞民俗区片区建筑相得益彰；

3．通过各种手法营造处处是庭院、处处是景观的苏式绿色建筑；

4．克服老城区限高的问题，建筑形式与使用功能完美结合。

二、桃坞深处有戏家

苏州以建筑小巧、园林典雅而闻名天下；以小桥流水及水陆并齐的双棋盘格局而著称于世。是吴文化的发祥地和集大成者，是昆剧和苏剧的故乡。

项目地处桃花坞街区，历史上是苏州吴文化的中心，工程占地面积 7450m²，总建筑面积 13112m²，建筑地上 3 层，地下 2 层，分为东西两区，东区为昆曲剧场、业务用房、展示区等，西区为办公用房，保留原有红楼。

苏昆院新馆在建筑造型上依旧承袭了水乡古城粉墙黛瓦的风貌，深灰色筒瓦屋面，大方的白墙。黑白灰是苏州的本色、苏州的味道，它不仅仅只是江南水墨画或苏州老照片上的视觉色彩，也不仅仅是古老城市的简单构勒，它是这座古城积淀深厚的文化内蕴，它是于黑白色中坚守的文化骨骼。

建筑的第五立面尤为重要，特别是对于坡屋面采用什么材质，既节省造价，又要考虑耐久性和保留传统屋顶的味道，我们通过对传统苏式小青瓦的研究改进，采用方形筒瓦，定制开模，用富有创新的尺度构造，重新演绎屋顶造型，凸显现代气息。

而屋顶绿化也是此方案的一特色，突破传统的庭院空间，将二维的庭院扩至三维，将建筑艺术与园林艺术的完美结合，创造空中景观。

方案在空间上根据桃花坞传统肌理与西侧昆曲传习所的建筑布局，形成"两纵四横"的建筑序列，以多进院落方式为主，呼应周边建筑布局，形成传统建筑群序列空间。

建筑在内部空间布局上，通过大小不一、形态各异的庭院来组织空间，由方形，菱形，曲形的庭院组合，内外沟通，相互成组。整体上大庭院套小庭院，形成一片园林景观体系。

在桃花坞历史文化片区在悠久的历史演变中，希望新的昆曲剧院携着苏州老街坊传统生活的写照，淡雅朴素、粉墙黛瓦的院落式苏州地方风格以及错落有致、幽深整洁的小街小巷、庭院绿地，构成了苏州桃花坞片区古朴宁静的传统生活居住环境，老街坊的市井生活方式、节奏、场景、内容等久远延续。

武汉国际博览中心会议中心

设计单位：中信建筑设计研究总院有限公司
建设地点：武汉市汉阳区
建筑面积：14.5 万 ㎡
设计时间：2009-10/2010-10
竣工时间：2013-07

设计团队：

陆晓明　　　　　　范旭东

兰　青　刘　莹　郭远涛　李清平　熊火清
张志刚　刘　栋　张忠林　代华军　李　蔚
陈　车　雷建平　马利英

项目简介

　　武汉国际博览中心会议中心是武汉国际博览中心的重要组成部分，位于武汉汉阳四新滨江地区，南北在城市二环线和三环线之间，东临长江，西至连通港范围。会议中心采用仿生学设计，形似贝壳，绽放在武汉国博新城的景观主轴上，是国博新城的地标性建筑。会议中心地上建筑面积共计 104922㎡，地下建筑面积 40000㎡，共计五层，由 29 个标准会议厅，1 个阶梯会议厅，2 个中会议厅，一个 6000 ㎡ 超大宴会厅以及若干小会议厅组成。可举办大型展会、专题论坛、高端宴会、庆典活动及私人聚会。其中，6000㎡ 的超大无柱式豪华宴会厅层，可同时容纳 4000 人以上会议与用餐，是目前中国中部最大的宴会厅。

本项目屋面面积巨大，收集屋面雨水作为水源，经处理后用于洗车、道路冲洗、绿化用水。冷热源采用地源热泵系统，充分利用可再生能源，同时提高机组运行效率。冷热源控制系统采用"集成式冷冻站"设计，集成式冷冻站集成的变频自控系统通过专用的数学模型和算法使冷冻站的各设备保持高效运行。各会议厅和大宴会厅采用带转轮全热回收的组合式空调机组，充分利用排风预冷／热新风。

针对屋顶不同的空间形状及受力特点，采取了不同的设计思路及方法。大宴会厅上部钢结构采用空间钢桁架结构方式，钢桁架双向跨度达100.8m×64.8m，采用了主跨桁架两端与主体结构钢骨刚接，腹杆与弦杆铰接，斜腹杆在支座附近受拉的布置方式。建筑物两侧钢屋盖结构平面左右对称，每侧钢结构分为上、中、下三片。结合建筑造型，根据平面位置不同，沿建筑外围采用悬挑钢梁形成曲面建筑屋面，建筑物四角设置斜钢柱支撑下片大跨钢梁。通过结构设计与建筑空间造型的有机结合，充分体现了建筑的设计构思。

国家级眉县猕猴桃批发交易中心——会展中心及科研商务大楼

设计单位：中国建筑西北设计研究院有限公司
建设地点：宝鸡市眉县县城
建筑面积：34050m²
设计日期：2013-01/2013-08
竣工日期：2015-10

设计团队：

李子萍 　　　　杜 波

王海旭　　李海琳　　王 伟　　李利刚　　刘 涛
耿 玉　　陈 旭　　刘海滨　　崇 楠　　王泓江
荆 竞　　靳 江　　郝 缨

设计理念

　　本项目由会展中心、科研商务大楼、猕猴桃特色文化广场组成，周边陪衬水域绿化景观，通过园区道路围合成一个完整的椭圆形，自成一体的嵌于场地之中。建筑造型与景观设计均以自然场地为本，积极响应场地的自由形态，将建筑与自然融为一体，圆润自由的建筑形体柔化了建筑边界，使建筑室外空间自由灵动、趣味盎然。建筑造型来源于猕猴桃花朵及果实的形态，并与邻近的高速公路立交相呼应，将尺度不一的圆形体块抽象重构，结合形态自由的水面与发散式的广场景观，辅以由金属铝板与玻璃组合而成的通透幕墙，最终形成别具一格的景观建筑群。同时充分利用自然采光通风、太阳能光伏发电及热水系统，打造低能耗的绿色建筑，使建造及使用的经济性大大提高。

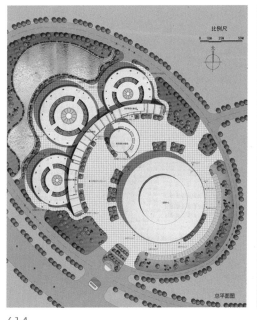

总平面图

南京航空航天大学将军路校区体育馆

设计单位：南京长江都市建筑设计股份有限公司

建设地点：江苏省南京市江宁区

建筑面积：12600m²

设计时间：2011-09

竣工时间：2014-11

设计团队：

王　畅　　　　毛浩浩

吴勇军　沈　伟　薛逸明　陈云峰　吴　涛
郑　峰　王　亮　周　璐　曾春华　顾　浩
顾小军　周　毅

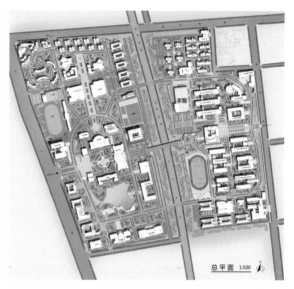

总平面 1:500

一、设计理念

平面布局上利用两个规则的矩形空间合理组织比赛大厅和训练馆功能空间，形成了完整简洁的建筑形体，比赛及文体训练功能分区明确，流线清晰，满足赛事和训练两大功能的不同需求。造型设计上通过建筑金属饰面的折面处理来表达当代军用飞机的最新特征，色彩明朗、造型简洁大气，更具科技感与标识性且符合该大学自身学科特点。

三亚国际交流中心

设计单位：广州市设计院
合作单位：巴马丹拿国际公司
建设地点：三亚市三亚湾路
建筑面积：57057m²
设计时间：2006-12/2012-07
竣工时间：2012-08

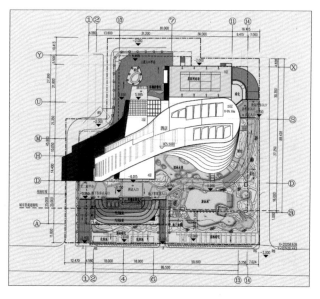

设计团队：

黄孝颖　　　　　黄　劲

王松帆　陆少芹　丰汉军　莫露刚　胡晨炯
刘后根　郭进军　蔡礼帮　洪　琰　黄振超
林　嘉　曾　斌　庞海然

一、设计理念

本项目的设计理念是一种图案的拓扑，希望表达一朵在动态中被凝固的拍岸的浪花，蕴含着生机与动感，使得整个建筑朝气蓬勃。浪花不仅显现于立面造型中，同时被提炼成特有的平面轮廓，各层平面以流畅的弧形层层渐变，低层裙楼以流淌的形式向外延伸，犹如层层后退的梯田，模拟了波浪前行的动感。

二、技术特色

本项目造型独特，建筑呈逐层退台的渐变形式，给平面布置和结构设计带来一定难度。建筑低层餐饮等公共空间利用通透曲面外墙最大限度获取海景，利用退台设置跌级绿化，增加生态气息。客房层利用逐层退台给部分客房提供观海大型露台，客房设备竖井根据建筑体型设置平面位置转换，满足平面变化要求。

本项目通过结构转换层，优化结构框架体系，下部公共空间为大跨度柱网，上部客房区转换为剪力墙以便优化客房空间。设备与材料选型充分考虑了技术方案的可行性、合理性、经济性，适用于华南地区，使用后节约管理和维护费用。

天津大学新校区化工教学组团

设计单位：天津大学建筑设计研究院
建设地点：天津市
建筑面积：101630m²
设计时间：2011-11
竣工时间：2015-09

设计团队：

张繁维　　　　　　张大昕

柏新予　王江飞　王光男　王庆东　孟祥良
李建军　邓　雪　王品才　石　玲　杨成斌
王建栓　杨廷武　许　达

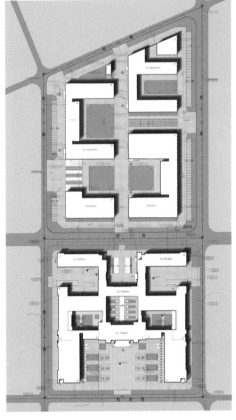

一、项目概况

天津大学新校区位于天津海河中游天津海河教育园内，根据新校区建设总体规划设计的要求，化工材料教学组团位于新校区内北偏东、新校区体育馆以西位置。

二、设计原则

根据新校区总体设计规划导则的要求，在校四路上设置组团主要出入口，其总体布局与建筑形象做到端庄大方，尺度宜人，形成新校区亲切宜人的校园氛围。

三、设计创新

化工材料教学组团根据区域划分可分为化工南区和化工北区及理学院材料学院两部分。平面功能组成上，化工南区包括行政办公、专业教室和部分学院实验室与研究中心；化工北区则包括了材料学院新材料实验楼、理学院实验中心和部分国家重点实验室以及研究中心。化工南区为整体式平面构成，根据各种功能组成形成部分封闭式内院和半开放式庭院；化工北区则由几个功能体块围合形成不同的庭院空间，为学生提供良好的学习氛围与公共活动空间。

建筑形象上，组团主入口立面端庄大方，极具标志性；整个教学组团造型简洁挺拔、空间舒展，建筑墙体材料为砖红色面砖，与新校区整体形象与环境相契合。

中国移动南方基地项目一期工程

设计单位：广州市城市规划勘测设计研究院
合作单位：德国 gmp 国际建筑设计有限公司
建设地点：广州市天河区高塘大道
建筑面积：265760m²
设计时间：2007-03/2015-01
竣工时间：2015-01

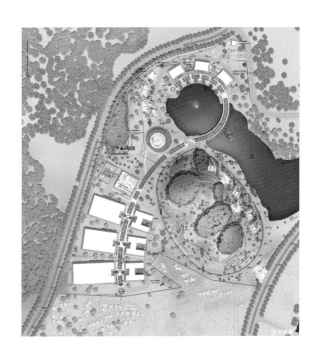

设计团队：

叶 青

潘忠诚　李少云　赵 蕾　刘少武　刘 筠
彭汉林　魏 炜　杨随新　叶瑞欣　陈伟斌
曹秋霞　魏焕卿　潘 昕　何晓华

设计理念

　　设计的出发点是将建筑群体的规划布局、单体建筑与景观环境有机地结合起来。尽可能地保留原有水体、山丘、多样化植被的景观区，并为企业员工提供美丽宜人的工作环境。一条蜿蜒穿越建筑空间的"绿带"将各个重要建筑相互连接并构成园区规划的脊柱，沿其中设置一条双行树列的林荫道。这条绿带设计无任何机动车交通，人们可不受干扰地沿该道路往来于各机房或办公建筑之间，所有建筑沿"绿带"两侧呈弧线有序展开，建筑群布局清晰并具有很强的方向性，从空中鸟瞰宛如粒粒珍珠被绿带串起。

技术特色

　　设计强调建筑单体与建筑群体的和谐统一，追求建筑形态的纯粹性和标志性，体现中国移动全球化的企业目标特征；强调建筑功能的实用性建筑平面布局简洁明快，建筑功能布局合理，流线清晰。建筑外立面同样延续并强化与总体规划和建筑平面设计风格相吻合。

技术创新

　　外立面大部分采用玻璃和玻璃幕墙的现代建筑效果，同时为有效地避免日照，特别是广州地区强烈的夏季日照，在围绕建筑周边设计的一圈柱廊，除考虑作为室内外过渡的灰空间和立面效果外，更重要的是产生较好的遮阳效果，安装在玻璃幕墙内侧电控遮阳帘为室内电脑工作岗位提供了防眩光条件。

淮安苏宁电器广场

设计单位：江苏省建筑设计研究院有限公司
建设地点：清河区淮海东路 158 号
建筑面积：88423.9m²
设计时间：2010-03/2010-10
竣工时间：2015-04

设计团队：

徐延峰　　　　　池 程
张 诚 冯 瑜 冷 斌 陈 明 马 庆
陈 震 徐卫荣 周 舟 陆文秋 张皓轩
蔡世捷 刘晓庆

一、设计理念

实现商业空间的价值最大化，协调各种交通流线关系，并使建筑与周围环境融为一体，塑造淮安城市地标形象。

二、项目特殊性

用地形状极其不规整，周边现状建筑情况复杂，建筑风格各异。顺应周边城市文脉，形成独特的塔楼标准层形态以及简洁流畅的建筑造型，并以其挺拔的身姿和巨大体量成为城市中心的视觉焦点，从而统领城市空间。

三、技术难点

基地的建筑密度大，地形曲折，而且建筑内部功能种类多，人流复杂。结合穿越建筑的消防车道，巧妙合理地设置各自功能的出入口，流线清晰，井然有序。

四、技术创新

为实现地标建筑公建化形象，结合立面层间的细部处理巧妙地设计了空调室外机位置（隔层设置）。

荆州万达广场购物中心——大商业

设计单位：中信建筑设计研究总院有限公司
建设地点：荆州市荆沙路以北，武德路以西
建筑面积：227145m²
设计时间：2013-01/2014-07
竣工时间：2014-09-02

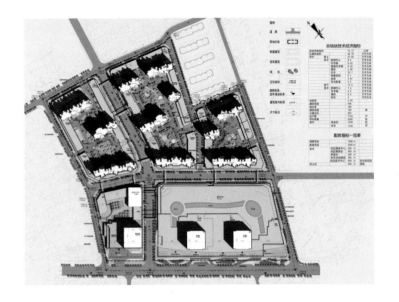

设计团队：

申 健　　　　戴 威

詹晓飞　尹松楠　吴永超　张 浩　艾 威
陈 武　张盼盼　谢丽萍　万 芳　蔡雄飞
王 路　印传军　张从丽

设计理念

设计创意来源于荆楚大地的文脉特色，造型让人联想到"凤舞九天、高山流水"的肌理韵律，力求表达体块分明的层次感和极具冲击力的节奏感。整体外立面底层裙房舒展壮阔、尺度亲人，塔楼部分简约现代、标识性强烈，达到了现代技术与地域文化的融合，成为城市新地标。

形式与结构统一

项目为大型裙房与高层塔楼组成的大型商业综合体。底层裙房包含室内商街，垂直空间由大跨度中庭联系。两个百米高塔合理采用框筒结构，并充分考虑与裙房的抗震关系。

功能创新

建筑设计方面，对于建筑空间的不同使用需求，合理布置功能分区和所在楼层，根据业主的自持和销售的诉求对商业空间进行分区，由步行内街的轴线将各个功能组织统一为有机的综合商业体系。室内空间中保留细致景观和特色空间，形成丰富多彩的消费动线。

三亚海棠湾喜来登及豪华精选度假酒店

设计单位：海南中电工程设计有限公司
建设地点：海南省三亚海棠湾旅游度假区 B 区 7 号地
建筑面积：108913.77m²
设计时间：2009/2011
竣工时间：2014-05

设计团队：

李国平　　　　　陈志民

翁业波　苏里斯科　彭咏梅　吕　芸　梁　文
崔思广　陈世全　廖玉蕊　蔡晓茹　张开雄
吕艳芳　陈玮吉　王代泉

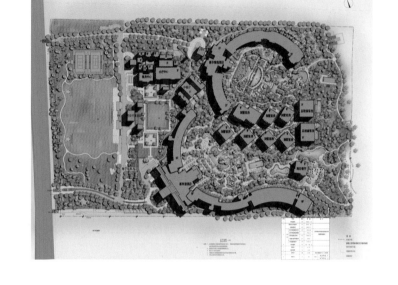

项目简介

本项目位于海南省三亚海棠湾旅游度假区 B 区 7 号地。主要分为喜来登酒店和豪华精选酒店两座超五星级酒店，以及二者所共享的酒店公共配套设施——后勤区及周边单体建筑（中餐厅、SPA、别墅客房、海边餐厅），属于热带海洋度假型酒店。主体结构采用全现浇钢筋混凝土框架结构，与地下室连体。本项目建筑规划设计方案概念由 SRSS 美国建筑师事务所设计，其余建筑方案深化及施工图设计均由我司负责完成。设计遵循绿色建筑节能理念，进行了有效的创新。如：屋顶绿化及垂直绿化设计；建筑外墙遮阳设计；突破规范的地下室消防避难走道设计；地下室自然通风采光设计；建筑太阳能一体化设计等。采用市电 1（工作）+ 市电 2（备用）+ 自备发电机（自备）的供电模式；采用雨水回收利用；太阳能热水系统；全热回收型冷水机组提供的综合冷热源系统用等节能措施。综合节能率达 53.2%，使用效果良好。

西安爱家实业有限公司·西安爱家朝阳门广场商业办公综合体

设计单位：中国建筑西北设计研究院有限公司

建设地点：西安

建筑面积：233495m²

设计日期：2012-08 / 2012-11

竣工日期：2016-01

设计团队：

李子萍　　　　　　林扬

张　鹏　　陈宏章　　仲崇民　　马保全　　崇　楠

熊　超　　王　琼

一、规划设计理念

西、北临城市主干道，尽可能退让红线，和环城公园结合形成市民广场，成为朝阳门内外高密度商业片区的衔接枢纽。

西临明城墙和环城公园，建筑形体由西向东层层退台，形成递进韵律，采用虚实对比手法将庞大体量消解为若干水平展开的与明城墙尺度相似的简洁体块。

不简单模仿大屋顶，力求风格对立统一。充分利用钢、玻璃、混凝土等现代建筑材料和语言，追求神似。灰色玻璃幕与古城墙灰砖形成了对比与呼应，将古建的影响范围从护城河对岸延伸至商业中心，使两者相得益彰。

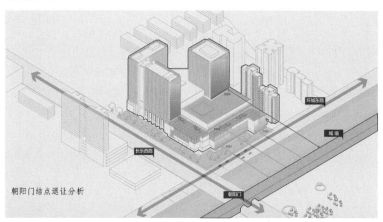

朝阳门结点退让分析

二、设计亮点

1. 结合城市设计，打造西安明城墙朝阳门外城市结点和商业亮点；
2. 合理组织设计庞大繁杂的各系统功能，有机融合；
3. 很好地解决了商业综合体复杂流线的组织难题；
4. 采用对立统一的设计手法，与城墙风格相融合；
5. 高难度的消防设计；
6. 大底盘不对称双塔复杂结构，建筑使用性优越。

沂蒙革命纪念馆

设计单位：杭州中联筑境建筑设计有限公司

建设地点：临沂市

建筑面积：46854.56m²

设计日期：2011-07/2012-02

竣工日期：2015-10

设计团队：

程泰宁

王大鹏　殷建栋　柴　敬　沈一凡　孙会郎　鲁小飞

黄建林　王　铭　潘　军　于　坤　竺新波　杨迎春

裘连鑫　王广文

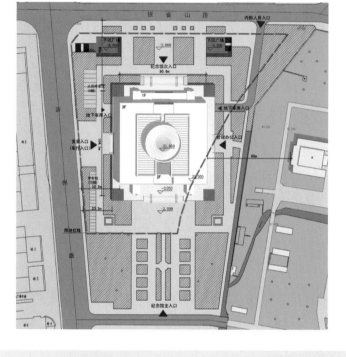

一、设计理念

本项目平面采用外方内圆布置，建筑简洁朴实，创造出强而有力的形式感。暗红色基座稳扎大地，暗示沂蒙精神源远流长；两个小支座以力拔千钧之势托起厚重主体，形成强烈的对比；中间贯穿的红色筒体，有一种向上的冲击感，寓意着沂蒙山区人民支援两战及由此发挥的对中国革命成果起到不可替代的中流砥柱作用，也是沂蒙精神的集中体现。

二、技术难点

本项目主体建筑为了营造上下形体的强烈对比来达到视觉冲击和精神感染，结构形式采用框架剪力墙形式，同时采用混凝土桁架的形式来达到建筑下小上大的大悬挑的建筑造型和底部大空间的架空空间效果。建筑高低错落，细节上富于变化。主体建筑利用突起的高地作为台地，加上地下两侧小体量的陪衬和轴线上空间的变化，造成纪念馆建筑所需的威仪气氛和大气庄重的建筑形象。

三、技术创新

设计通过结合场地设置下沉庭院，在建筑内部设置采光中庭，充分利用自然通风采光，并且结合遮阳、外保温及顶板绿化降低能耗，节约一次性投资和日常运营费用。

设计中采用的多项节能、环保措施。建筑主体采用了节能型材料，如可调式遮光玻璃顶、感应式水嘴、小便器、大便器，外窗玻璃选用 Low-E 中空玻璃，屋面采用 XPS 挤塑保温板，LED 节能灯，空调采用节能型变频中央空调系统等。

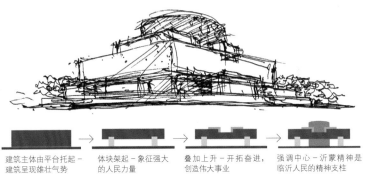

建筑主体由平台托起－建筑呈现雄壮气势　体块架起－象征强大的人民力量　叠加上升－开拓奋进，创造伟大事业　强调中心－沂蒙精神是临沂人民的精神支柱

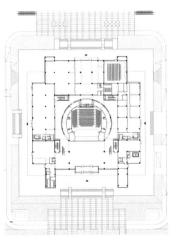

剖面图

一层平面图　　三层平面图

北京语言大学综合楼

设计单位：天津大学建筑设计研究院
建设地点：北京市
建筑面积：6.5 万 m²
设计时间：2007-12
竣工时间：2013-04

设计团队：

卞洪滨

张大昕

张锡治　李德新　孟祥良　刘洪海　杨成斌
杨廷武　秦墨青　杨永哲　费添慧　王品才
柏新予　蔡　节　丁永君

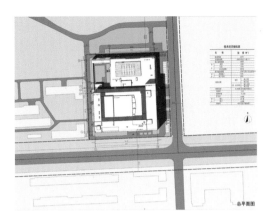
总平面图

设计理念

北京语言大学综合楼位于校园内南门西侧、校园中部，教学、宿舍、运动三个区域的交界处，原食堂和礼堂范围。整体建筑包括1200座剧场、办公楼和食堂三个部分。

北京语言大学是一所以汉语国际教育和对来华留学生进行汉语、中华文化教育为主要任务的国际型大学。在总体布局和建筑造型上，

借鉴中国印章虚实相生、计白当黑的布局手法，使建筑整体形象刚柔相济、充满古拙苍劲的金石气息。建筑造型力求体现沉稳、朴实、大气，通过简洁、现代的雕塑手法，运用规整的形式、强烈的虚实对比、丰富的空间层次以及石材、玻璃、铝板等材料的配置，使建筑具有丰厚的文化意韵，力求在大体量的现代建筑上体现中国文化特色。

南航将军路校区东区图书馆

设计单位：南京长江都市建筑设计股份有限公司
建设地点：江苏省南京市江宁区
建筑面积：27265m²
设计时间：2009-10
竣工时间：2014-04

设计团队：

王 畅　　　　　周 璐

朱建平　薛逸明　吴 涛　蔡宗良　王 亮
胡旭明　史 学　杜 磊　陈云峰　顾小军
杨 芳　顾 英

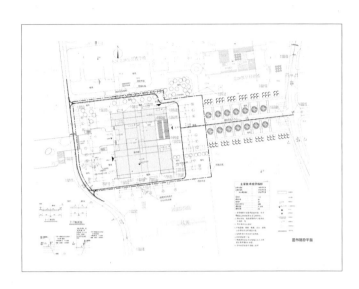

一、设计理念

　　该图书馆作为校园空间精神主体，除满足校园环境整体肌理，功能需求和合理的流线外，用开放性的空间理念强化了现代高校图书馆的人文气息。该项目设置多个中庭及空中花园，引入绿色、环保和可持续发展的现代建筑技术，创造出舒适的阅览学习环境和弹性的室内空间，丰富了空间层次，形成整体和谐、标志性较强的校园核心。

远大购物广场

设计单位：哈尔滨工业大学建筑设计研究院
建设地点：黑龙江省哈尔滨市
建筑面积：291450m²
设计日期：2010-01/2011-07
竣工日期：2013-01

设计团队：

张玉良

王志民

彭振宇　郑玉红　范浩　刘慧　袁静
任威荣　张玉媛　逄毓卓　唐卓伟　张晶
刘忠威　胡志远　傅东辉

项目概况

远大购物广场，位于黑龙江省哈尔滨市群力新区中心位置。用地范围为东临景江西路，西临规划界址，南临群力第四大道，北临群力大道。总规划用地面积70284.70平方米，规划总建筑面积约29.12万平方米，场区分为A、B、C、D四个区组成。

A区由两个子项组成，功能分别为餐饮、商业、SOHO办公公寓、电影院、营业厅、店铺等；B区C区分别由三个子项组成，功能分别为室外商业步行街、单元式商业、SOHO办公公寓、办公等。D区由一个子项组成，功能为综合商场（主力店）。

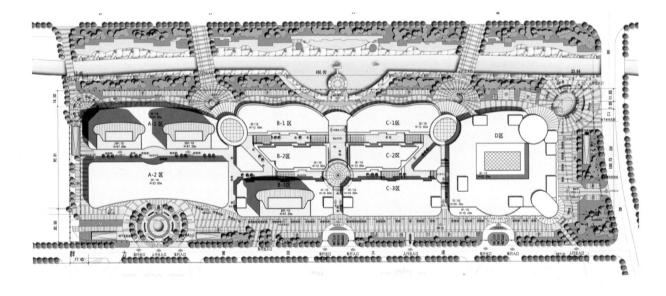

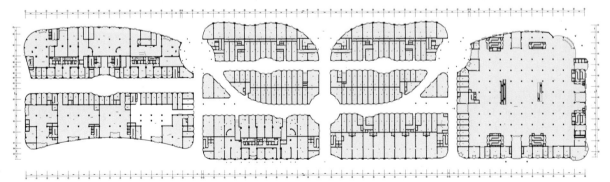

一层平面图

墨脱古街（墨脱县游客服务中心项目、墨脱县民俗文化古街项目、墨脱县城基础设施及莲花湖景区建设项目）

设计单位：广东华南建筑设计研究院有限公司
建设地点：墨脱镇中心位置
建筑面积：14017m²
设计时间：2013-11/2014-09
竣工时间：2016-04

设计团队：

潘灿荣

潘智伟

何国昆

陈李奔

张　原　李灿辉　曾金祥　朱锦连　徐　震
苏金亮　苏小马　陈明新　李瑜林　郭健祥
庄展中

墨脱县墨脱镇核心区城市设计方案总平面图

一、设计理念

"天堂之秘境，隐藏的莲花。"传承西藏门巴、珞巴族建筑文化特点。

二、项目特殊性

项目代表国家在最边远、交通路径最艰险的地方建设最具民族文化特色的广东援藏项目。为拓展和改造旧县城，增设民族文化和旅游景点开创良好的风貌，具有时代影响的深远意义

三、技术难点

项目地处山边的沼泽地，地形土质极为复杂，实地少，沼泽地多。墨脱环境、气候、交通条件恶劣，常发生雪崩、泥石塌方封路等现象，有"一山里四季，十里不同天"的说法。建设要求突出民族文化旅游，控制投资，须按时建成。

四、技术创新

建筑设计自然通风采光，做到节地、节能、节水、节材等绿建环保技术要求。结构设计抗震设防烈度 9 度，采用铅芯橡胶隔震支座（LRB），耗能型屈曲约束支撑等新技术结构体系。

无锡深南电路半导体封装基板项目（一期）

设计单位：奥意建筑工程设计有限公司
合作单位：中外建工程设计与顾问有限公司深圳分公司
建设地点：无锡
建筑面积：160814m²
设计日期：2013-12
竣工日期：2015-08

设计团队：

程亚珍　　　　　　徐金荣

陈继锋　姚建伟　江坤泽　徐　欣　王稳重
杨周礼　刘礼湘　张笑林　何志川　严鹏飞
张　露　陈业刊　谢雪姣

二、设计理念：绿色与可持续

　　基地主入口广场由1号建筑、2号建筑、8号建筑、9号建筑围合而成，1号建筑位于主入口广场东侧，建筑一层主入口是营造展示企业形象文化的窗口，利用出挑、镂空、空间错位等修饰手法达到理想的效果，与展示大厅相连的4栋多层建筑为厂区的研发服务中心，是整个厂区的大脑，在布局上按照企业研发特点布置空间 。

　　本项目建设成无锡市新区工业建筑的样板，是SCC公司展示企业形象的对外窗口，因此建筑造型及色彩处理上立面不能只是造型设计，更应是一项形象工程 ＂。

华润置地·万象城

设计单位：成都基准方中建筑设计有限公司
合作单位：美国凯里森建筑事务所
建设地点：成都市东二环与双庆路交叉口
建筑面积：318000m²
设计日期：2008-10/2009-10
竣工日期：2012-05

设计团队：

谢 静　　　　马宏超

谭 宁	谭 谦	李 晔	胡振杰	王浩科
沈华荣	黄烨堃	吴 斌	冯 源	韩云海
苏秀林	邬宗前	顾建平		

设计理念及特点

万象城能成功入驻成都，不仅是因为其品牌的号召力，也因其能入乡随俗，与成都的休闲文化融为一体，赋予了建筑及环境的地方人文特征。流畅的建筑形体、贯通的室内外空间、层层跌落的屋顶花园都充分展现了投资人和设计师的智慧和想象力。万象城以消费体验为本，整体展现出了简洁纯粹的现代设计手法和语汇，强调形体的虚实和材料的对比，更追求商业空间的变幻和完美呈现。一个商业与环境交融的共生型购物中心，给消费者带来了更加丰富多彩的新鲜体验，进而成为能够领导潮流的商业综合体。

在万象城的整个规划方案咨询及技术设计过程中，基准方中体现了强大的技术咨询能力和技术实现能力，最终把一个功能众多、动线复杂、技术高难的商业综合体梳理得井井有条，为客户创造了积极的经济效益，也为城市设计出了优秀的建筑作品。

西安临潼悦椿温泉酒店项目

设计单位：上海建筑设计研究院有限公司
合作单位：悦榕庄设计集团
建设地点：西安临潼国家旅游区
建筑面积：115029.65m²
设计时间：2012-12/2014-08
竣工时间：2014-08

设计团队：

蔡 淼

汪 彦　徐 逸　徐燕宁　丁煦阳　包 佐
梁保荣　宁燕琪　张 协　唐杰方　叶谋杰
许 威　杨 明　陆虎昇　徐哲恬

一、设计理念

该项目以现代设计手法诠释汉唐建筑宫廷韵味，营造出独特的地域风情和传统的文化氛围。地上四层（局部五层），建筑总高度23.25m。建筑师利用该区域独一无二的自然资源和极具旅游特色的自然坡地，营造出由五星级悦椿酒店、国宾馆、地方风味餐厅、温泉SPA、酒店别墅及其配套设施组成的西安临潼悦椿温泉酒店。本项目建设用地总面积157213m²，总建筑面积115029.65m²。其中地下一层，可停放361辆小型汽车，兼做设备用房和酒店后场用房。地上建筑面积近8万m²，是一家具有悦榕庄自有品牌的五星级度假酒店。

二、技术难点

这是我院原创的立面效果和创意。整体的建筑建立在传统中式风格和汉唐建筑风格的基础上，简洁的屋顶流线，精致的细节，适当的传统轮廓，恰当地使用当地材料，使现代的建筑在拥有最现代的舒适与便捷的同时，还带来对过去的追寻，在不经意中，得到融合自然环境的传统建筑的永恒品质。寻找中国传统文化精髓的同时，吸纳现代建筑与温泉度假休闲的流线形态，将现代建筑的"形"与中国传统文化的"神"相结合，使中国文化元素的演绎达到"形神"兼备的完美统一，创造真正属于中国、世界级的休闲度假胜境，实现居住、休闲度假及文化体验价值最大化。

三、技术创新

在悦椿温泉酒店群中，雨林温泉区处于核心位置，在融入中国温泉传统文化的同时，借鉴了日本温泉建筑流线设计。建筑面积共六千余平方米的悦椿温泉区包含一个室内汤池，两组半室外的温泉汤池（裸浴区），独具风情的雨林桑拿区，特色水疗区，温泉包间及理疗室，以及25个各具特色的室外温泉汤池。来宾既可以享受室内温泉池原木的淡淡香气，也可置身于大自然怀抱的"露天风吕"（即户外温泉），一边泡汤，一边观赏山景，得到全身心的放松。

奉化市体育馆

设计单位：浙江省建筑设计研究院
建设地点：奉化市区岳林街道
建筑面积：28362m²
设计日期：2011-07/2012-03
竣工日期：2015-12

设计团队：

裘云丹

郑叶路

焦俭　李骏嵘　钟亚军　王念恩　朱樱
张力　陈金花　孙杰

技术经济指标		
用地面积：	27971m²	
总建筑面积：	28362m²	
其中	地上建筑面积：	14982m²
	地下建筑面积：	13380m²
建筑占地面积：	11904m²	
容积率：	0.53	
建筑密度：	42.5%	
绿地率：	17%	
座席：	4362座	
机动车停车位：	414辆	
其中	地上车位数：	143辆
	地下车位数：	271辆
自行车停车位：	780辆	

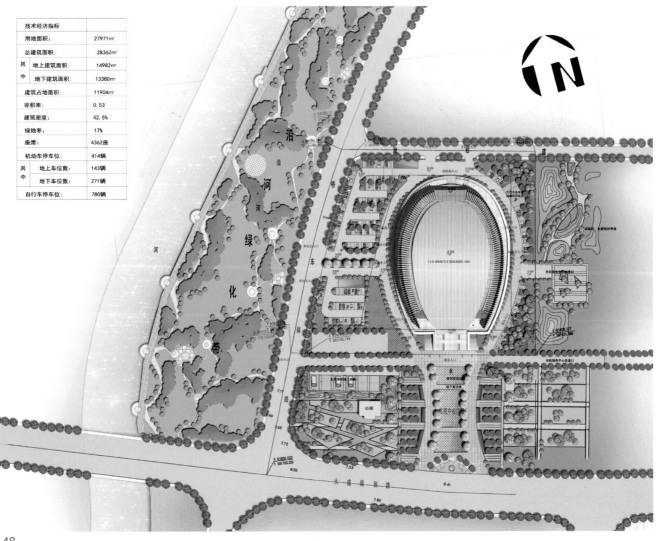

　　工程位于奉化市区岳林街道，建筑主体呈南北向布置。型态上，体育馆选用意寓为船桨的竖向垂直线条作为立面的主要肌理，各个面上均呈现出富有韵律的弧度，即体现了运动员拼搏奋斗的精神，又寓意奉化人民直面大海，敢于探索的精神。

　　在平面布局上，注重建筑布局给运动员与观众带来使用上的便捷性与空间感受上的舒适性。主入口广场结合城市主绿化景观带进行设计，将城市景观引入进来。

　　当代体育馆的发展，已经摆脱了单一的观赛功能，向开放、多功能和多元构成发展。我们在分割比赛用场馆和训练场馆的隔墙上设置了活动分隔。使得两区域可分可合，满足了比赛、演出、会展等多种模式的要求。

　　奉化市体育馆建成一年以来，已经成功举办了全国三人篮球锦标赛、中美篮球对抗赛、中国羽毛球俱乐部超级联赛，"桃文化节"等各类体育赛事及文化演出，成为了奉化市的标志性建筑和城市新名片。

福汽集团汽车工程研究院一期建设项目

设计单位：福州市建筑设计院
建设地点：福建省福州市乌龙江西南岸，海西高新科技园区内部
建筑面积：38993.1㎡
设计时间：2011-03
竣工时间：2014-07

设计团队：

杨大东　　　　　　李俊峰　　　　　　陈文诚

陈　弘　徐　毅　林　娴　吴建清　陈　芬　叶玲青　吴友发　王　艺
谢泉明　王荣征　林其昌　潘文琦

福汽集团汽车工程研究院一期建设项目

一、设计理念

本项目立足于建筑平面、空间等使用功能的前提下，造型取意汽车，表皮元素由汽车抽象而成，组成起伏不定、富有韵律的流线，象征一群飞驰的汽车，体现了汽车工业独特的速度感，将机械的工艺美学和艺术的迂回曲线完美结合。

二、技术特色

本项目在以深色系为主的园区内，采用轻浅的白色和动感的立面与周围深色、严谨的氛围形成对比，既突出了汽车工业代表现代、快速、轻捷的文化特征，又活跃了高科技园区的氛围，为福州闽江界面提供了优雅变化的景致。功能布局结合地形地势，采用"裙楼加双塔"，一方一长，挺拔丰富的建筑布局，使建筑具有良好的采光、通风效果，减少建筑能耗，绿色生态。既方便独立运营管理，亦具有良好的整体感。

三、技术创新

用建筑表达某种文化意象历来是个技术性难题，本工程将汽车造型元素融入建筑形体中，营造出形象鲜明、极具个性的艺术效果，建筑本身借鉴汽车工艺美学，造型流畅、动感，具有张力。金属板材、石材及玻璃的材料组合简洁明快，具有时代特色。

本项目同时还获得 2011 年福建省建筑创作一等奖。

哈尔滨铁道职业技术学院平房新校区教学综合楼

设计单位：哈尔滨方舟工程设计咨询有限公司

建设地点：哈尔滨市平房区

建筑面积：55595.60m²

设计日期：2012-03/2012-07

竣工日期：2015-01

设计团队：

刘远孝

李洪夫

刘昕竹

赵　慧　　李小东　　李勇骁　　付伟华　　韩庆奎　　王东平

王治平　　霍广友　　韩天贺　　常　亮　　李欣炜

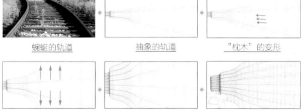

蜿蜒的轨道　　抽象的轨道　　"枕木"的变形

"枕木"的延伸　　多条平行轨道　　建筑的生成

一、设计理念

建筑在形体设计上打破了传统建筑的"火柴盒"形象，平直的立面在这里不复存在，取而代之一个充满连续性的弧线形外壳，在这个弧线形的外壳上我们使用了大量铝单板矩形百叶作为外立面的主题构件，3~9层层层出挑的曲线型楼板犹如一条条铁轨，而悬挂在楼板间的百叶仿佛一条条铺在铁轨上的枕木，沿着弧形墙面一路排开，给建筑带来了一种强烈的韵律美，建筑也因此显得富有灵性及动感。

二、技术创新

建筑采用多圆心曲线外形，体型系数仅为0.10，为建筑的整体节能带来了极大的利好，建筑外围护墙体仅需采用复合保温陶粒砌块即可满足节能要求，有效地降低了材料成本，简化了施工流程。

上海雅诗阁衡山服务公寓

设计单位：上海江欢成建筑设计有限公司
　　　　　上海柳华建筑设计有限公司
建设地点：上海
建筑面积：25600m²
设计日期：2010-05/2014-10
竣工日期：2015-01

设计团队：

江　春　　　　　　程之春

青沼克明　陈玺　杜刚　彭建　王伟
王臻　　孙悦路　朱云　陈炜　邹定芮
张宏达　周嘉伟　刘伟

一、设计理念

　　作为风貌保护区既有建筑改造再开发项目，通过针对性总体规划、适应性改扩建技术，采用建筑景观一体化、多样化绿色建筑策略，应对地铁及风貌环境的挑战，在极其受限的空间内营造出与历史风貌相协调的建筑与环境景观。

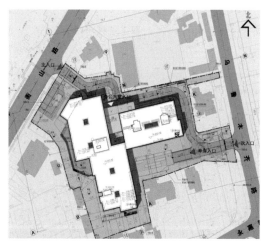

二、技术难点

位于衡山路－复兴路历史风貌保护区核心地段，与环境风貌协调要求高。

开发前杂草丛生，原有两层地下建筑，邻近运营中薄弱的地铁设施，既有风貌建筑环绕，防水土流失、控制沉降与土壤形变受极大限制，工程建设条件特别复杂。

公寓建筑暂无成熟设计标准。

三、技术创新

充分利用既有结构，采取适应性的地下工程防水技术与创新构造，减少建设影响。

立足项目条件，运用自然采光、通风遮阳等被动式绿色节能措施，倡导绿色交通，采用太阳能热水、雨水回用、绿色灌溉、屋顶与垂直绿化、透水地面，节约用地、材料、能源，减少工程投资。

兼顾公建与酒店类居住建筑的设计标准，满足了国际服务公寓的使用要求。

西北妇女儿童医院门诊医技住院综合楼

设计单位：中国建筑西北设计研究院有限公司
建设地点：西安市曲江新区
建筑面积：122431.8m²
设计日期：2011-06/2012-05
竣工日期：2015-05

设计团队：

李建广　　　　　　郑 虎

吴大维　　杨春路　　潘晓博　　吴 琛　　王建华
刘万德　　常军锋　　花 蕾　　王 谦　　时翠苹
杨光明　　黄 乐　　李艳芝

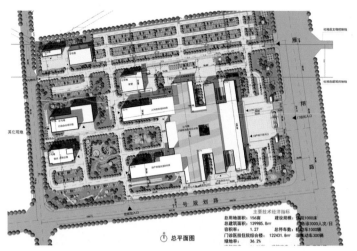

总平面图

一、设计理念

　　西北妇女儿童医院的规划设计充分尊重周围环境，并积极适应环境，秉承着以妇女儿童为中心，保健与医疗相结合，营造绿色环保、安全卫生、高效便捷、温馨宜人的医疗环境。

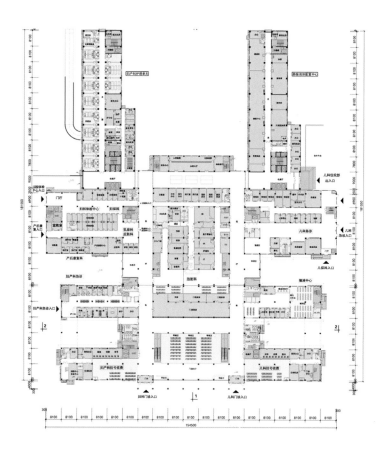

二、技术难点

西北妇女儿童医院位于西安市曲江新区，西汉宣帝杜陵遗址保护区范围。如何在曲江历史文化区内做出既有传统建筑风貌又体现现代妇女儿童医疗建筑特质的现代化大型医院是设计面临的第一个难题。如何将妇女儿童两个医疗部分有机的组合在一起形成高效集约、绿色温馨、体现人文化关怀的人性化医院是设计中的第二个难题。

三、技术创新

以相对集中的建筑布局节约土地资源。充分利用自然通风采光条件，采用高效保温和环保型建筑材料，商品混凝土和高强钢筋，雨水下渗技术，节电照明，节水洁具，污水处理、垃圾分类处理等各种适宜技术，实现节能减排、低碳环保的绿色医院建设目标。

浙江省科技信息综合楼易地建设项目

设计单位：清华大学建筑设计研究院有限公司
建设地点：杭州市滨江区
建筑面积：21571㎡
设计时间：2010-05/2011-04
竣工时间：2015-01

设计团队：

庄惟敏

任 飞	许笑梅	杜 爽	董容鑫	曲 强
陈 宏	李征宇	赵建玲	邵 强	张晓伟
李 晖	刘力红	李玉明		

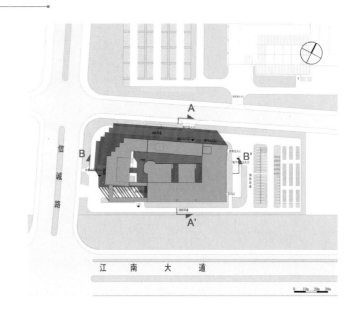

一、项目简介

本项目位于杭州市滨江区江南大道绿化带以北，信诚路以东；用地北临城市规划路，东侧为杭州市旅游贸易公司地块。用地范围内地势平坦，土地平整。自然地形最低标高6.63m，最高标高6.9m。

二、技术特色

为保证各部分使用流线独立使用，对外办公部分设置在建筑西侧以便相关人流到达最为便捷；展厅和图书阅览入口设置在建筑南侧，回避了临街的喧闹但不失其开放性与便捷。展厅考虑到其使用的特殊性，设置在建筑首层中部，备展流线设置在南侧。阅览空间主要设置与建筑中部二层部分，书库设置在三、四、五层。书籍入库流线设置在建筑北侧，有电梯将书目送至五层，进行编目整理，再通过专用电梯送至

相关书库。内部办公设置与建筑北侧以及南侧五层，争取到最好的自然通风与采光。餐厅食堂等功能设置与首层东侧，一方面考虑到使用的便捷，同时考虑后勤处入口的位置。

建筑立面设计以简洁明确为原则，体型设计结合场地边界并紧扣建筑内部功能布局。外立面主要采用浅色石材，配合深色屋檐和竖向窄窗，体现江南传统建筑白墙黛瓦的地方特点，也符合区域内整体现代建筑的总体风格。建筑主入口处设计五层通高柱廊，形成宜人"灰空间"，并形成建筑入口处明确标识。

本工程用地南侧为城市绿化带，建筑人行入口处结合柱廊与水景形成景观中心南侧与城市绿带衔接，向北侧延伸至建筑物内院，将景观最大化利用。贯穿基地的庭院形成本案独具特色的景观要素，使之成为城市整体景观的延续，同时为建筑提供可供人休憩的场所。用地东侧结合地面停车进行绿化，自南侧城市干道形成疏密有致的整体景观绿化节奏。

中关村软件园

设计单位：北京墨臣工程咨询有限公司
建设地点：海淀区中关村软件园
建筑面积：80036m²
设计时间：2010-05
竣工时间：2014-04

设计团队：

李冀　　　　王哲

叶强　杨金生　野光明　武曦　李晓峰
林亚娜　于芮　于新　郝会芬　周波
王新亚　汪卉

一、背景

以中国科学院以及海淀区众多高校为强大的科技区位支撑和技术依托，利用高新科技的产业与氛围和园区内的低密度和优美自然环境，打造的"数字山谷"，完全契合软件园让科技融入自然的宗旨。

二、理念

采用"冰川裂变"的设计构思，"数字山谷"概念贯穿建筑与景观融合的产业园区，通过对建筑体量的切割与错动变化，在内部形成类似自然山谷的活跃动感空间，通过完整外型中一些裂开的部分，让外面的人感受到山谷内部的动感与活力。

三、创新

采用围合式布局，由3栋5层楼围合而成，外围采用完整而平直的表面，体现项目的整体感；而内部采用不规则的折线，通过不规则错动的玻璃幕墙体现数字山谷的规划概念，形成丰富多变的内部空间。它似高科技表皮形成的流动峡谷，综合自然景观与虚拟未来体验。山谷内在生态栖居环境与底部涌动的商业空间，相对独立又有适度渗透，闪烁无尽活力。利用不同的景观和庭院空间，体现自然，科技交融，强化生态园区概念，创造多元化的园区性格。

四、设计

建筑将场地围合成一个相对安静独立的空间，与周边环境相融合，和谐一致、动静互补。充分开发利用地下空间，地下一层是山谷式的下沉庭院，既丰富了内部空间，又解决了地下空间采光和通风，东西两地块间的入口广场，带动了地下一层的商业价值。下沉庭院内的中岛，屋顶园林景观，相互借景，形成一幅生动的画面。

大兴安岭地区文化体育中心

设计单位：哈尔滨天宸建筑设计有限公司
建设地点：黑龙江省大兴安岭地区加格达奇区
建筑面积：27923.63m²
设计时间：2009-01/2011-05
竣工时间：2013-07

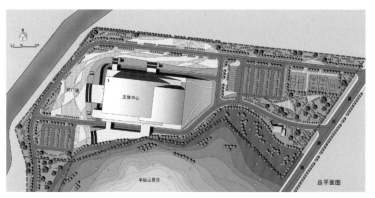

总平面图

设计团队：

唐家骏 　　　　　王葱茏

及　强　霍堂霞　孙淑琴　马振永　聂保顺
陈　阳　张波涛　周　青　刘　建　赵南羲
王鹏飞　王智锐　车景俊

项目简介

　　本项目的建筑基地北部面对甘河，南部倚靠山体景区，自然环境非常优越。如何将大体量的建筑融入自然环境，使建筑与环境和谐共存成为了设计的首要出发点。

建筑依山而建，与山体有机结合，使建筑最大限度地融入山体之中。主体建筑造型借鉴了大兴安岭的山体地貌，整体建筑由二层平台缓缓升起，平缓的曲线造型与周边的山体相呼应，洁白的建筑形体既突出了自身特色，也成为了自然景观中的一部分。

设计在融合自然环境的同时，力争挖掘建筑的地域特色，展现大兴安岭地区的"林海雪原"风貌。设计由两部分主要体量相互交织而成，交相呼应的白色曲线形体展现了"雪原"的特征。玻璃幕墙上的白色树状形体设置更加强化了"林海"主题，也丰富了建筑立面层次。

文体中心由主体育馆、训练馆和游泳馆三个场馆组成，三个场馆功能上相互独立，同时在空间组织上相互联系。三个场馆结合建筑造型进行了合理的空间布局，使建筑的功能空间与形体相互匹配，提高了空间的利用率。

主体育馆位于建筑西部，观众人流由二层平台进入比赛大厅，一层为运动员、贵宾、工作人员以及媒体记者等人员入口，合理地进行了人流组织。主体育馆部分座椅数量5049个，设置了固定座椅1981个，活动座椅3068个。结合未来演艺和展览等多种功能需求，设计将固定座椅部分进行了单向布局，便于演出舞台的布置，同时大面积的活动座椅区域为未来的功能拓展提供了空间保证。训练馆和游泳馆位于建筑东部，在一层设有单独出入口，同时通过建筑中部的通道与休息区与比赛大厅相连通。

广佛新世界都市综合体乡村俱乐部

设计单位：广州华森建筑与工程设计顾问有限公司
建设地点：佛山市南海大沥大浩湖内
建筑面积：37186.31㎡
设计时间：2012-03/2014-11
竣工时间：2014

设计团队：

史 旭

李力军　杨 虎　叶柏良　方少未　李艳群
刘熙勇　王加成　林栋熙　彭淑敏　周 卉
黄俊峰　黄梓良　陈沛霖　肖捷萍

一、设计理念

在功能布局上，特别将主要功能空间如中餐厅、主入口大堂及室内游泳池均朝向开阔的大浩湖景观；挑空的空间设计引领广阔的自然美景到室内空间，而高原的概念设计亦有助阻隔公共绿道及市政道路所带来的噪音及滋扰。乡村俱乐部透过不同形式的连廊设计，形成强烈的空间感及营造半开放的建筑空间，使人感觉休闲舒适，亦有助室内空间空气流通，贯彻其绿色生活的设计理念。

二、技术特色

项目设计引及退台、露台／阳台等设计概念，使整体建筑外形更丰富，并可相应缩小视觉上的建筑体量。使用者可自由穿梭于室内及室外，欣赏周围景观。另一方面可保持建筑物全天候自然通风，贯彻其绿色环保生活的设计理念。立面利用建材虚实的对比及不同组合方式以体现人性化风格及丰富室内外空间环境气氛。因此，在使用不同材料及手法设计立面时，亦不会失去建筑的整体性。同时设计上亦通过高低错落及退台的手法，以丰富立面的层次感，并与周边地形紧密结合，提供不同尺度的生活空间体验。

三、技术创新

外立面采用自然材料如天然石材或仿石喷涂、环保木材等，色调采用柔和及贴近大自然的颜色，再配合绿化种植，使建筑与大自然环境互相融合

秦汉新城规划展览中心

设计单位：中联西北工程设计研究院有限公司
建设地点：咸阳市秦汉新城内，比邻渭河，南侧为兰池大道
建筑面积：1.5 万 m²
设计时间：2010-05
竣工时间：2012-03

设计团队：

倪　欣　　　　邢　超

王福松　覃夷简　梁润超　郭　峰　席巧玲
丁　峰　毋向辉　刘　涛　王　翼　郑　琨
杨潇然　陈　幸　张　昊

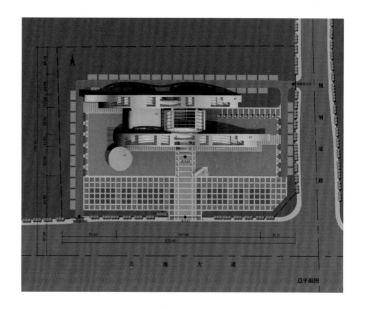

总平面图

一、设计理念

1. 塑造出轻盈、动感的建筑形象

设计的造型灵感来源于泾渭两河蜿蜒曲折的地貌特征，取两河"湍流不息，源远流长"之意，并将其动感的形态固化为建筑语汇，旨在塑造出极具雕塑感的城市印象。

2. 营造出灵动、浪漫的建筑空间

建筑空间设计则期望以开放的、自由的理念来摆脱一般办公建筑的固有模式。广场、中庭及共享公共空间追求建筑空间的生动性与多样性，而钢结构本身产生的构造美也为建筑空间带来了灵动、浪漫的空间氛围。

3. 实现绿色、生态、低碳的建筑诉求

建筑追求简洁体量与适度的体形系数及通风采光的良好性，注重建筑空间的实用性。充分利用低矮建筑的屋顶种植的生态优势，并利用建筑遮阳、变频设施、水资源回用等多项绿色技术，力求实现建筑的生态化与低碳化。

二、技术难点与创新

规划展览中心是一座集展示、办公、会议等多功能为一体的综合性展览类公共建筑。该项目对于秦汉新区展示未来发展风貌以及科技成果转化都将起到重要的作用。因此，如何将建筑整体形象和使用功能完美结合，如何在设计中体现地域性、时代感，使之成为新区的标志性建筑，就成为了设计的难点。本案在总体设计上充分结合地形地势，采用了分散布局形式使建筑在水平方向充分延展，希望以舒展的建筑形体构成连续简洁的外轮廓线与城市主干道以及远端的渭河形成尺度上的呼应，同时以一种开放的设计理念，力求摆脱一般建筑的固有模式，期望塑造出灵动浪漫的崭新气质。

钢结构部分设计内容较多，而且与混凝土结构设计、幕墙装饰设计息息相关，设计配合要求非常精细。因其主要支承于混凝土结构之上，而且以弧形为主，所以在混凝土主体结构设计时需充分考虑其上钢构件产生的影响，除了大量的预埋件设计外，钢构设计时还使用了固定支座与滑动支座相结合的方式，既满足了建筑独特造型的需要，也满足了钢构生根于不同体部时地震作用下变形的协调，还充分发挥了钢材强度高、延性好的特性，使钢构整体造型轻盈灵巧。

中房·文化产业大厦

设计单位：广西荣泰建筑设计有限责任公司
建设地点：广西柳州
建筑面积：41602.9m²
设计时间：2011-07/2011-09
竣工时间：2015-11

设计团队：

汤发勇　　　　　黄保斌

叶　彬　李分德　冯美丽　刘巍巍　黄本诚
覃　南　庞衍文　黄智昭　杨环宇　赵　勇
韦聪颖　汪凤艳　陈伦奎

一、设计理念

　　在造型设计中结构体块高低错落的同时结合
了大范围的幕墙的应用，使得建筑特点鲜明。在
造型的初步设计中充分考虑结合甲方对其的特殊
建筑定义的要求：文化产业大厦，其中文化即知
识、传承，而书籍恰恰是对文化的最普遍的产业
传承载体，故而一本酷似书籍的建筑——中房·文
化产业大厦在柳江河畔应运而生。目前已有办公
单位陆续入驻，它成为了柳江河畔新的一颗明珠。

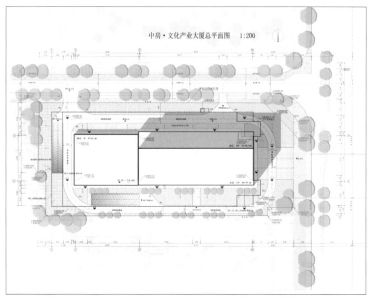

中房·文化产业大厦总平面图　1:200

二、技术难点

整体采用幕墙，创造出立面的完整性与统一性。

总平面布置和建筑物内部的平面设计，充分考虑了制冷机房和风柜房的位置，尽可能缩短冷水系统和风系统的输送距离。

屋顶高低错落，幕墙墙体部分为斜坡，整体建筑体量在保持立面完整性同时赋予变化。

三、创新技术

1. 建筑采用幕墙与其构件，使得建筑立面构成了丰富的似书页一样层层而起的感官。

2. 建筑正南北朝向、格局方正，可以最大限度的利用自然通风排除室内余热余湿，在节约全年空调能耗的同时还能提高过渡季节时人体的舒适感。

3. 空调通风系统不同层数不同业主入住时可根据各自要求进行安装、使用，不会交叉影响空调系统使用，具备较高灵活性。

(科技企业孵化器)石家庄长安生物科技研发中心

设计单位：河北九易庄宸科技股份有限公司
建设地点：石家庄
建筑面积：78292.20m²
设计日期：2011-06/2011-11
竣工日期：2014-09

设计团队：

孔令涛　　　　　花旭东

孙树军　孙彤　褚雪峰　高明霞　张晓灿
赵华琪　陈少凯　白素平　潘书通　刘银梅
尚有海　于景博　路谦

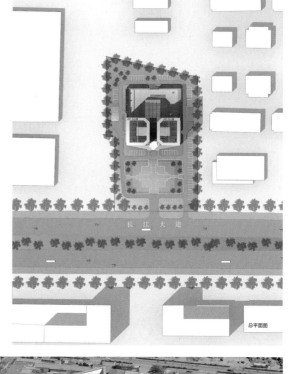

总平面图

一、设计理念

因项目创新型"科技企业孵化器"的项目定位，设计将以交流、休憩、互动的创新型办公共享空间设计，作为建筑内部空间营造的"重中之重"。开放明亮的"南侧主入口大堂"、极富导向性的"左右对称单跑楼梯"、静谧宜人的"7层挑高共享中庭"及尺度适宜的"北侧次入口门厅"，在建筑"中轴线"上序列展开，空间在这里流动，构成整个建筑中的华彩篇章。项目以其现代简洁、新颖独特的建筑造型，成为高新区东部的区域新地标。

二、技术难点

从设计方案实现效果出发考虑，本项目塔楼与裙房未设置变形缝，裙楼在二层以上楼层有较大开洞情况，且存在竖向尺寸突变，塔楼偏心布置，带来了结构超限的问题。针对工程超限的具体情况，对结构构件制定相应的抗震性能目标，根据确定的性能目标进行了计算或构造加强措施，以确保结构的整体性能和抗震能力，并进行超限高层建筑工程抗震设防专项审查。

三、技术创新

通过对建筑形体的推敲与研究，采用了"化整为零"的立面构成形式。通过南北两个方向的凹进，将塔楼切割成东西两个体块，并将这两个主要体块进行不规则的切削，形成充满活力的建筑体块。建筑外表皮采用了石材幕墙与玻璃幕墙相结合的方式，产生强烈的虚实对比，并与建筑本身科技研发的性格相契合。

芙蓉新天地

设计单位：中联西北工程设计研究院有限公司
建设地点：陕西·西安
建筑面积：185503m²
设计日期：2012-06/2012-08
竣工日期：2015-02

设计团队：

石 燕　　　　　　　程晓峰

王金成　郭小航　董小华　郝成辉　魏 伟
骆 智　唐 菲　赵星楠　张 博　熊智慧
杨 瑾　王 翠　任云霞

一、设计理念：

　　项目地处西安的文化艺术中心区域，周边环绕着中国最著名的历史文化遗产，其形态风格以及空间品质的重要性由此可见一斑。它体现了传统的人文和历史风貌特征，反应现代的生活方式，探索传统的空间模式和建筑形态。通过街道的收放与转折变化，带给人丰富的空间体会。本项目地块尺寸比较适合于创作相对宏观的空间组合，大大小小的院落空间为创造现代的活动模式提出了很好的构思。将传统的建筑和空间元素加以分解、并置、变形和重组，表现流动和连续的生活。

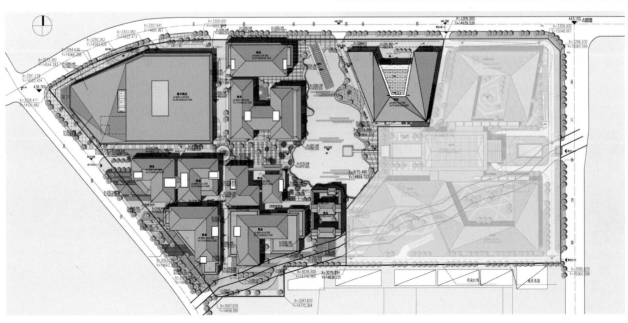

二、技术难点

1. 立面丰富多样，造型复杂，墙身节点设计难度较大。

2. 结构复杂，层高变化大，形体变化多样，屋面为坡屋面且部分单体又包含大悬挑结构。

3. 防排水设计复杂，对建筑防水设计要求极高，对地下车库地面及顶板以及地上景观湖等多处部位有高于常规做法的防水设计要求。

三、技术创新

本工程地形地势复杂多变，东西、南北均落差较大。设计中运用下沉广场、错层、台地、坡道景观的手法，巧妙解决场地问题，顺势而为，自然而不突兀，墙更让场地及建筑形态丰富多样。

萍乡市人民医院北院区三期改建工程

设计单位：浙江省现代建筑设计研究院有限公司
建设地点：江西省萍乡市安源中大道
建筑面积：112779m²
设计日期：2011-02
竣工日期：2015-05

设计团队：

谢作产

蔡 钧

李 晨	王国栋	封素芬	余丹妮	赵 枫
郑百军	徐 燊	吴贤信	季 鹏	林 花
韩德仁	庄晓文	王政文		

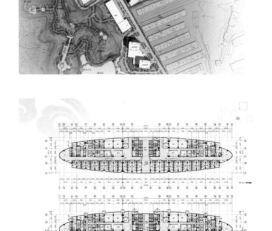

图纸篇

一、设计理念

1. 建筑与文脉：萍乡市位于江西省最西部赣湘交界处，是江西的西大门，素有"湘赣通衢""吴楚咽喉"之称。设计采用外弧内方的手法，体现建筑柔美姿态，通过弧型主楼与方型裙房的体块咬合，使之具有雕塑感的建筑形体。设计采用单元模块的序列组合，形成统一而有变化的空间构图，展现大气、舒展的院区形象。把握多样统一的美学的原则，构筑形体完整层次丰富的院区空间，展现萍乡市人民医院的动感气息，表达建筑在该区域的标志性形象。

2. 建筑与医疗：设计中以医疗街为主交通轴，将医院各大功能区分布于两侧，通过医疗街联系各区，最大限度地达到资源共享，达到安全、高效、便捷的效果。同时辅以景观点缀，又能营造出舒适宜人的休憩空间。主楼与裙楼通过两个内庭院自然隔开，既增加了内部的通风采光，又能给病患更好的就医环境。

二、设计难点

1. 用地地形不规则且有山地，高差较大：结合外围交通及环境要素，同时考虑功能的需要，以相对集中的方式组织医疗功能，采用架空交通连廊及道路解决高差问题，方便流程，同时节约用地。

2. 附属用房分布较为分散，需结合医院整体发展考虑：全院通过连廊相连方便联系，同时形成医院的发展骨架，并预留发展用地。

三、技术创新

1. 采用中空夹胶玻璃设置落地窗，使卧床患者观赏室外美景。

2. 外墙窗户与幕墙结合外立面造型采用固定百叶的遮阳设计

3. 部分热水采用水－水热交换器换热供给（风冷热泵余热回收的热水为热媒水），部分热水采用汽－水热交换器换热供给。

4. 空调采用风冷热泵机组、变频多联机组多种冷热源方式灵活使用

天津大学新校区—计算机软件教学组团

设计单位：天津大学建筑设计研究院
建设地点：天津市
建筑面积：19882.9m²
设计时间：2012-09
竣工时间：2015-08

设计团队：

卞洪滨

张 波

张晓建 孙亚宁 于 泳 何彩云 镡 新
冯卫星 杨卫肖 张在方 邢 程 尚 海
李 涛 闫 辉

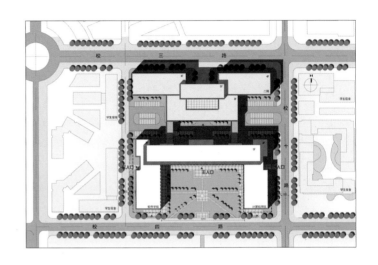

设计说明

    计算机软件教学组团位于公共教学核心区北侧，与图书馆隔河相望。计算机和软件两个学院建筑面积合计为19883m²，其北侧为预留二期用地。建筑设计注重两个学院的的整合、外部公共空间及内部交往空间的营造。

为体现两个学院的平等、共生，建筑总体布局遵循校园城市设计导则的要求，左右对称呈U字形布局，围合出宽敞、沉静的南部院落。建筑主体五层，两侧副楼三层高。建筑中轴处布置入口大厅、休息厅、会议室等公共空间，以强化两个学院的共享、共融。计算机和软件学院分置两侧，各有独立的展示、交流空间。教学楼妥善地处理了教学、办公、科研等不同功能之间的关系；内部空间变化丰富，展示和交流空间的组织促进和强化了两个学院之间的学术交流和资源共享；造型规整、风格质朴典雅，突出地体现了教育建筑的特点。建筑中部的玻璃幕墙是内部公共活动空间的反映；建筑墙体结合分体空调室外机的安放位置，利用横竖两种窗洞的建筑肌理组合，来隐喻二进制的两个基本算符，以此来体现计算机和软件教学组团的学科特点。

设计遵循"被动优先"的绿色建筑设计原则，在建筑设计中合理地采用各种保温防热措施以及自然通风、遮阳等设计手段很好地适应天津的气候特点，达到了节约资源和减少能耗的目标。

西宁汽车客运中心站

设计单位：青海省建筑勘察设计研究院有限公司
建设地点：青海省西宁市互助路与建国路交叉路口的北侧
建筑面积：38650.75m²
设计时间：2014-04/2014-06
竣工时间：2016-01

设计团队：

单翀辰　　　　　施 鑫

黄长文　李得俊　童玉英　杨海燕　李生军
刘向前　张 婧　郭建立　董 芮　肖金华
何元玺

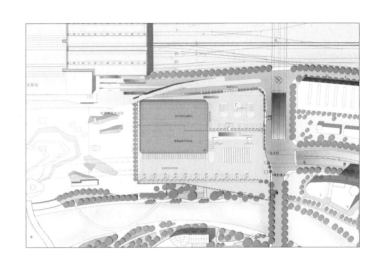

一、项目概况

　　该项目为西宁汽车客运中心站与西宁市邮件处理中心合建项目，建于西宁火车站站南广场东侧。西宁汽车客运中心站为一级客运站，主要结构类型：框架结构；层数：地下两层，地上四层；建筑高度：19.55m。

二、设计理念

西宁汽车客运中心站及西宁邮件处理中心构思与西宁火车站一脉相承，继承并发展了这一思路。与西宁火车站之间整体效果相呼应，但是又有自己的鲜明的特点，体形优美，与地块取得了很好的结合。主入口向内凹入，引导性很强。从沿街立面上看，建筑上下层次分明，上层百叶柔曲绵长，体现了速度感，也体现了交通建筑的气质；上层向外出挑，底层玻璃幕墙内凹，营造出了轻盈飞翔的形态，现代感很强。站房主体建筑厚重的体量，与采用大面积玻璃材质的顶部办公商业综合体形成强烈的色彩和虚实对比，彰显建筑鲜明的文化底蕴；晚间，华灯初照，光线透过金属网玻璃幕墙照射出来，消解了白天厚重的建筑体量，使站房又呈现出现代化的交通建筑气息。双曲面的屋顶构架结合圆形点阵式采光天窗形成了丰富的第五立面，使得大进深的建筑内部获得较好的采光效果，从周边高层建筑上观赏也取得了良好的景观效果。

颐航大厦

设计单位：天津大学建筑设计研究院

建设地点：天津市河西区

建筑面积：57385m²

设计时间：2012-12

竣工时间：2016-03

设计团队：

李星魁　　　　杨　毅

王　磊　裴忠庆　李敬明　徐长宏　张传禄

宋　鸣　张君美　史　瑾　焦金麟

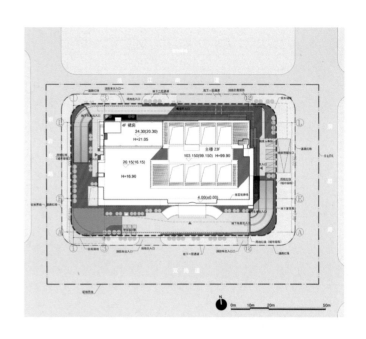

一、设计理念

本项目为中交第一航务工程勘察设计院有限公司投资建设的高层综合办公楼，位于天津河西区，建筑高度 99.9m。本建筑沿城市干道南北向布局，建筑平面为矩形。塔楼建于地块的东侧，主要房间南北向布置。

二、技术难点

本项目用地紧张，建设规模大，规划、人防配建指标要求较高。方案为地下三层，裙房四层，地上二十三层的建筑。地下二、三层为复式机械停车库，地下三层兼做战时人防空间，地下一层为附属用房（含餐厅、厨房、设备用房、自行车库等）。首层平面退用地界线建设，预留入口广场、绿化用地、地上停车位、地下车库入口空间及消防扑救场地，既保证了外部交通流线顺畅，同时满足了消防、规划的相关要求。裙房布置会议室、报告厅、咖啡休闲空间及健身房等，以满足高标准的配套要求。地下一层的员工餐厅设置天井满足采光需要，充分考虑了使用空间的舒适性和人性化，同时在天井中布置景观小品，把外部空间元素引入室内，创造宜人的空间环境。裙房以上的塔楼为办公空间，房间呈南北向布置，采用落地窗，采光充分，动静分区明确。此布局方式避免了其他功能空间对办公用房的干扰，同时方便集中智能化管理，增强了楼宇的安全性。

三、技术创新

本项目基坑开挖深度16m，局部最大深度达20.7m。基坑采用顺做法施工，竖向设置三道钢筋混凝土水平支撑。维护墙体结构采用800mm厚"两墙合一"地下连续墙，内设300厚内衬墙，兼做地下室外墙，使基坑挡土、止水、防渗与地下室外圈结合为一体，取得了良好的技术效果和经济效益。

老挝万象亚欧峰会大酒店

设计单位：广东省华城建筑设计有限公司
建设地点：老挝万象湄公河旁
建筑面积：34398.6m²
设计时间：2012-04
竣工时间：2013-07

设计团队：

黄军鹏　　　　杨智敏

陈伟聪　方良兵　冯险峰　胡碧莲　李丹平
李　韬　李伟华　林　昆　卢挺堃　年跟步
唐社英　薛小兵　叶　飞

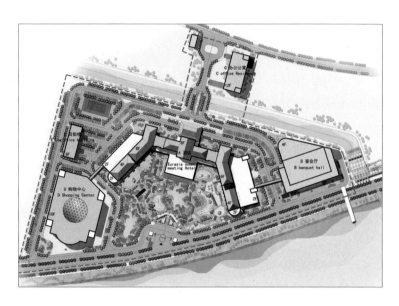

一、项目背景

　　老挝作为中南半岛的核心国家，对周围的泰国、缅甸、越南和柬埔寨等国有较强的辐射影响力。在实行改革开放政策后，近三年老挝的GDP增长率位居中南半岛国家的首位。2012年亚欧首脑峰会选址老挝万象，极大地提升了老挝的国际形象。

二、项目概况

本地块兴建大型城市综合体建筑群，首期是专为峰会兴建的五星级大酒店。酒店坐落于美丽的湄公河畔，地形呈三角形，东临城市主干道，西靠滨江大道。

三、酒店定位

酒店定位为五星级商务度假酒店，以齐全的餐饮、会议、商务、娱乐设施提供完善的酒店服务，以优美的花园环境、河岸观景令游客流连忘返。

四、总平面布局

A座五星级酒店设于基地正中，所有客房围绕花园布置，均可观赏花园和湄公河美景。B座酒店副楼设于酒店南侧，功能为宴会厅和KTV房。C座办公公寓楼靠东侧布置，D座购物中心位于北部。

项目建成后成为万象大型的集酒店、商务、办公公寓于一体的城市综合体。

五、建筑设计构思

1. 尊重所在地段地理环境，力求建筑总体布局与周边环境协调一致，处理好酒店与湄公河的关系。
2. 酒店功能布局完善，达到国际五星级酒店配套标准，满足亚欧峰会使用要求。
3. 结合投资、经营理念进行功能布局，力求投资回报好，酒店每一处空间均能产生经营效益。
4. 建筑形式借鉴当地干阑式建筑特点，以架空层、通廊、开敞式阳台等过渡空间设计，使建筑内部与自然环境有机融合，适应当地炎热多雨气候特点。
5. 采用园林式布局，建筑结合地形围绕内庭园布局，避免了外部民居对酒店的影响，创造舒适、宁静、优美的酒店环境。
6. 以"景观优先"原则进行空间设计，每处用房均有良好视野景观，并将湄公河景色引入室内。

南太武黄金海岸海洋科普馆

设计单位：厦门大学建筑设计研究院
合作单位：厦门都市环境设计工程有限公司
建设地点：福建漳州
建筑面积：2103.9m²
设计日期：2010-05/2012-06
竣工日期：2015-12

设计团队：

凌世德　　　　　刘建元

闵一鸣　张丛安　王量量　林智超　林 靓
潘是伟　连滨晔　张奕昌　陈 申　陈文雄

一、设计理念：　守望 指引 标志

　　海洋科普馆是一座小型博物馆建筑，又是一座大型雕塑。设计师用做雕塑的手法建造了这座博物馆，是技术与艺术的完美结合。具有景观标志建筑及科普文教功能的同时，追求独特造型并蕴含浓郁地方特色，具有闽南建筑韵味。一层为水母科普馆功能，二层以上为钢结构观海平台，现已成为厦门海岸线一座标志性景观建筑。

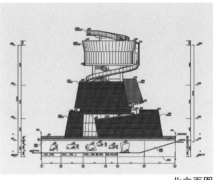

北立面图

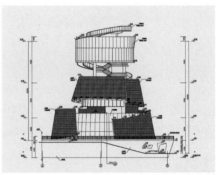

南立面图

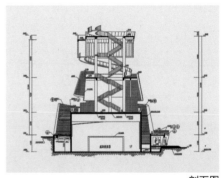

剖面图

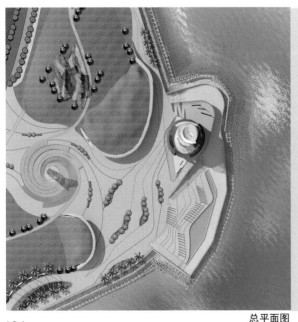

钢构体系分析

本工程建建性质为博物馆建筑，建筑造型新颖，变化丰富，材质选用恰到好处，底部选用闽南陶瓷体现地域建筑材料特色，上部玻璃跟金属体现现代建筑技术，运用材料对比体现建筑的雕塑性。

建筑上部为纯钢构由四根钢柱支撑，钢柱又由下部混凝土柱转换结构支撑，因此形成2.4米高的结构转换梁来支撑上部钢构体系。

将一层墙体做成混凝土墙体，外湿贴陶砖；二层墙体做成干挂墙体，陶砖干挂在金属框架上，使得上下墙体外观材料质感统一。

为减轻上部钢构体系重量，较小风阻，又使建筑上部有镂空的视觉效果，上部材料选用铝合金网幕墙体系。

建筑的第三层观景平台，使用网状幕墙结构围合成的建筑体量，此网状围合结构经过复杂的结构及风洞实验，采用最合理的孔隙率，也得到了非常理想的视觉效果。

总平面图

钢构体系示意图

二、技术难点

为解决多种墙体的材料统一问题，经过反复论证，将一层实墙做成混凝土墙体，外湿贴小规格陶砖；二层实墙做成干挂陶砖幕墙，同样规格陶砖干挂在钢框架上，使得上下墙体外观材料质感统一。 上层玻璃幕墙采用悬挂体系，产生飘逸感。2.4米高的结构转换梁支撑上部钢构体系，为减轻上部钢构重量，减小风阻，上部精选铝合金网幕墙体系。

三、技术创新

出挑6米的悬空旋转观景平台，经过反复计算使得楼梯的结构做到最小，构件尺寸做到最小，也是建筑内部路径跟建筑的高潮部分，登上此处，大海尽收眼底，在结构安全性达到的基础上，出挑最大距离，增加体验者的视觉冲击力。

汕头市中心医院门诊医技综合楼和急诊综合楼

设计单位：广东南雅建筑工程设计有限公司
建设地点：广东省汕头市外马路 114 号
建筑面积：67150.77m²
设计日期：2008-04/2011-09
竣工日期：2013-06

设计团队：

饶泽锋　　　　　　林志鑫

周淑明　　尹　恺　　饶泽宇　　肖　国　　陈锦安
袁志斌　　庄泽龙

一、设计理念

1. 体现当代医疗建筑特点，打造兼具时代感、医院建筑特色的建筑群体。

2. 实现建筑平面单元化、模块化，分区明确、功能齐全，提高就医效率。

3. "智能"化设计，使医院的医疗系统、管理系统、硬件设施等均达到现代化医院管理水平。

4. 良好的采光及通风，创造舒适节能的医疗环境。

5. 解决周边交通问题，实现人车分流。

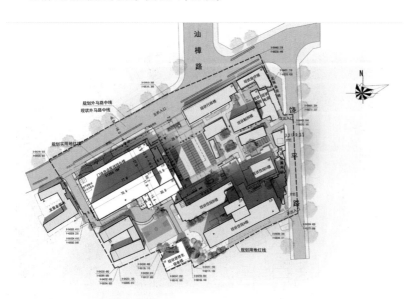

二、技术难点

1. 建筑周边空间狭小、交通复杂，需做到合理组织人车流。

2. 用地紧张给设计带来难度，需把门诊、医技、急诊、行政办公集中布置，既要保持各功能区的相对独立，又要考虑内部联系的便捷和条理；医院建筑需要大量停车位，用地条件给此带来难题。

3. 建筑群落成时间相差大，外观设计是另一难点。

三、技术创新

1. 同层布置门诊功能和医技功能，平面分成南北两大部分，北面布置门诊用房，南面为相应医技用房，使之做到相对独立的情况下，联系途径最短，提高就医效率。

2. 规划设计二层地下室，并采用平面、立体、仓储结合的多种停车方式，争取到435个停车位。

3. 设计充分利用现代科技成果，实现诊断、治疗、护理、康复、保健、科研、教学、保安等各方面的智能化与现代化。

汉江国际大厦

设计单位：武汉中合元创建筑设计股份有限公司

建设地点：武汉市江汉区新华路 296 号

（汉口建设大道西北湖中心商务区，新华路与江汉北路交汇处）

建筑面积：67365.33m²

设计日期：2008-05/2008-09

竣工日期：2014-04

设计团队：

| 侯 进 | 晏晓波 |

陈斯佳	刘文龙	熊炳宁	余 意	陈 平
彭肖凤	吴文卉	曹军波	赵庆裕	陶 杰
张 永	周博文	袁 冲

一、设计理念

IFC 汉江国际大厦身处武汉主城区金融核心区，周边写字楼云集，景观资源丰富。设计中着重空间形态上的分析，使其在城市整体形象中具有恰当的形体和外观，与周边建筑物和谐共生。

通过对周边景观资源、城市空间的分析，建筑整体空间把握开放尺度，与周边景观互为对话、相互渗透、互为交融，打造真正意义的"景观建筑"和"观景建筑"，为城市空间创造具有实用价值的开放空间与视线通廊。

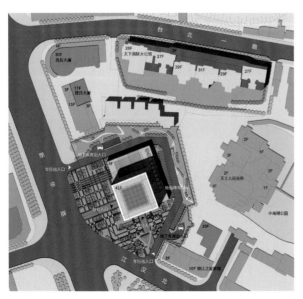

二、技术难点

规划——融入城市肌理

项目基地面积小，周边现状建筑拥杂，我们尝试对各种总图布局权衡利弊，决定将办公主体临新华路布置，易于体现高耸挺拔的主体形象。在有限空间内，面向景观设置 30M 的绿化通廊，面对城市预留一定的退让空间，使建筑与周边互为呼应。交通流线整体考虑，集约设计，共通共享，节约用地。

造型——周边协调共生

设计强调自身形象的独立性与完整性，突出自有特色，并与周边建筑协调。整体造型为简约明快的的现代风格，强调竖向线条与虚实结合两个关键点，结合生态和科技外观，使建筑具备现代感和亲和力。外立面采用"双层表皮"的形式，从"风、光、绿、影、能"五个角度优化建筑使用感受，低调中突显特色。

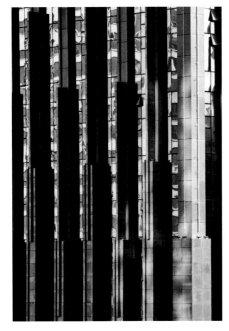

三、技术创新

    1.结构与外立面设计有机结合：以方形作为基础模块，采用筒中筒结构，减少建筑内柱，使办公空间更为纯净高效。同时，外围密柱可兼作为立面装饰构件。

    2.建筑节能：采用双层外皮的建筑模式，减少能量损耗，提高环境舒适度，节省运营成本。

    3.空间分隔灵活：为业主提供多种办公空间的可选择性。局部楼层提供5.4m高附加值办公区，结合内部无柱空间，可分可合，能依照不同需求对内部空间自由分割。

湖南益阳康雅医院

设计单位：浙江省现代建筑设计研究院有限公司
建设地点：湖南省益阳市高新区中心城区
建筑面积：204484m²
设计日期：2013-02
竣工日期：2016-06

设计团队：

李 晨　　　　　封素芬

王国栋	李科军	厉群飞	葛 宁	赵 枫
尤永健	吴贤信	龚国栋	张 坚	王政文
吴 松	曾国良	蒋德利

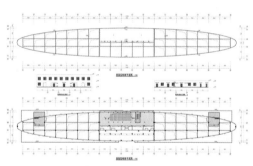

一、设计理念

　　体现"现代医疗康复中心"的设计理念，结合本院
实际情况，从总体规划入手，创造全新的医院运营模式，
形成独立完整的新型医疗体系。

　　确立以南北向为主的交通结构，设置不同层次的公
共空间，形成多层次的绿化景观系统，保证整个医疗系
统高效运作，并满足不同人群的生理和心理需求。

　　采用"人性化设计"的理念，做到布局紧凑、空间宜
人、流线清晰、流程科学、为病人提供高效舒适的就医环境。
并充分利用景观资源，最大限度的提供户外休闲康复空间。

二、技术难点

立足于合理的功能分区，结合场地特点及"同类归并、资源共享"的原则，由南至北布置医疗区、养护区和职工生活服务区。利用东西向地形高差分层设置出入口。多媒体大厅设置预应力梁，完美实现建筑效果。

三、技术创新

本项目是民营资本在医养事业上的一次成功探索，该医院现已成为民营大型三级综合医院建筑设计的参考范例。

东台市西溪旅游文化景区宋城建筑景观设计

设计单位：杭州园林设计院股份有限公司
建设地点：东台市
建筑面积：21532m²
设计日期：2012-03
竣工日期：2013-11

设计团队：

葛 荣　　　　　　于 娜

任仁义　郑 文　高 欣　陈 莹　卓 荣
铁志收　李伟强　张 慧　朱 君　俞丹炯
惠逸帆　李 倩　李其洋

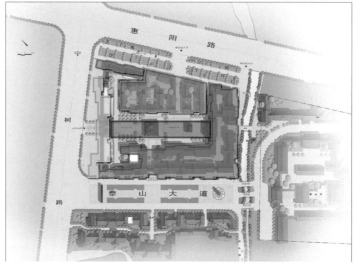

一、设计理念

　　传统宋式建筑风格的再现是设计的重点，也带来了一定得技术难题，在设计中为了满足规范及使用的大空间需求，主体结构采用钢筋混凝土框架结构，在建筑外立面装饰上采取一些传统木构节点的做法，以体现宋式的建筑风貌。木构节点与主体结构的连接处，采用预埋钢板、螺杆、木龙骨等固定方式，嵌入木构件中，表面用油漆粉刷，满足了安全性与美观性双重要求。

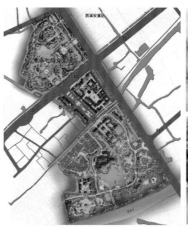 

二、技术难点

城门楼城墙的设计为了达到宋代城墙的效果，在节点设计上也经过了反复的思考，传统城墙均有一定得放脚，因此在砖墙外侧用混凝土浇筑了一道倾斜的外墙，保温层也正好安装在两道墙体之间，考虑贴面砖的难以达到较好的效果，采取了城墙砖切半砌筑的方式，在混凝土侧墙中预埋钢筋，每隔四皮采用水平通常钢筋，与植筋牢固连接，门窗洞口上预埋角铁与钢筋焊接，两侧超出洞口，洞口两侧用钢丝网水泥砂浆粉饰装饰外框。

宋城设计采用现代化的结构形式，以适应现代功能和规范要求，细节设计采用传统的木装饰构件，以达到现代结构和传统形式的完美结合。

东二环泰禾城市广场二期 12#、13#、15#~21# 楼商业街区及三期 22# 楼购物中心

设计单位：福州国伟建设设计有限公司
建设地点：福州东二环
建筑面积：311743.4m²
设计日期：2012-03/2014-05
竣工日期：2015-12

设计团队：

张雪飞　　　　　　　郑再良

吴瑶忠　　占云铜　　郑志雄　　黄典宏　　胡贤忠
陈翔　　林丹　　李友义　　林榕　　林信坤
林小玲　　王峥嵘　　李风勤

一、设计理念

以周边资源为依托，通过室外街区、广场的设计，引导组织人流，形成集聚效应的城市休闲购物中心。突出商业街区与综合体的互动，成为充满活力的"城市客厅"。

总平面图

二、技术难点

购物中心为大型城市商业综合体。设计中遇到的突出问题是复杂功能、多变空间与消防技术设计之间的矛盾。如何在保证消防安全疏散的前提下，获得功能和空间观感上的最佳效果，是本项目面临的最大考验。通过消防性能化专项研究和分析，针对项目具体特点因地制宜的制定最佳防火分区和疏散路径，即满足了消防疏散的安全可靠又保证设计方案的高质量建成，并获得完美的空间效果。

亨特·道格拉斯建筑产品西安生产基地

设计单位：中联西北工程设计研究院有限公司
建设地点：西安绕城高速南三环辅道以南，腾飞路以东
建筑面积：23399m²
设计时间：2010-11
竣工时间：2014-03

设计团队：

倪　欣　　　　鲍茂超

郭　峰　米晓勇　赵勇兵　李　欣　肖冠湘
刘　涛　覃夷简　孙志群　王　翼　郑　琨
杨潇然　陈　幸　张　昊

一、设计理念

　　本案通过围合内院保证办公环境的相对私密，通过多种新型建筑材料改变传统工业建筑呆板机械的印象，并通建筑体型设计、围护结构构造设计、材料设计、遮阳设计、自然采光通风设计等措施，减少建筑采暖、制冷、通风、照明的电力消耗，以达到节约能源、节省资源的目的，从而打造绿色环保节能的现代化工业园区。

二、技术难点

　　用地紧张且传统产研建筑形态单一；建设周期短、装配式要求高。完成全装配式建造诉求，注重建筑与材料的可持续性，通过多种新型建筑材料的组合打造简洁时尚的现代化厂区。

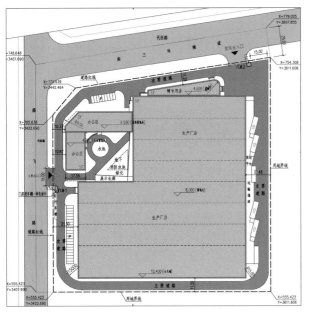 

三、技术创新

1. 采用了多种新型建筑材料：

a. 厂房外立面采用陶板与铝合金夹芯墙板结合的外墙体系。

b. 采用陶板与工字钢相结合的花格墙与幕墙组合的外墙体系。

c. 采用竖向陶棍装饰构件与电动机翼的遮阳系统。

d. 首次采用陶板与陶棍相结合的围栏系统。

2. 以装配式建筑技术进行全流程的设计与施工，尽可能地提高构件的预制率，增减建材的可循环、回收率的绿色设计诉求，满足高标准，短周期的要求，同时保证建筑质量，确保项目品质。

3. 厂房外表采用仿木纹色铝合金夹芯墙板，该材料保温隔热性能优异，同时严格控制侧墙开窗尺度，以克服西安地区冬冷夏热的环境影响。

4. 屋顶天窗改善了封闭空间带来的光线不足的影响，减小了照明能耗。

5. 考虑到办公区域位于厂区西侧的因素，大量采用了遮阳措施以降低夏季能耗，效果显著。

6. 空气源热泵机组模块化设计，可根据建筑实际的冷热需求量的变化，自动调节实际空调输出量，无任何大气污染，节能环保效果突出。

7. 系统循环水泵精确配置，扬程和流量紧密吻合，变频控制，可随空调负荷变化和室外气候变化自动调节，自动平衡。

8. 车间内设置屋顶式风机，夏季排风；冬季送风，维持室内正压状态，阻止室外冷空气的渗入，防止冬季车间内温度的下降，配合外墙夹芯墙板，在冬季保持适宜的工作温度，以达到节能目的。

河北师范大学新校区图书馆

设计单位：河北北方绿野建筑设计有限公司
建设地点：石家庄市南二环与仓丰路之间，建设大街与裕翔街之间
建筑面积：45345.35m²
设计日期：2007
竣工日期：2013-04

设计团队：

郝卫东   张利新

郑月兰　郭会彬　张　翔　郑俊华　王德庆　刘晓杰　郭金刚
胡玉强　马玉光　武东强　武彦芳　李　威　李果娟

一、设计理念

　　图书馆位置的重要性决定了图书馆建筑首当其冲地应担负起围合广场、回应轴线的重要责任，因此其形制必须以克制、理性为前提。在符合控制原则的前提下，形成建筑不同方向不同立面的自然形式。图书馆核心中庭作为中轴线的重要视点，将之设计为整体通透的圆形玻璃光庭，夜晚这里成为校园核心区的灯火通明处。院落空间的导入，将有利于建筑自然的通风与采光，以低成本实现节能环保的绿色设计理念。

二、技术难点

（1）体型大、平面不规则。结构抗震设计中，考虑结构整体性和各个区域的受力特点，在关键部位设置部分剪力墙并加厚楼板，以减少扭转及局部应力集中。（2）结构两个方向均超百米，需有效解决超长混凝土结构的抗裂问题。

三、技术创新

（1）采用少墙框架结构解决平面不规则结构的扭转不规则问题，使整体刚度接近规则结构。（2）超长混凝土结构的无缝设计及综合抗裂技术措施。（3）采用夯扩载体桩技术，即解决了场地上层不良土层问题，又提高了单桩承载力和减小了基础沉降。（4）入口大堂采用拉索式幕墙体系，实现了建筑与结构的完美结合。（5）大跨房间采用单向次梁布置方案，降低了单根构件的承载负荷，有效保证了室内净高。

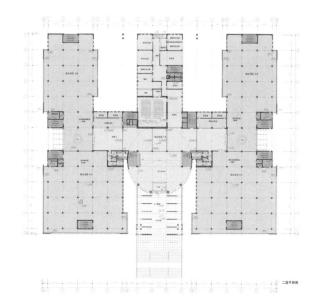

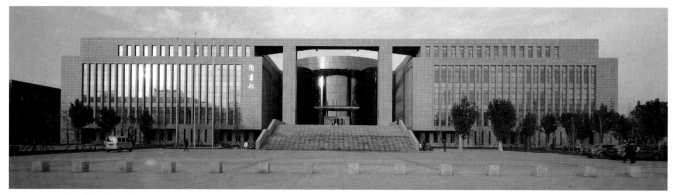

青海师范大学新校区体育运动区

设计单位：山东建大建筑规划设计研究院

建设地点：青海省西宁市

建筑面积：16513.25m²

设计时间：2014-06/2014-08

竣工时间：2016-02

设计团队：

王润政　　　　　赵学义

王兆瑞　辛　晶　董光明　李　冬　解建东
张艳文　张晓非　张绘军　屈宇光　徐志恒
王　洋　赵法文　王延荣

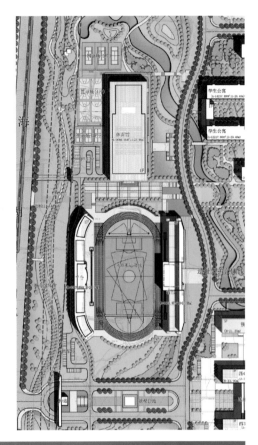

设计理念、项目特殊性、技术难点、技术创新

体育运动区位于校园西北侧的景观台地上，沿西侧海湖北路布置带看台的 400m 标准运动场、体育馆、篮排球场、台地景观公园。基于对基地内现有条件做出的分析可以看出，整个校区多处存在高差变化，我们在设计时，尽量做到避免由于过分平整土地而造成的施工上土方量的浪费，充分合理利用地形，通过建筑自身来消化原有高差。

体育馆：将主入口设于南部，从南边由大台阶引导观众直接到达建筑的二层入口，在各自进入观众席观看比赛。贵宾、裁判员、运动员、无障碍出入口、内部办公人员等入口设在一层。体育馆由两个馆组成，南面是主馆，可以承担地区性和全国单项比赛等，北面是训练辅馆。两个馆通过连廊连接在一起。同时造型统一考虑形成完整的一体。建筑造型上部采用大折板统一覆盖，穿孔铝板幕墙与干挂石材幕墙，实（墙体）与虚（玻璃幕墙）的鲜明对比也强调了体育建筑的大气与灵动，展现了动与静的对比，彰显了力量之美。从而获得了很好的整体协调性和极强的标识感。

看台：东体育场看台的设计中，整个体育场与东侧道路有 6m 左右的高差，我们将侧看台下方的室内地坪定为 −6m，场地内跑道的标高为 0.00，这样既充分利用了看台下的空间，又解决掉两个台地之间的部分高差，节约了资源，因地制宜。西体育场东看台的造型我们也做了特殊处理，使其从东面看去形成完整的建筑立面形成轴线上的标志性建筑。立面与顶部折板的处理使建筑更加灵动，完美诠释了体育建筑的特点。

无锡茂业城二期

设计单位：深圳机械院建筑设计有限公司
建设地点：无锡市南长区
建筑面积：398638.61㎡
设计时间：2007/2011
竣工时间：2015-12

设计团队：

陈　颖　　　　唐增洪

李荣辉　丁　红　李耀星　蒋丹翎　张世忠
方运红　安玉田　夏　康　陈　新　胡　鸣
朱必仁　邢霖生　齐　峰

项目简介

无锡茂业城项目是一组大型的商业地产性质"城市综合体",包括5层商业裙房、2栋住宅塔楼和1栋超高层酒店(含办公),地下1层为商业,地下2层为车库。项目总用地面积2.85万 m²,总建筑面积近40万 m²,高层住宅99.50m,超高层塔楼303m,停车位总数超过1000个。

地块位于无锡市南长区的中心位置,文化路从地块中穿过,城市主干道太湖路、运河东路为地块提供相当便捷的交通网络。本案毗邻太湖广场,蕴含着极强的都市形象和历史文化特征。为唤醒一种自然的城市发展观,为激发一种人文的城市环境,为倡导一种包容的城市价值观,从而形成了独特的设计理念:建筑与自然环境共生,与地域文化、历史、经济共生。

商业裙房为顺应地形呈"L"形布置,成为建筑群之基座,两路交叉处以一栋300m的雕塑般造型的超高层塔楼确立了项目的高度,裙房之上两翼是高层住宅,由裙房屋面构成其生活休闲空间。这样的布局既能使住宅得到充足的日照,又能得到最好的景观朝向,从而达到整体布局最优化。总览全局,建筑分布及组合犹如航海巨轮,气势如虹,波澜不惊。

本案平面布局严谨,空间组合合理,立面构思精细,结构选型安全可靠,体现了现代国际建筑与设计的发展潮流。整体造型设计严谨统一,从容大气;建筑高低错落,开合有度。以鲜明的形象和认知度为人们接受,与传统文化和现代都市共同演绎新的城市历史。

本项目自2007年开始设计,2015年竣工验收,历经八年终于建成,其规模及设计难度都达到公司项目之最,尤其是超高层达300m以上,超限审查突破了江苏省内审查范畴,提交国家结构超限委员会论证通过,为公司超高层设计开创先河,积累了宝贵的设计经验。

五彩飞阁

设计单位：玉林市城乡规划设计院
建设地点：广西玉林市园博园内
建筑面积：3676.2m²
设计日期：2015-03
竣工日期：2016-02

设计团队：

丘 阳　　　张 中　　　陈 纲

林 京　　　林春晖

李 奎　姚 杰　刘善生　袁 新　谭剑军
尹耿民　梁京军　杜 枫　梁慧乐　文小凡

一、设计理念

五彩飞阁为高层仿古建筑，运用现代建筑技术施工，实现仿古木结构的建筑形态。按照中国传统建筑的标准，建筑强调中轴对称布局，以求得整体的平衡。立面造型上由台基、屋身和屋顶三部分组成，二层大飞檐，三至七层小飞檐，整体呈下大上小的塔形，层层叠叠有高山流水之感和轻盈灵动的韵味。

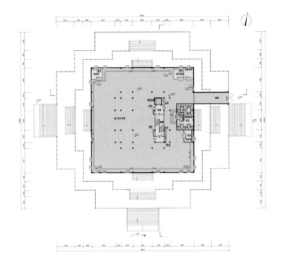

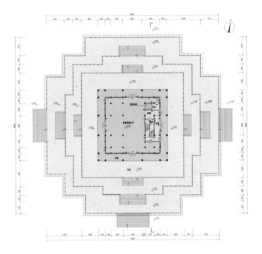

二、技术难点 & 技术创新

    整个建筑轻盈大方，与优美的环境相融，一面临水，三面环坡，建筑即景，景即建筑，登阁远眺，整个园博园和玉东湖美景尽收眼底，美不胜收。夜色里，波光粼粼的倒影，灯火辉煌的飞阁犹如镜中水月，形成极大的视觉冲击。五彩飞阁上部外廊的柱子逐层收进，相应部位采用宽梁托柱实现转换，这样一来建筑体型就实现逐层缩减的感觉，避免了单一、臃肿的形象。细部设计是仿古设计的灵魂，精致的斗拱、华美的挂落以及跃跃欲飞的飞檐，使得整个建筑细腻丰满。

十笏园街区工程

设计单位：潍坊市建筑设计研究院有限责任公司

建设地点：潍坊市潍城区，东至曹家巷，南靠东风西街，西临向阳路

建筑面积：26 万 m²

设计时间：2010-05

竣工时间：2015-01

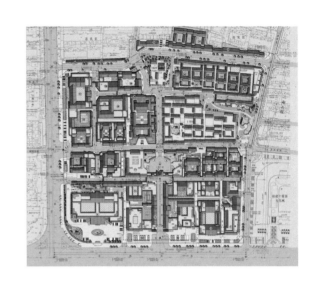

设计团队：

赵延国　　　　郭召利

李亚林　孙　涛　逢国涛　王孝亮　闵建新
高　桐　王鹏宇　冯冰冰　韩国栋　王光升
徐华丽　郭德峰　柳晓强

　　十笏园片区位于城市中心区，处在"主城区"的核心部分，是潍坊老城的西城中心。它东侧与涅河片区、凤凰片区相邻，西与圩河片区、符山片区相接，处于总体规划结构中"中央廊道"的边缘。根据总体规划，潍坊市将打造 20 条特色商业街，其中就有"胡家牌坊古文化街"，以及城市"民俗旅游区"的规划要求，再结合十笏园片区（含一、二、三期等）控制性详细规划的定位，将十笏园街区（仅片区一期）的功能定位为"以历史文化环境保护为核心，集旅游、商业、公共服务为一体的城市中心区"。

　　十笏园的文物古迹建筑造型和空间组合形式，已为新建仿古建筑提供了真实可靠的参考蓝本，新建仿古建筑可充分利用其中建筑单体造型，细部装饰，色彩运用等手法，达到街区建筑风格的和谐性，建筑空间环境的完整性。

　　本项目占地面积 9.98 公顷，地势标高比较复杂，大底盘的地下车库单层面积达5.5 万 m²，底板及顶板标高需根据地形协调设计，通过仔细分析研究，底板分为三个标高板块，顶板根据地势及街区景观要求，设计多达 140 个标高，完美地实现了整个街区的协调统一。

白银市体育中心

设计单位：甘肃省建筑设计研究院
建设地点：甘肃省白银市西区兰州路与城信路交叉口
建筑面积：40851m²
设计日期：2007-07
竣工日期：2012-12

设计团队：

屈　刚　　　　　　王　栋

刘兴成　张　轩　江重阳　刘　磊　杨　立
姜凌云　王克勤　祁跃利　赵　炯　戴　瑞

设计理念及特点

1.综合体育馆：

建筑形体采用大、小两圆相连，顶部为两个半圆型网壳相接，顶部网壳上做莲花形采光天窗，天窗材料选用米字型聚碳酸酯阳光板，避免直射光产生的眩光，同时降低了平时使用的采光能耗。

主体结构为框架结构，屋盖采用钢结构经纬线型肋环型双层网壳。

2. 网球馆:

网球馆总体分为东西两个网球训练馆相互交错,中间为局部三层夹层,并在结合部设置圆形的休息空间。屋顶为弧形网架,北侧圆柱体部分穿过弧形屋顶,两个网球训练馆上部的弧形屋顶相互交错穿插,形成丰富动感的体量关系。

3. 体育场:

体育场平面采用八心椭圆,看台为四边看台。主体南北长约225m,东西长约210m,东西主看台设有罩棚,罩棚向看台内侧悬挑长度为22.70m~28.40m,沿纵向长度为150.00m。二层观众环廊与综合体育馆外廊相连,同时将体育场和综合体育馆组成一个有机的建筑组合体。

综合体育馆及体育场均按不同支座约束边界条件进行了多工况分析与对比,支座构造上选用了可微量滑动的铸钢支座应用以部分释放温度作用引起的内力,成为"可呼吸"的结构,并且完成了钢结构屋盖与下部混凝土结构的总装分析。

贵州茅台酒股份有限公司 2012 年 2500 吨茅台酒技改工程

设计单位：贵州省建筑设计研究院有限责任公司
合作单位：贵州茅台酒股份有限公司
建设地点：贵州省仁怀市茅台镇
　　　　　（贵州茅台酒地理标志保护产品地域内）
建筑面积：70050m²
设计日期：2012-07/2013-05
竣工日期：2013-06
设计团队：

程 鹏

夏忠翔　　任思屹　　袁中胜　　申晨龙

刘刚林　　张　龙　　班兴兴　　曾　曦

王勤书　　许　芳　　王　伟

一、设计理念

　　A.可持续发展的理念——由于能够生产茅台酒的区域有着极其严苛的要求（赤水河河谷南面、海拔 520m 以下、紫红色土壤、微生物群落等）且非常有限，充分有效地利用土地并考虑赤水河水资源和茅台酒生产的微生物环境的脆弱性，精心设计确保项目的顺利实施。 B.工艺的坚守和创新——在满足传统工艺生产的前提下，考虑以人为本的发展观，对原料供应、成品输出等环节采用新技术、新设备以减轻劳动强度和提高生产效率。C.行业特色和地域特色的展示——茅台酒作为国酒和酱香型白酒的鼻祖，充分汲取其生产原料、地质地貌、历史建筑的元素并提炼加以利用在设计中，展示茅台酒悠久的历史文化、茅台特色和地域文化。

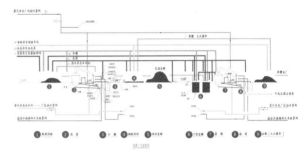

茅台酒"端午制曲、重阳下沙、3 年储存，历时 5 年包装出厂"是顺应自然而遵天时的古老科学方法。
（1）制酒是茅台酒生产的点睛之作。临近重阳节，赤水河从褐色浑浊魔幻般地变得清澈透明，制曲已在此时完成。用开水清洗数遍淘洗去渣滓并使高粱吸水。高粱上甑蒸煮，高粱散在地上"摊凉"，之后分次按 1:1 比例加曲，再每次加曲的数量并不相同。
（2）加曲后要将酒糟堆成一个高两米圆堆型，吸纳茅台空气中掺杂的微生物的"开放式发酵"。
（3）开放式发酵完成后，把酒糟铲入窖坑（当地特殊窖坑石砌成），用窖泥（本地的紫黄泥）进行封存开始"封闭式发酵"，之后坑封闭式发酵。
（4）1 个月后窖坑打开，按照 1:1 的比例加入新高粱继续上甑蒸煮。摊凉后加曲，开放式发酵，之后坑封闭式发酵。
（5）1 个月后，开始第 3 次蒸煮并第一次取酒，然后再进行多次取酒，蒸煮取窖泥，两周复始，共进行 9 次蒸煮，7 次取酒。
（6）每一次出的酒香味并不相同，茅台酒分 3 种典型体：酱香、醇甜和窖底。第一、二次的酒酸涩辛辣，第 3、4、5 次出的酒最好喝，最后两次的酒集苦味。

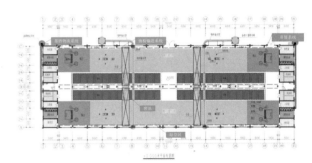

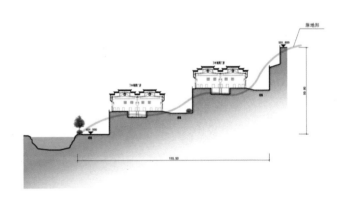

厂房确堂区为茅台特制三台土地质，造天地之灵气，造人间之精华摊晾、开放式发酵必须和自然土壤地面接触，同时锅纳微生物进行新制。蒸馏系统、基酒输送系统、曲粉输送系统在保留原有传统工艺同时对进行创新。原馏系统已获得国家实用新型专利证书，基酒物流和曲粉输送系统正在申请国家专利。

二、技术难点

A. 在平均坡度达 40% 的用地上规划建设大体量工业厂房并合理进行交通组织；B. 对"古滑坡体"治理并建设利用；C. 应对施工工期紧迫的要求（征地拆迁难度大、茅台酒重阳节下沙开始生产季节性需求）；D. 90m 长的厂房内不设雨水口和雨落管；E. 自然通风设计确保微生物与制酒原料的交融；

三、技术创新

A. 经多方案比较和论证，将支挡抗滑桩与基础合二为一，多桩共同作用抵抗水平力；地面结构采用大量非标预制构件（16m 跨薄腹梁、屋面板、天沟、牛腿柱），解决了施工场地局促、环保、工期的问题，确保了茅台酒生产季节性要求；B. 冷却水的循环利用减少赤水河水资源的索取以确保其生态稳定；C. 结合茅台特色在国内首先采用"蒸馏系统"、"曲粉输送系统"和"基酒物流系统"以减小工人劳动强度，其中"蒸馏系统"已获得国家专利。D. 以上措施节约了用地修建景观小品和室外休闲活动场所，节约投资的同时又确保了"茅台酒生产所需微生物环境"和"体现了对员工的人文关怀"，建成每年酿造出优质茅台酒基酒约 3300 吨，比设计产量提高约 1.3 倍，年新增销售收入约 27.3 亿元。

贵港市体育中心

设计单位：广西壮族自治区建筑科学研究设计院
建设地点：广西贵港市
建筑面积：118165m²
设计日期：2011-08
竣工日期：2016-03

设计团队：

李杰成　　　　　　谢雪玲

卢　宏	庞志宇	周　霞	贾　红	唐艳华
程国红	曾昭燕	韦　亮	周　涛	周　冰
肖　嫦	许　可	庞宗乾		

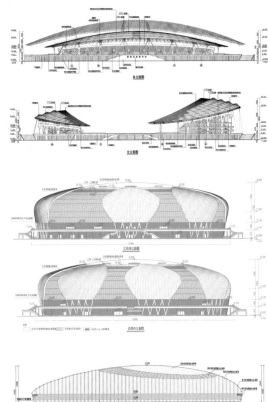

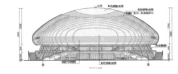

一、设计理念： 以"时代、地域、标志"为方向，"以人为本"为原则，造一个具有地域文化内涵的功能性的城市地标。

　　项目以荷城贵港的"荷文化"特色为主线，设计利用荷莲文化特征造型元素充分体现地域文化和注重本地气候特点。以"荷花瓣""莲子""莲蓬"的抽象化造型构成一个生动的荷莲文化体育建筑综合组团，具有很强的现代感和浓厚的地域文化气息，各场馆相互呼应、相得益彰，既保证了使用功能合理性又充分体现了地域文化内涵。利用建筑特殊的形体设置架空外廊形成景观连廊连通三个场馆的交通及疏散，又不影响地面交通，还形成了遮风、避雨和遮阳架空连廊，充分照顾了南方的地域气候特点，提高使用品质。体育场采用双曲大跨度悬挑钢桁架张拉膜结构等手段，表现了结构的合理性和现代技术的壮观、流畅、动感韵律美，展现体育建筑的内涵和特性美，综合馆与游泳馆荷莲造型美观，建筑金属屋面的曲面条形纹理与阴影配合在阳光下熠熠生辉，使建筑造型与结构力量感完美结合；组团建筑飘逸大气，项目已成为贵港市重要的城市地标。

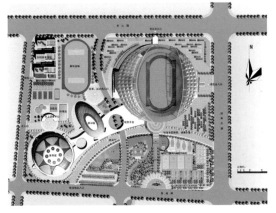

住 | 宅 | 类

·2017 年度中国建筑设计行业奖
作品集

杭州良渚文化村随园嘉树项目三期工程养生中心

设计单位：浙江省建筑设计研究院
合作单位：上海中房建筑设计有限公司
建设地点：杭州良渚文化村
建筑面积：80850m²
设计日期：2012-09/2013-08
竣工日期：2014-09

设计团队：

曹跃进

陆臻

谢强	袁园	沈炜菁	王珏蓉	周洁
丁浩	唐立华	陈劲	顾石磊	蒋克伦
程澍	卓银杰	张瑶		

设计理念、项目特殊性、技术难点、技术创新

随园嘉树项目，独具匠心地开创了中国"邻里式养老"典范，将智能化、适老性设计融入产品细节，把"六心"级服务贯穿作品始终。两梯四户的老年公寓描绘出舒适的居家氛围和邻里交往模式。入户动线无障碍通行，配备担架电梯及隐性救护车通道，保障关怀直达。

总平面图 1:500

中央"金十字"公共区利用地形高差设计成覆土式庭院建筑，涵盖餐饮、社交活动、健康管理、休闲娱乐等多项生活服务，全面满足长者实现自我、交友互动的颐养之乐。护理楼以长者的行为模式和人体工学研究为基础，进行一系列针对性、系统化设计，为介护长者优质的晚年生活保驾护航。建筑立面以面砖为主材，辅以质感较强的金属漆涂料及木材等，在肌理统一的前提下，利用不同的造型、材质来丰富建筑形象，力求以沉稳的色调、简洁的造型，凸显长者的尊贵品质。

广州南湖山庄项目—C 区住宅和 D 区高层住宅

设计单位：华南理工大学建筑设计研究院
建设地点：广州市
建筑面积：21 万 m²
设计时间：2009-12/2014-03
竣工时间：2014-11

设计团队：

倪　阳　　　　　林　毅

陈福熙　高　飞　陈欣燕　吴小卫　张敏婷
田　珂　邓心宇　徐杰星　唐嘉敏　谢　曙
李宗泰　曾银波　林伟强

一、设计理念

1. 因地制宜。规划总平面建筑布局结合山地特征，采用台地开发模式，因地制宜进行布置，形成顺应地势的小聚落组团空间和层层跌落的山地景观。

2. 景观资源最大化。场地西侧为广州市著名的风景区南湖。项目采用了逐层抬高的布置方式，多数低层住宅都有较好的视线通廊，高层布置在半山之巅，不仅不会遮挡别墅，更为高层住户提供了更加独特的景观体验，强化了景观优势。

3. 户型创新。高层住宅将台地的概念引上空中，在空中植入平台，并用层层成 90 度错位，形成 6m 高的空中院落。客厅结合平台设计在楼宇尽端转角处，为住户提供 270 度的无敌景观。在顶层提供三层的复式空中别墅。

4. 接触自然。不仅仅表现为低层住宅的半开敞天井院落，高层住宅的环绕形的大平台和空中院落，还在高层住宅下部的半开敞阳光车库中，设计最大限度地让住户能有机会接触自然。

二、技术难点

建筑设计结合山地特征采用跌落式设计，并设置集中的公共绿地，形成具有山地特色的居住组团。高层住宅位于山坡上，由低点的基础面标高——23.05m 过渡到高点的基础面标高——15.2m，高差约 8m。采用桩基础，保障了建于山坡上的高层住宅的安全。

三、技术创新

1. 低层住宅户型根据地形不同，分别设计为前高后低，前后相平与抬高基座的不同的户型来应对。在造型上以错动的平台和木色遮阳板作为主要造型元素，通过移动百叶，形成可变的外立面肌理，为现代造型的住宅增添细部。

2. 四栋高层住宅建筑利用横板的元素强调建筑层的感觉，并不断左右错落，既丰富活泼了立面，又可以形成两层通高的空间，使视野变得比较开阔。在顶部设计的多套复式户型，利用平台出挑为住户设计了空中私家泳池，提供十分独特的生活体验。

3. 半山会所。在 D 区高层住宅区，结合地形，横跨山崖设置了半山会所，住户可通过塔式电梯从山脚直达高层的入户平台花园，并在层层叠落的平台上设置不同的功能用房，满足住户的文娱活动和社区交往，顶层设置屋顶无边泳池，一览南湖美景。

4. 阳光车库。在高层住宅的底部，结合山地地形设计了一面开敞的阳光车库。车库采用斜坡式停车，减少施工土方开挖的同时，提高了停车效率。在外围护上没有采用传统的墙体封闭，而是采用预制清水混凝土板遮阳，形成富有韵律，可以呼吸的外立面。

骋望骊都华庭

设计单位：江苏省建筑设计研究院有限公司
建设地点：南京市江宁区
建筑面积：221544m²
设计时间：2010-03/2010-11
竣工时间：2014-09

设计团队：

周红雷 　　　　 徐延峰

章景云　张　猛　于蓓文　董　伟　单　莉
夏卓平　刘文青　颜　军　蔡　蕾　顾　苒
王金兵　周岸虎　刘　燕

一、设计理念

　　设计遵循景观化、智能化及高效化，将城市化的住宅排布及景观与生态中心景观相结合，形成全新的时尚、生态居住区。

二、技术难点

　　本工程采用全热回收埋管式地源热泵技术，24 小时供应热水。住宅的新风采用设在屋面的转轮热回收式新风机组，通过若干竖管送至各套住宅。

三、技术创新

　　项目设计于 2010 年，前瞻性的采用绿色设计，该建筑竣工使用以来，在可再生能源及绿色建筑运营上已取得很好的经济效益。

　　项目现已成功申报国家绿色三星建筑工程。

大华·西溪风情多层电梯公寓项目—澄品

设计单位：浙江大学建筑设计研究院有限公司
建设地点：安徽合肥
建筑面积：1002m²
设计时间：2012-02/2014-03
竣工时间：2015-12

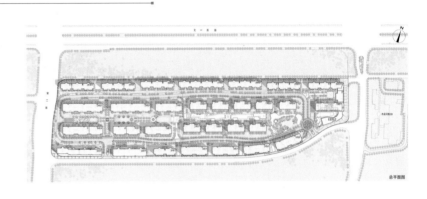

设计团队：

鲁 丹　　　　　张 燕

王启宇　王立明　黎 冰　宣基灿　吴 杰
张鹏飞　卢德海　丁 德　袁洁梅　叶芳芳
金 杨　苏 健　金圣杰

一、设计理念

　　设计采用地域主义的策略，并非视传统为非理性和怀旧的，而是直接面对场地条件的理性与感性的交织。设计回归民居建筑空间形态，对微小体量的地域化设计，更接近场地中的场景建构，并无过多的平铺直叙和扬抑铺垫，而是恰到好处地一叶知秋，直至意义核心，以"微空间"的设计来诠释"徽空间"的内涵。

二、技术难点

　　总体布局上，面对周围现存紧张的空间关系，如何尊重、延续场地文脉并建立场域；功能设计上，面对科研发展的各种需求，如何平衡不同功能属性并达到功能与形式统一；技术建造上，面对创新的结构和构造方式，如何协同各方工作，平衡实际需求，推进工程进度并达到技术与意境的融合。

三、技术创新

　　布局上，遵循"群落"般的生长规则，并非刻意对预设规划框架的填入与完成，而是在周边建筑完成之后，针对场地已有实际空间形态作出的策略回应；功能上，有效解决展示、交流、停车等多种功能的平衡，并在形式上符合总体布局的定位，与周边建筑良性对话；技术上，建筑师与业主施工管理方协同合作、相互理解，努力平衡施工建造中出现的种种细节问题。在多方沟通与管理之下，通过专业技术、工程经验、组织结构和设计智慧，找到满足各方需求的"平衡点"，最终共同创造精品。

华润小径湾花园（一期住宅及商业）

设计单位：广东省建筑设计研究院
合作单位：澳大利亚柏涛设计咨询有限公司
建设地点：广东省惠州市大亚湾区小径湾
建筑面积：31.93 万 m²
设计时间：2012-08/2014-12
竣工时间：2014-12

设计团队：

许成汉　　　　　胡曼莹　　　　　黄伟勋

邓伟明　叶求寿　叶冬昭　阮镜东　叶建林　叶健强　黄鸿泉　张亚非
温剑晖　梁亚娟　钟镇澎　江宋标

项目简介

　　项目位于广东惠州市大亚湾区小径湾地区，依山傍海，南临小径湾海域，包含天然海湾，东、西、北三面群山环绕，风景优美。住宅建筑面积约 31 万 m²，地上 32 层，采用点、线、面结合的布局方式，形成一带、三个中心组团的小区空间。一线沿海布置退台式多层洋房，尺度亲切，滨海空间舒适，点式高层住宅及板式高层弧线形布局，错落布置，形成良好的前后进退关系，营造具有多维度具有变化的小区空间及沿海建筑界面，疏密有致。整个住宅区所有住宅都能享受到最大的海景。商业为多层，建筑面积约 9 千 m²，地上 3 层，设置会所，商业及餐厅，造型整洁大方，沿海平面展开，层层退台，立面精细设计。

　　项目设计采用现代风格，简约整体，采用水平线条与大海、沙滩相呼应。立面注重功能性，确保住宅观海视线，颜色以滨海风格的白色为主，注重细部设计。

梦湖香郡三期（A区、B区）

设计单位：中南建筑设计院股份有限公司
建设地点：武汉
建筑面积：86300m²
设计日期：2007-07/2008-05
竣工日期：2010-04

设计团队：

桂学文　　　　　　　杨春利

许　云　　余雪薇　　李智芳　　毋志晓　　吴瑜锟
王　波　　王　强　　胡　艳

一、设计理念：诗意的栖居

位于武汉市江岸区塔子湖畔，依托良好的自然环境形成"绕湖、亲水、生态、多路径、开敞性、均好性、可达性、共享性、层次感、城市环境融合性强的环湖公园式住宅区"；因地制宜、顺应地势，充分利用原始"前低后高式梯度空间"地形地貌特征，错位布局兼顾朝向与日照；建筑风格和谐有序，细部处理简洁明快，采用玻璃窗与实体的外墙面砖及石材对比，虚实相间、富于变化；

B1-大独立住宅1-11轴立面图

B1-大独立住宅K-A轴立面图

B1-大独立住宅剖面图

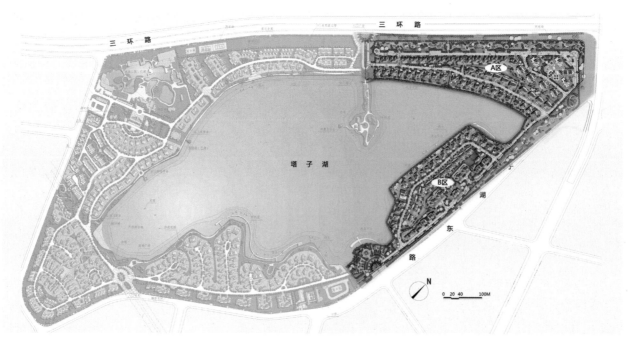

塔子湖

A区

B区

三 环 路

湖

东

路

N

0 20 40 100M

二、技术特点、难点与创新

总体规划：梦湖香郡三期 A、B 区住宅小区位于武汉市江岸区塔子湖畔，依托良好的自然环境，总体规划设计目标定位为"绕湖、亲水、生态、多路径、开敞性、均好性、可达性、共享性、层次感、城市环境融合性强的环湖公园式住宅区"。

在设计过程中，因地制宜、顺应地势，充分利用原始"前低后高式梯度空间"地形地貌特征，错位布局兼顾朝向与日照，沿湖一线布置独栋别墅，二线布置双拼住宅，三线则为多层和小高层住宅，打造出户户观湖的宜人居住条件和良好的景观视野。

低层住宅采用小面宽大进深式设计，节地节材节能，体现可持续发展观。建筑体型规整，体形系数小，注重对节能材料的使用，有效降低后期采暖成本。中间局部穿插庭院，进一步优化采光和居住环境。

立面风格：建筑风格和谐有序，细部处理简洁明快。立面采用玻璃窗与实体的外墙面砖及石材对比、虚实相间、富于变化；结合遮阳板，遮阳格栅等手法，巧妙适应武汉气候特点，形成特色鲜明的建筑立面形式，体现居住建筑的品质感。

户型设计：别墅户型设计方正规整、经济实用，强调 公共空间的融合与流动，消弭交通空间与功能空间的界限。空间构图手法虚实结合，注重光影的运用与塑造；室内外沟通良好，巧妙框景，向湖光山色借景，用本土生态造景。2 层通高客厅、超大观景卧室、180° 转角观湖窗、360° 全景观露台，尽享潇洒、浪漫的诗意生活。

大汉·汉园——果园里的"中国院子"

设计单位：山东大卫国际建筑设计有限公司
建设地点：中国湖南省长沙市
建筑面积：59390.51㎡
设计日期：2011-09
竣工日期：2014-05

设计团队：

申作伟　　　　　　张 冰

朱宁宁　徐以国　赵 娟　王振亮　王 健
李传运　曲 直　崔钦超　郭 真　王泽东
刘 钊　王 腾　邵明磊

■别墅一层平面

■别墅二层平面

一、 设计理念：大长沙，始于汉。

　　湘楚大地是汉文化的发源地。基地为果园所环绕，所以我们要做的是果园中的中国院落。我们希望，通过现代的手法与材质表达出中国骨子里的雍容华贵！项目以营造"果园中的中国院子"的生活场景为主题，采用中国汉唐时期的建筑元素，以现代建筑的施工工艺，打造具有中国传统特色的现代化宜居低密度楼盘，切合了中国人内心的苑囿情结。项目保留了大自然原有地貌和环境；尊重地域文化和特色，将地域性作为建筑的基本属性之一，做到因地制宜，使项目真正融入城市文化脉络。

总平面图

二、技术创新

汉唐之风，我们视之为项目灵魂，运用纯粹的汉式风格，打造宫廷式院落，古韵汉风，庄重尊贵细节上采用轻质铝合金材料屋顶，使屋檐的出挑更加轻巧深远，减少了使用传统混凝土结构的笨重感，与现代中体现汉唐气概，着力营造汉文化精髓的空间感受。

三、建筑空间设计

采用了前庭、大院、小院、窄道、后庭等不同中式建筑文化的空间精髓与现代风格平面构图的结合来表达，并不拘泥于传统建筑的等级界限。无论是中国的宫殿还是大宅、民居，都是由大大小小的院落空间所组成，中国人含蓄、内敛的性格就是在这种环境中养成的，这才是中国居住文化的根。

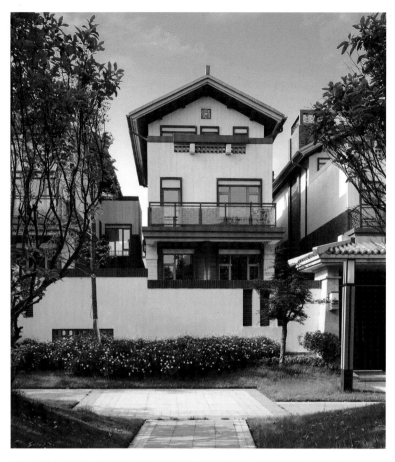

贵州国际旅游体育休闲度假中心白晶谷 A、B 区

设计单位：贵州省建筑设计研究院有限责任公司
建设地点：贵州省双龙航空港经济区
建筑面积：103508.18㎡
设计日期：2012-07/2013-05
竣工日期：2014-06

设计团队：

任朝刚

张雪源　黎　涛　许　彤　钱海红　张成祥
翟　清　李自雄　项　苑　丰素香　粟　波
黄　枫　廖　巍　李　剑　李庚银

一、设计理念

　　街坊复兴、以人为本、海绵城市、山地特色、开放宜居、生态均好。规划将传统院落居住文化与山地建筑特色、大众居住需求等有机融合，以类聚、共享为核心，倡导居住文化复兴，营造良好的旅居环境。规划以人为本，充分利用地形高差，将"邻里中心"和"景观营造"相结合，建筑依山就势，显山露水，充分体现山地建筑特色和生态均好性，打造海绵城市，形成整个区域综合性绿色生态，休闲度假，开放宜居的示范展示区。布局注重院落、空间、景观形态，以组团为中心，山体为背景，道路为脉络，尊重地形，节地节材，错落有致，丰富天际线，建筑融入青山绿水之中。

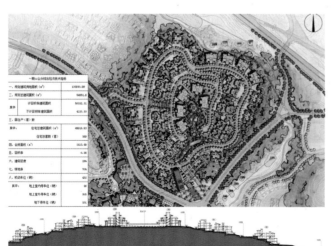

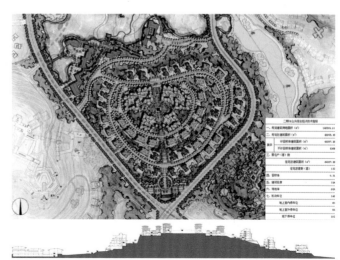

二、技术难点

　　项目处在喀斯特丘陵地区，建筑布局上依山就势，因地制宜，将大自然赋予基地的美，与当代建筑技术相结合，注重空间景观形态，营造立体化、多层次的空间，最大化减少对环境的破坏，打造一个贴近自然的艺术体。建筑材料上运用当地的一些常用材料，比如石材、木材等，结合现代材料，使建筑有强烈的时代气息，也不失传统风采和地域性。利用基地得天独厚的山地景观，结合体育公园、湿地公园、峡谷公园、山体公园等，营造多层次的景观，人景共生，房建筑生长在青山绿水里，与大自然融为一体。

三、技术创新

    遵循生态优先原则，将自然途径与人工措施相结合，通过绿地、花园、溪流、湖面、湿地、可渗透路面等景观及配套设施，充分消纳和利用雨水，建设海绵城市。响应国家新出台开放社区的号召，将零散的用地整合利用，以人为本布局，创造理想的 COM 开放社区和充满人文关怀的院落街坊。项目将不同空间的建筑通过合院、庭院等形式进行组合，将旅游度假、康体运动融入其中，化整为零，营造多种空间，增强邻里关系，带来全新的旅居理念。

中房·翡翠湾

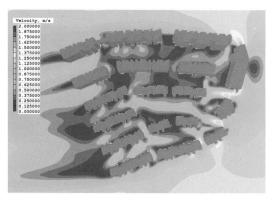

设计单位：华蓝设计（集团）有限公司
　　　　　北京中外建建筑设计有限公司深圳分公司

建设地点：广西南宁

建筑面积：14.09 万 ㎡

设计日期：2012-08/2014-09

竣工日期：2015-05

设计团队：

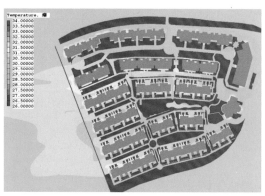

刘　西	张　栋	庄明辉	黄其超	戴世飞	王会娟
吴　柳	覃振东	梁海嵘	刘芳君	黄三贵	莫远昌
许健光	吴　扬	农佳莹

一、项目特色

　　广西首个国家三星级绿色建筑示范住区，集多层、中高层住宅于一体的"超低密度纯居住社区"。

　　规划特点：因地制宜，台式布局；

　　景观特点：立体庭院，复合绿化；

　　建筑特点：三星绿建，节能标杆。

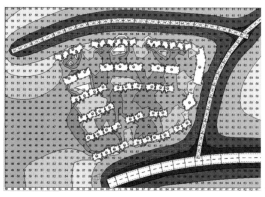

二、技术难点

1. 规划特点：因地制宜，台式布局

充分利用地形，采用北高南低的建筑总体布局，营造良好的通风、采光、噪声、热岛等微环境。

2. 景观特点：立体庭院，复合绿化

景观与建筑的无缝衔接，将中心景观区域、步行景观道、宅间绿地、坡地相结合，力求营造一种平面、空间上都富有层次变化的立体景观庭院。

3. 建筑特点：三星绿建，节能标杆

以进一步提高人居环境为目的，按照三星级绿色建筑评价标准建设南宁市绿色建筑示范小区，成为国家住建部创绿色建筑和低能耗建筑示范区样板，推广适合南宁市气候、地理条件的节能技术。

武汉华侨城生态住宅社区（纯水岸东湖）二期（A-7、A-8）

设计单位：中信建筑设计研究总院有限公司
建设地点：武汉市欢乐大道
建筑面积：88073.21㎡
设计时间：2011-12/2012-05
竣工时间：2015-07

设计团队：

刘文路　　　　韩　冰

何莉琳　李　晶　朱双双　王　新　张　浩
茹文恺　艾　威　王　斌　彭　媛　张忠林
熊　军　郭永香　胡　萌

设计理念

　　一山　一水　一座城

　　武汉华侨城生态社区位于武汉市中北东路，南临东湖，西面临二环路，北面为中北东路，东面是欢乐谷。该区位于东湖风景区，高档生活小区聚集，市政设施齐全。项目坐拥得天独厚的自然景观资源与优越的地理区位，形成了配套完善、生活便利的成熟社区。设计依托武汉地区独特的水文化，让生态与时尚、文化与生活、艺术与次序和谐交融，创造疏密有致的空间节奏，同时建筑的高低起伏勾勒出富有韵律感的天际线，打造出自然生长的新都市形象。

保利神州半岛 A-15 地块旅游开发项目

设计单位：深圳华森建筑与工程设计顾问有限公司
建设地点：海南省万宁市神州半岛旅游度假区
建筑面积：122362.84m²
设计时间：2012-01/2013-05
竣工时间：2016-05

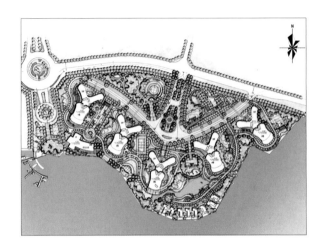

设计团队：

岳子清　　　　　钟剑斌　　　　　龙思海

王　瑜　巫凯敏　李　奕　杜　军　王卫忠　张民锐　刘　磊
李百公　高　扬　陈晓铭　何凯隆　刘曦蔓

一、设计理念

在规划设计中，利用曲折的海岸线，将高层住宅贴近水面布置，并增加单栋住宅面积，极大化地利用海景资源，并尽可能地减小小区覆盖率。本方案将强调小区内部绿色景观的营造，注重朝向、日照、通风。处处以人为本，在最大程度上为居民提供舒适优越的生活条件。规划建设成为一个交通便捷、环境优美、设施齐备、生活诗意的中高档住宅社区。

二、技术难点

综合考虑万宁市的城市性质、气候、习俗和传统风貌等地方特点以及规划用地周围的环境条件，适应居民的活动规律并综合考虑日照、采光、通风、防灾、配套设施及管理要求。

多样化的住宅与人情化的生活场所的塑造。只有多样化的住宅才能适应市场上多层次、多要求的选择。开敞的广场，绿色的"森林"，开放的草坪等多层次富有人情味的生活场所的塑造，将增强居民的归属感与自豪感。

三、技术创新

努力将新观念、新技术、新材料与传统的居住生活要求有机地结合，提高住宅功能质量和居住环境水平，为居民提供舒适、安全、经济、科学、超前的现代居住空间。坚持居住区建设与社区建设的互相结合，通过社区的运营，将可持续发展的指导思想贯彻于规划设计、建筑设计、住区建设与管理中。

大华南湖公园世家上河西区

设计单位：中信建筑设计研究总院有限公司
建设地点：武汉市洪山区
建筑面积：340677.4㎡
设计时间：2010-06/2012-06
竣工时间：2015-04

设计团队：

金绍华　　　　　汪　明

喻　壮　桂　虹　穆静文　胡　伟　杨　洋
周熙波　杨　竞　杨　涛　唐　宽　徐军红
杨　娟　刘　敏　刘付伟

一、建筑与环境相融合的设计理念

　　根据地块特点及开发理念，将城市开放空间与社区生活有机结合，强调规划设计与自然，以及功能多样化的原则，场地南北向布置住宅，沿街打造商业外街及低层商铺，以水景为中心，形成中心绿化景观，结合小区组团景观以及城市开放空间，强化道路绿化系统的设计，同公共绿地与组团绿地连接成一个完整的绿化体系。主力户型采用市场需求量比较大的成熟户型，以80~90㎡住宅、90~140㎡住宅为主。立面石材、墙砖相结合，造型典雅、贵族气质。车行系统人车分流，最大限度地减少车道对居住区秩序和居住环境氛围的干扰，人行系统紧扣"以人为本，健康生活"的设计主旨，形成了丰富的步行系统。

二、主要特点

　　1.注重建筑布局的均衡稳定

　　将高层住宅布置在用地东侧与西侧，沿街高层住宅形成呼应。自然地将花园洋房围合在用地中心区域，同时也提供了最优质的环境景观。总体布局和谐稳定，层次分明。

2.强调建筑空间的穿插围合

建筑空间采用自然式布局与规则式布局相结合的方式,形成既有组团围合又有灵活穿插的灵动空间。结合环境景观节点的点缀,形成了收放有序、具有抑扬顿挫节奏感的建筑空间。

3.将建筑与景观融合为一体

以水景为主要景观轴线,伸入到各个组团,串联起各组团核心景观。将建筑空间作为景观设计的核心,景观成为建筑空间的补充,使建筑成为了景观的一部分。真正做到一步一景、步移景异。

4.形成人车分流的交通体系

利用外围小区道路作为车行道,通过道路和地下车库,车行可以到达每栋楼的门厅。组团内部地面交通全部采用结合景观的人行步道,形成了人车分流的交通体系。

5.地下室巧妙利用地形高差

各组团的地下室巧妙的利用了地形高差,缩短下地下车库车道长度的同时,还给地下空间的利用带来了便利。

6.建筑造型采用新古典主义

建筑造型采用了新古典主义风格,注重细部的比例。合理的利用建筑飘窗、阳台、空调位等作为造型的主要元素,不过分强调装饰。建筑色彩采用稳重的棕色、黄色系,与环境融合得恰到好处。

贵阳中航城城市综合体（棚户区成片改造项目）

设计单位：广州华森建筑与工程设计顾问有限公司
建设地点：贵阳市观山湖区北京西路与金阳大道交汇处
建筑面积：131600m²
设计时间：2013-01
竣工时间：2015

设计团队：

汤文健

龚嘉健　黄梓良　唐祖银　黎焕光　叶柏良
柳　霆　彭淑敏　周智孚　陈进旗　周　卉
伍赞锋　王继盛　黄旭文　刘曦蔓

贵阳中航城位于贵阳市观山湖区北京西路与金阳大道交汇处，地处金阳世纪金源核心商圈，是进入老城区最便捷的物业，应政府要求，将这片棚户区域升级改造为集大型shopping mall、甲级写字楼、星级酒店、商务公寓、风情商业街、学校、高端住区为一体的大型城镇。一期主要由5+1洋房、8+1洋房、别墅、幼儿园、高端会所组成。

立面采用中西合璧的新古典建筑风格，利用材质和色彩的变化将建筑分成上下几段，强调水平线条，并增加建筑层次感。考虑到贵阳少艳阳的气候特点，采用较强的深浅色对比使建筑更加精神醒目。舒展平缓的屋面和上层深色的面砖体现端庄文雅的气质，另在建筑中段局部增加的花架和花格飘池的细腻处理更加强了建筑的光影感。

依山就势、减少土方、控制挡墙高度是同地建筑的设计原则。一期以主入口及中心会所水景湖为景观中心，周边依次由内向外布置低层别墅、多层及小高层洋房，构成了错落有致的天际线。主入口的缓坡及中心水景使得中心视野开阔。根据竖向设计出多个平台标高，结合平台布置多拼单元围护一个个组团院落，且各组团台地顺山坡逐步上升，尽量避免陡峭的垂壁并方便可达。地库在组团内利用错层尽量连通，更有利于人车分流。

华宇·锦绣花城一期工程

设计单位：重庆市设计院
建设地点：重庆市九龙坡区华福路
建筑面积：272820.55m²
设计时间：2012-12/2013-06
竣工时间：2013-10

设计团队：

钟洛克　　　　张炜

胡海蒂　杨洋　叶娜　王事奇　王玉琦
石华　李光强　陈琢啸　杜小娟　闫光健
李锡智　罗青平　詹武刚

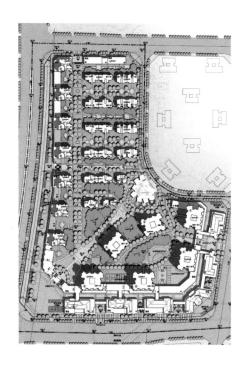

一、项目概况

项目北侧紧邻恒大雅苑高层居住小区，在恒大雅苑北侧为华福中央公园，项目南侧为民安华福公租房高层居住小区。项目西南侧为美每家大型家居市，在项目周边零星分布有便民小商业，在项目目北约1.5千米处，以金科阳光小镇居住小区、和泓四季居住小区为依托形成了少量的商铺，并设置配套6班幼儿园，工程规模1600.84m²，入口广场300m²，各班独立活动场地360m²，全园公用活动场地330m²。

二、项目构思

项目在考察周边居住小区项目后，确立以英伦风情为建筑特色，为华岩新城再增亮点，与周边项目错位竞争、优势互补。项目突出了庭院的设计，做到中庭景观、宅间公共景观、私家庭院的融合，其建筑采用新英伦建筑风格，建筑融入阳光和活力，既简洁又不乏细节，既大气又不失内敛，表现了深厚的历史感和文化底蕴，宛如莎士比亚的文学作品一般让人回味无穷。建筑外墙采用大面积的仿砖色材料和局部浅黄色石材，通过色彩的统一协调和对比，使建筑既富于变化，又不失庄重沉稳，充满了丰富的想象力和浪漫情怀。

本项目景观系统采用五重风景：社区入口广场——中心景观带——小区景观道路——景观庭院——风景厅室。共同形成了整个社区由"开放"到"半开放"，再到"半私密"，直到"私密"的多层次的景观绿化空间。由外到内、由动到静逐步过渡的风景空间组合，创造了舒适休闲的空间氛围。充分考虑人与环境的互动性和参与性，共享风景生活空间。

江门星汇名庭（二、三期）

设计单位：广州城建开发设计院有限公司
建设地点：广东省江门市蓬江区北环路北新区
建筑面积：33.11 万 m²
设计时间：2011-04/2013-06
竣工时间：2015-12

设计团队：

陈希阳

文艳顺　周陈发　李艳婷　王育坤　陈晓彬
陈宁旭　吴兴修　邹奇峰　麦燕妹　黄伟坚
张　凌　王　娟　段　平　杨灿斌

一、设计理念

充分利用基地可"依山"、"傍水"这一独特的地理优势，创建别具一格的山水特色居住社区，创造强有力的场所感与归属感。建筑布局上最大程度地与基地的地形地貌特征及文脉相吻合，提高土地利用率并保护原生态。清晰合理的功能分区，以满足居住区使用者的不同需求，同时保证产品均好。在满足建筑功能要求和照顾地形地貌的同时，争取最佳建筑朝向。尽量采用当地建筑材料，与周边环境协调又不失其独有特色。有机组合户外公共共享空间，使之成为建筑本身的延伸部分。以生态可持续性发展理念为前提，创造以人为本的居住生活环境。完善规划车流与人流交通系统使其最优化，并与现有周边交通网络相协调。

二、技术特色

为了充分实现"依山"的设计理念，在竖向设计上，尽可能减少土方开挖量，保留现状山体。地下室抬高了 5m，利用合理的景观和竖向设计，消化市政道路到区内道路的大高差的感觉。地下室顶板上有覆土为景观种植，为水景营造提供了良好的基础。

三、技术创新

在保证健康、舒适的室内外环境，节约能源和资源，减少对自然环境影响的条件下，充分利用自然通风、自然采光，保护原生地貌和表皮土壤等节地与环境保护措施，采用建筑围护结构节能技术、空调系统节能技术、照明系统节能技术等多个节能措施实现生态住宅理念。

武汉华侨城生态住宅社区一期

设计单位：中信建筑设计研究总院有限公司
建设地点：武汉市欢乐大道
建筑面积：420000m²
设计时间：2010-10/2011-08
竣工时间：2013-12-12

设计团队：

韩 冰　　　申 健

王　新　张　浩　胡鸣镝　祝雪如　查万里
钱　华　万亚兰　胡继强　陈　楠　詹晓飞
胡格格　艾　威　魏　丽

规划特点

一山、一水、一座城。

武汉华侨城生态社区位于武汉市欢乐大道，南临东湖，西面临二环路，北面为欢乐大道，东面是欢乐谷。该区位于武汉市东湖风景区，高档生活小区聚集，市政设施齐全。项目坐拥得天独厚的自然景观资源与优越的地理区位，形成了配套完善、生活便利的成熟社区。设计依托武汉地区独特的水文化，让生态与时尚、文化与生活、艺术与次序和谐交融，创造疏密有致的空间节奏，同时建筑的高低起伏勾勒出富有韵律感的天际线，打造出自然生长的新都市形象。

浩瀚：武汉的东湖，碧波荡漾，湖水清澈，气势浩瀚。北京的"海"，只不过是这里的小小水塘。杭州的西湖，也只不过是东湖一隅。

乐园：东湖在我童年的眼中是美丽的乐园，她承载了太多武汉人童年的记忆，游泳、钓鱼、划船……还有欢乐的笑声。

梦：东湖，曾经是我们童年的梦，梦中看到的是那绿幽幽的湖水和童年时扎猛子的背影……

广州万科峰境花园（广州白云新城项目）

设计单位：广州市喜城建筑设计顾问有限公司
建设地点：广州市白云区白云大道西侧、广州市果树科学研究所南侧地段
建筑面积：133525m²
设计时间：2013-01
竣工时间：2015-05

设计团队：

梁湛春　　　　　巫　琼

张耀良　苏茂才　黄灿烽　骆激文　黄杰鹏
关彩虹　刘康力　罗杰雯　黄建春　林关武
黄景云　罗　勇　冯为强

总平面规划彩图
0　25　50m

广州万科峰境花园不仅是为人们遮风避雨的居住场所，更是一个建筑景观一体化，与自然和谐相处、绿色、环保、诗意的森林式居住新区。

技术难点

建筑在总平面布局成"E"字形，形成南北两个花园，东侧引入云山美景，同时与西侧"门洞"导风对流，营造小区舒适微环境。"邻里中心"的设计理念使公建配套和景观绿化同时向城市开放，立足小区建设，回馈周边社区。住宅套型设计充分考虑居住的采光、通风、景观效果，保证居住质量的均好性。建筑立面干净精细，管线设计隐蔽美观，立体绿化从多标高多维度展现不同的绿化效果，结合岭南气候特点设计的景观地面，在雨后形成的浅水面能倒映出建筑和天光云色。

技术创新

万科峰境花园是广州首个全社区获得绿色三星建筑设计标识的项目。

（1）节能减排：优化区域自然通风，大量应用立体绿化，采用气候适应型围护结构、智能照明控制，高效率节能设备。

（2）资源低耗：应用雨水收集回用系统，做到雨水资源化和低排放，土建与装修一体化，废弃物再利用，采用生活垃圾分类与回收系统。

（3）环境宜居：建筑户型布局合理，室内自然通风因势利导，优化自然采光，结合声学设计进行噪声控制，到处是触手可及的景观绿化。

水墨清华一期项目

设计单位：武汉中合元创建筑设计股份有限公司
建设地点：芳草路 61 号（汉阳区人民政府旁）
建筑面积：68873m²
设计日期：2007-03/2007-06
竣工日期：2010-05

设计团队：

晏晓波

陈斯佳

刘文龙　熊炳宁　周荃　杨璐　陈平
梁立勇　潘波　张永　周博文　袁冲

一、设计理念

我们借用苏轼《灵壁张氏园亭记》中的两句诗，"使其子孙开门而仕，睦步市朝之上，闭门而隐，侧俯仰山林之上，淤以养生冶性，行义求志，无适而不可"。取义：迈出家门即可工作购物，离市区不过几步之遥；闭上院门回家隐居，就可以坐卧于山水之内。对于颐养性情、陶冶情操、乐享生活，无一不非常合适——这是我们为水墨清华所设定的生活理念。

二、技术难点

本着与周围环境相协调的原则，结合实际地形，因地制宜的采用多种布局方式，进行院落及景观元素的组合，朴实的继承和再现民居文化。

规划布局——将国文书写的"回""山""水"字样植入总体规划结构中。入口采用中轴对称的传统院落形式，增强仪式感；中间以偏转错落的形式进行过渡；沿滨水岸线布局则更为灵活、开放。三种布局形式有机结合，达到人、居、环境的完美融合。

尺度控制——精细化控制楼间距、建筑高度，营造街、坊、巷、道空间，提供宜居的生活尺度。

园林造景——采用传统园林中对景、借景、框景、透景的处理手法，营造显于前、隐于后的丰富景观层次。

三、技术创新

1. 立面造型：由古典到新中式的风格探寻。归纳中国徽派建筑的传统立面元素，将雕花窗、青砖墙、双飞顶等细节加以提炼和转化，以现代材质进行阐述与表达，打造具有识别性的新中式风格。

2. 户型设计：采用"前庭后院中天井"的功能布局，动静分区，流线合理。通过中央交通体串联各个功能分区，天井提供次要房间的辅助采光，。前庭后院结合古典园林的构图形式，营造"屋中有院，院中有树，树上见大"的别样情趣。

保利天悦（琶洲村全面改造地块一住宅项目）

设计单位：广州市设计院
合作单位：新加坡 DP 建筑师事务所
　　　　　私人有限公司
建设地点：海珠区阅江路琶洲村
建筑面积：565406m²
设计时间：2010-03/2013-12
竣工时间：2014-01

设计团队：

　　吕向红　　　　　王松帆

王维俊　郭进军　叶　充　胡晨炯　邓韵言
洪　琰　王　天　陈　祥　黄俊聪　付炽锋
潘斌斌　黄振超　胡　婧

一、总体规划

　　规划设计上依据豪宅的特殊性，按北临珠江、南高北低的地形及其类似梯形基地形状，点状布置22栋高层住宅楼。除1#楼以外，临江建筑均控制在68米高度以下，使后排住宅获得良好视线。后排高度均为高层住宅楼。

二、交通组织及车库设计

　　住宅区分别在东、西、北边三面设置对外的交通出入口及地下车库出入口。住宅区内地面道路、园路均为人行区域，实现完全的人车分流。车库机动车及自行车的车位数量满足区内住户使用需求，且部分机动车位设计了充电桩。体现了节能环保、绿色出行的设计理念。

三、外部空间环境布局及园林设计

　　设计贯穿地块的南北向的景观中轴，以水景为主题。布置游泳池、戏水池、喷泉等公共设施或者景观小品，呼应外部的滨江环境。南北建筑之间形成若干半围合的组团绿地。各组团绿地被设计为主题特色景观，以增强辨识性与趣味性，并适当布置健身设施或者广场供住户休憩。得益于点式布置的总

平面布局，各绿地之间相互交织，并且与东面和北面的外部景观融为一体，创造出优美的生态绿化系统及宜人的居住环境。

四、立面造型

立面采用现代风格，简洁而高贵，以横向线条作为主要手法，配合竖向分段，创造出稳重大方又不失情趣的格调。为了丰富珠江沿岸的天际线，设计了别出心裁的天面构架，很好地提升了建筑形象。

五、建筑设计及公建配套

地下2层为车库（含自行车库）及设备房；地上层数为18～43层，主要功能为住宅。各栋建筑首层设计为入口大堂及活动区域。标准层设计为一层一户、一层两户及一层三户，面积170m²～700m²。

户型平面及面积的丰富多样，且大户型采用单独式的管理模式，满足市场上的各种居住要求。建筑单体布置主要朝向为南北向且满足日照间距的要求，有利于利用冬季日照和夏季自然通风。户型主要房间均设有外窗，可减少照明能耗。每户的外门窗洞口位置、房门、通道等经过科学设计，有效地组织了室内合理的空气流场分布，促进了夏季的自然通风降温，进而降低了建筑整体夏季空调的负荷。区内配套设计了会所、商铺、幼儿园等公建配套设施，满足区内住户使用及出行的需求。

六、机电设计

绿色、环保、智能化是本项目机电的设计理念。住宅户内采用智能照明控制，按住户不同的使用要求调整相应的照明要求；小型储热集中供应热水系统使住户在任何时段都享受稳定的热水供应，且能耗需求少；户内享用集多联式空调系统的同时，负压式新风系统的设置使室内空间保持洁净，气流组织合理，避免热回收式新风系统中新排风交叉污染的问题。

天津中信城市广场首开区

设计单位：中信建筑设计研究总院有限公司
合作单位：天津华汇工程建筑设计有限公司
建设地点：天津市海河东路东侧
建筑面积：120 万 m²
设计时间：2012-10/2016-02
竣工时间：2016-02

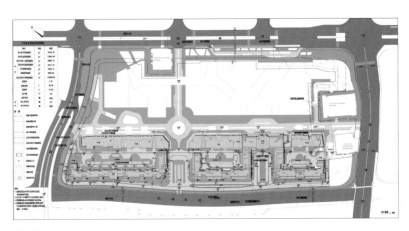

设计团队：

金绍华　　　　　　　　汪 明

蔡　勇　胡　伟　穆静文　张达生　宗　静
袁　强　黄　磊　李传志　杨　娟　李　蔚
叶　鹏　昌爱文　刘付伟

项目简介

　　本工程为天津中信城市广场首开区项目，位于天津市海河东路东侧，八经路与十一经路之间。本期建设内容包括三栋 5 层居住型公寓，一栋 5 层办公楼以及 3 层附建式平战两用地下室车库。项目总规划用地面积 43092.00m²，规划总建筑面积 181713.58m²。本期地上总建筑面积 56592.76m²（计容），地下建筑面积 125120.82m²。

　　在设计规划上，中信地产以沿着海河的尺度让城市建筑层层递进的理念，还原了天津百年城市风情。首排是法式洋房，3 栋 5 层高洋房和一栋 5 层高办公均沿海河一线布置。建筑整体以长方体体块为基本形体，聚拢在一起，相互连接，形成组团。不同方向的建筑相互交错，赋予建筑空间变化。

　　建筑立面延续了法国凡尔赛宫的风情，标准的古典主义三段式处理，将立面划分为纵、横三段。建筑左右对称，造型轮廓整齐、庄重雄伟。外墙运用复杂的基本型重复与微差变化，相同柱子的重复排列，使得建筑具有一种韵律的美感。

中信红树湾三期

设计单位：中信建筑设计研究总院有限公司
合作单位：澳大利亚柏涛设计咨询有限公司
建设地点：珠海市香洲区南坪镇
建筑面积：231343.24m²
设计时间：2013-11/2014-03
竣工时间：2016-02

设计团队：

王晓晖　　　　林大平

姚　丽　曾　莉　尹东方　沈继祥　孙继中
汪　江　费久猴　张艳军　刘　敏　刘晋豪
张金良　李东旭　冯　佩

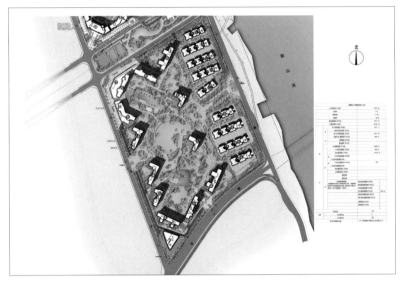

一、项目简介

　　珠海红树湾三期位于珠海市香洲区南坪镇。东临前山河，西邻东桥村。南侧为已建成的华发世纪园居住区，北侧为回归公园。场地背山面水，周边自然景观与城市景观资源丰富，近有宽阔的前山河、回归公园与城市绿化带，东南方向与澳门市隔河相望，向西可远眺黑白面将军山，地理优势极为突出。

二、规划思路

　　沿河布置多层住宅，在用地西部以高层住宅围合，共享中央区域大面积绿化，形成"对外显山露水，对内藏珍纳秀"的大格局。规划方案充分尊重和利用场地周边丰富的景观资源，将前山河景、将军山景、城市公园（回归公园）、城市景观（远望澳门）、城市绿地（沿河绿化带和排洪渠绿化带）等，与小区新建的中央庭院等诸多素材，通过借景、造景、对景、引景、围合、开放等一系列设计手法，有机地、全方位地把各类自然景观和绿化资源整合到居住空间，给予居住者滨河、面山、望城、亲园的多层次景观体验。

三、单体方案

高层住宅保持户户朝景观、亲自然、南北通、大面宽、以及交通紧凑、动静分区等种种优点，有条件的位置保持了景观电梯厅，提高了居住品质。多层建筑全南北向布局，户户超大面宽，右端户更加借用绿化景观，视野开阔，与周边环境相得益彰。

四、建筑立面

设计造型明快简洁，建材选择注重实效和经济，也使建设效果更加鲜明、清新和强烈。

江门华茵 · 桂语（一、二期）

设计单位：广州城建开发设计院有限公司
建设地点：广东省江门市蓬江区北环路与天沙河交界
建筑面积：13.88 万 m²
设计时间：2011-12/2013-11
竣工时间：2015-12

华茵·桂语（暂定名）规划总平面图

设计团队：

陈希阳

文艳顺　周陈发　王建龙　李艳婷　王育坤
张　华　陈宁旭　王宏炬　邹奇峰　麦燕妹
黄伟坚　张文博　张晓勇　杨灿斌

一、设计理念

本着充分利用地形及景观资源利用最大化的原则，该小区规划设计结合中心景观设计，建筑围绕景观面展开布置，实现了中央大景观面，实现户户有景观。商业临近北环路及天沙河规划设置，在满足小区公建配套的同时，能减少道路车流噪音对小区住宅的影响。

二、技术特色

道路系统采用人车分流的形式，沿小区周边设置机动车道，设有两个机动车出入口与之相连，小区主入口为人行出入口，结合景观设计。围绕景观山体及水体设有环形步行道，步行道结合消防车道设计。

竖向设计结合地形，保留现状山体及水塘设计成景观。地下停车库结合地形设置半地下车库，减少土方开挖量，实现土方平衡。

中心景观为公共绿地，为整个区内居住所使用，半地下车库顶板有1m的覆土，可种植绿地、灌木及乔木，商业屋顶有绿化，实现区内高绿化率。

三、技术创新

住宅部分单体平面设计以一梯四户的标准层为主。单体设计时，已充分考虑了各个单元的采光、通风及景观等因素，务必每户都能达到完善的景观和通风效果。立面造型上采用大面积玻璃窗及简洁的线条为特征；整体外立面为白色为主，辅以简洁明快的灰色、木色线框作为穿插设计，简单明快。

岭南雅筑（萝岗区 SDK-A-2 地块项目）

设计单位：广州城建开发设计院有限公司
建设地点：广州开发区开源大道以南，隧南路以北
建筑面积：324953m²
设计时间：2012-11/2013-06
竣工时间：2015-12

设计团队：

符传桦

钟大雅　潘　勇　许思维　陈传荣　唐丽芸
曾思玲　程方涛　王　英　胡　静　庄　苇
闫晓敏　罗　敏　钟佩玲　周俊维

一、设计理念

　　岭南雅筑项目以现代岭南为意境，以舒适宜居为标准展开设计。设计概念源自对传统岭南建筑风格的提炼，结合时代特点，以新材料达到现代与传统的兼容并蓄。

二、项目特殊性

　　尽量保留原有的自然景观资源，不占用优质耕地和自然保护区用地，保护原生地貌和表皮土壤。

三、技术难点

　　传统岭南建筑基本为多层建筑，尺度亲切。岭南雅筑项目通过以下手法在高层住宅中传承岭南建筑的舒适空间：利用西侧单层商业和公建配套的灰砖白墙穿插通透大玻璃、金属花窗格，高低错落的女儿墙模拟岭南建筑的攞耳墙、花窗等元素。

四、技术创新

　　为了提高地下室的舒适度，本项目充分利用地形现场南北的高差，使地下室一层南面一侧全部外露，创造地下室最大化的自然通风采光。

苏地 2013-G-2 地块（石湖项目北地块）

设计单位：苏州华造建筑设计有限公司
合作单位：上海承构建筑设计咨询有限公司
建设单位：世茂房地产苏州公司
建筑面积：450000m²
设计时间：2013
竣工时间：2016

设计团队：

祖　刚　　　　蒋千之

闵扬一　曹维枫　严　政　陈晓磊　白　莉
卞尧彬　朱胜雄　殷　玮　李红岩　龚笑笑
尚明明　李　慧　丁敏铖

项目简介

    本案地块位于石湖景区东部，处于苏州市石湖风景区外围，西临石湖，东侧紧靠友新路高架，小区整体环境紧临石湖上方山风景区，成为整个小区环境独一无二的特色，临湖看山，是小区成为风景区相融合之景致。住宅分为低层住宅和高层住宅。住宅设计强调住宅的居住性、安全性、舒适性、标准性、多样性和智能化需求。多户型设计满足不同的消费层次、生活习惯和行为方式。户型设计舒适化，空间富于变化，内部空间面积分配合理，主次分区，动静分区，洁污分区。小区内高层住宅挺拔俊秀，形成丰富的天际线。住宅统一的竖向线条和色带划分、有序的门窗排列，增强了小区的整体风格。建筑造型设计采用现代手法却不失典雅的尺度关系，强调虚实对比，透出新颖、明快、生态的气息，个性鲜明。低层住宅融合草原式建筑风格及新亚洲风格，萃取典雅的建筑语汇的同时注入东方居住哲学的思考。设计强调中西方建筑文化交融，立面以匀称的体量、丰富的细节、悦目的色彩使建筑群显得简洁、典雅、清新。建筑色彩以暖色调为基调，体现清新、脱俗的居住文化，也同时与石湖风景区相融合。

海口国兴城 B11 地块

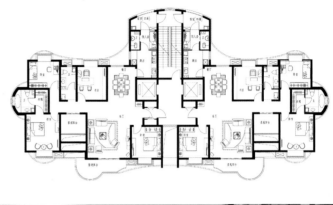

设计单位：天津大学建筑设计研究院

建设地点：海口市国兴大道北侧

建筑面积：78661 m²

设计时间：2010-03

竣工时间：2012

设计团队：

刘　航　　　　路　朋

马会钊　安海玉　张　鹏　李振波　侯　钧
沈优越　王一凡　杨成斌　王丽文　徐晓宁
王　勇　张在方　穆　婕

一、设计理念

　　设计改变空间，空间改变生活。运用细腻的设计手段让三维度的空间富于变化和充满灵动，不仅给居民以丰富的视觉景观感受，同时提供多样化的活动场所，营造高层居住社区公共空间的特色活力。

二、技术难点

在喧闹的都市中心和土地利用的高强度条件下，打造居住社区充满人性和富于变化的公共空间：通过架空高层建筑的底层空间，并将低层的配套服务设施的屋面与不同标高的园林绿化、活动场地相融合，从而从立体的空间维度扩大和丰富了社区公共空间的场所，营造高品质、恬静、舒适的宜居社区氛围。

三、规划特色

1. 立体的园林景观，营造恬静、舒适的户外空间。

2. 人车分流，步行优先，给居民提供最佳的出行环境。

3. 生态居住组团形成相对聚拢的邻里关系。

4. 曲水流觞的湖岸、开阔的广场和起伏的地势与绿化构成了自然的生态园林景观。

四、建筑特色

1. 高层建筑底层架空，成为开放式户外空间。

2. 商业会所屋面与小区景观立体结合。

3. 户型设计采用空中连廊的方式，达到户型南北通透，保证了住户的自然通风。

4. 各户均设置了独立入户花园，实现整体的立体生态景观环境。

桃花园F区建设项目

设计单位：深圳华森建筑与工程设计顾问有限公司
建设地点：广东省深圳市南山区
建筑面积：121136.50m²
设计时间：2013-07-01/2015-11
竣工时间：2015-11

设计团队：

郭智敏　　　　　曾耀松　　　　　王　瑜

梁　倩　周　慧　刘益云　同　山　练贤荣　张治国　高　博
陈东亮　李仁兵　马　骏　王　静　焦　波

一、设计理念

　　基地形状不规则，东西向短，南北向长，西北角局部小坡；西面为山景，景观和视野条件好，东、南、北三侧均为高层住宅；本方案根据现状条件及设计要求，把中心花园抬高，减少地下室的开挖。入口设置在地块的东南角，商业及配套以两层退台形式分布在入口两侧，结合景观设计成有趣的入口广场。中心花园处分布了2栋1梯四户和6栋1梯五户的29~34层高层住宅，其中3~7栋均为首层架空设计。平面采用标准化户型：两室两厅一卫和三室两厅一卫两种户型，组合成三种户型平面。立面设计采用现代风格，体现"大气"、"尊贵"、"雅致"的建筑品质。地下设置一层地下车库，局部两层地下室，无人防功能要求。

二、技术难点

　　本工程为山地高层住宅项目，场地高差大，局部设有地下二层。场地内探明有废弃防空洞及垃圾回填坑，基础大部分采用人工挖孔桩基础，对基底直接落在中风化上的采用墙下条形基础和柱下独立基础。地下室顶板采用加腋大板结构，次梁少，整洁美观，充分发挥结构潜能。高层住宅塔楼均采用剪力墙结构，在满足建筑功能的前提下尽量合理布置剪力墙。

三、技术创新

　　电气：采用T5型荧光灯、LED等节能型光源。

　　通风：地下室设机械通风系统，通风井道配合建筑出地面做到美观；地上住宅设分体空调，室外机布置同建筑配合保证立面整洁、美观。

　　给排水：①建筑内生活给水系统的低区尽量利用市政水压直接供水。给水按不同的使用功能，设有水表计量。②本项目采用减压限流措施，入户管水表前水压不大于0.35MPa，用水点处水压大于0.05MPa。③住宅顶上十二层采用集中太阳能热水系统，燃气辅助加热。各栋屋顶上及屋顶构架上满布太阳能集热板，在屋顶电梯机房层面的设备平台设置储水箱及循环泵等。④地下车库顶板上的庭院雨水设置排水沟及雨水口等收集排至室外雨水管网，部分室外雨水管网再接入雨水回收系统，用于绿化及道路浇洒冲，节约水资源。⑤住宅生活污水均采用沉箱降板内敷设，沉箱内设有排水，本层维修不影响下层排水。

·**2017** 年度中国建筑设计行业奖
作品集

结 | 构 | 类

500m 口径球面射电望远镜结构工程 (FAST)

设计单位：北京市建筑设计研究院有限公司

建设地点：贵州省黔南布依族苗族自治州平塘县

建筑面积：213000m²

设计时间：2012-04/2013-03

竣工时间：2015-03

设计团队：

李华峰　　　　崔建华　　　　陈 一

刘 飞　白光波　王 毅　梁宸宇　卜龙瑰

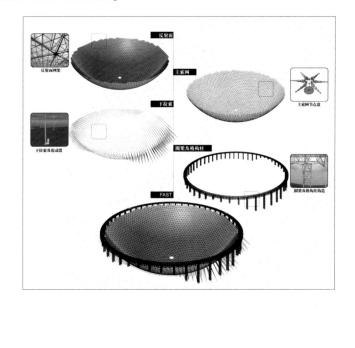

500m口径球面射电望远镜(Five- hundred- mete r Aperture Spherical Telescope，简称FAST)由我国天文学家于1994年提出构想，利用喀斯特洼地作为望远镜台址、建设可主动变位的巨型球面望远镜台址。FAST与号称"地面最大的机器"德国波恩100m望远镜相比，灵敏度提高约10倍；与排在阿波罗登月之前、被评为人类20世纪十大工程之首的美国Arecibo300m望远镜相比，综合性能提高约2.25倍，FAST在未来20～30年保持世界一流地位，具有极其重大的科学意义。FAST的成功建造，代表了中国制造的新水平。

FAST反射面具有四大特点：

1.尺度巨大，口径500m、面积是美国Arecibo望远镜的2.5倍。

2.主动变位，反射面在工作时，能实时调整形态，在观测方向形成300m口径瞬时抛物面以汇聚电磁波，这完全不同于美国Arecibo固定反射面望远镜。

3.超高精度，作为天文望远镜，精度需达到毫米级。

4.边界复杂，工程位于地质、地貌复杂的喀斯特洼地。

中国科学院国家天文台组织了国内外高校和科研院所进行了大量的研究工作，并主持了FAST的建造工作。2011年底北京市建筑设计研究院受国家天文台委托，承担FAST反射面主体支承结构设计及反射面板与主体结构连接节点的分析工作，解决了复杂山地环境引起的巨型支承结构受力不均匀问题，提出了适应FAST的索网形态分析方法、巨型索网结构的精度控制要求，与合作方共同发明了新型连接节点等，保证了项目顺利实施。

人民日报社报刊综合业务楼

设计单位：东南大学建筑设计研究院有限公司
建设地点：北京市金台西路
建筑面积：13.8 万 m²
设计时间：2009-09/2012-04
竣工时间：2015-10

设计团队：

孙　逊　　　　黄　明

郭洋波　蒋剑峰　张　翀　崔永平　方立新
吕志涛

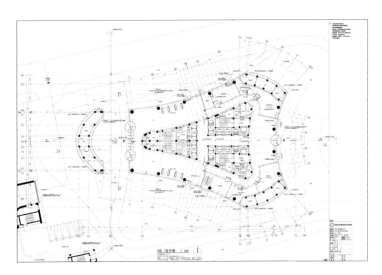

　　人民日报社新总部大楼坐落于北京市朝阳区金台西路 2 号，北京东三环和东四环之间，未来首都北京 CBD 的中心区域，并与西南方的 CCTV 新址大楼遥相呼应，成为该地区又一新的地标性建筑。本工程分主楼和附楼各一幢，主楼主屋面高度为 148.8m，结构最大高度为 180m，总建筑面积约 14 万 m²。

　　浪漫飘逸的建筑体型及空间要求等复杂的造型和空间关系，给结构专业设计带来了极大的挑战。结构设计的主要创新和特点包括以下几点：

1. 恰当地采用了桁架柱和三道环桁架组成的巨型框架＋中心屈曲约束支撑框架筒体的结构体系，圆满地解决了建筑造型、空间功能、结构安全的要求。

2. 采用基于失效模式的设计方法，将屈曲约束支撑框架作为结构的主要抗侧力体系，使复杂的超高层建筑结构在地震作用下的失效模式、损伤程度、极限变形等可控，圆满地达到了抗震设计的三水准目标要求。

3. 通过详细分析解决了屈曲约束支撑后安装顺序、节点设计方法等屈曲约束支撑的应用问题。

4. 解决了大量的工程设计难点，如采用 Rhino 软件解决了弧形柱以及屋顶空间结构的造型和定位、采用高等分析解决了弧形柱的二阶效应以及屋顶空间结构的带缺陷稳定分析、施工顺序对钢管混凝土柱以及弧形构件等构件变形的影响、大跨楼面的舒适度控制、复杂铸钢节点的应力分析等，确保了结构安全。

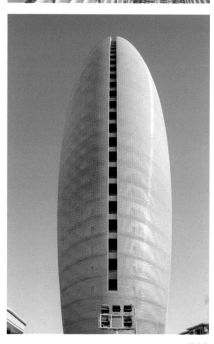

5. 采用逐层张拉的索承体系，高效地解决了弧形陶棍幕墙的支承方案，确保了建筑效果以及建设周期。

本工程的结构设计在对规范精髓充分理解的基础之上，大胆创新，同时又充分论证，很好地达到了建筑设计的效果，且取得了很好的社会经济效益。本工程由全国超限审查专家组通过审查。

广州珠江新城 F2-4 地块项目

设计单位：广东省建筑设计研究院

建设地点：广州市天河区珠江东路

建筑面积：40 万 m²

设计时间：2010/2015

竣工时间：2015

设计团队：

陈　星　　　　　王仕琪

林扑强　张小良　陈　航　倪炜麟　林景华
林菲菲

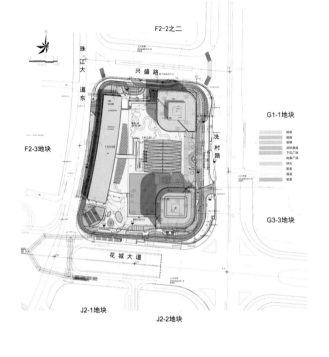

项目简介

本工程为大底盘多塔楼建筑，三个塔楼与裙房相连接，共 4 层地下室，地下室部分采用现浇钢筋混凝土结构，地下夹层由于层高所限，采用钢 – 混组合结构。裙房采用框架结构，框架柱采用钢管混凝土柱，大跨度梁采用型钢混凝土梁，其中，首层内院式大中庭 10m 大悬挑，天面层 24m 大跨度大荷载（恒载 30kN/m²，活载 4kN/m²）梁，17m 跨度弧形钢 – 混凝土组合转换桁架上下弦杆，采用型钢 – 混凝土组合 U 形梁专利技术；普通跨度梁采用混凝土梁同时在梁端暗藏型钢牛腿加强钢管柱节点。南北塔，采用框架核心筒结构，柱用钢管混凝土柱，并在设备层（南塔 31 层、北塔 32 层）外圈设置斜撑并加大外圈梁截面，加强结构抗扭能力。塔楼框架梁跨约 12m，梁高限值 450mm，采用混凝土空心钢管型钢宽扁梁，并采用剪力墙筒体外伸墙帽专利技术。由于设计高度的变更，为满足基础承载力的要求，需要减轻结构的自重，同时确保结构的刚度和承载力，南塔 49 层以上采用外包钢板与钢管混凝土的空实剪力墙专利技术，西塔在建筑 8 层楼面位置进行上部剪力墙结构全转换，13m 跨的转换主梁梁高限值为 1000mm，采用双层空心钢管型钢混凝土转换大梁的结构方案。根据消防要求需在南塔楼 250m 高度处增加一个 650m² 的水池，1875 吨重量在 250m 产生的地震力约需放大 3.7 倍，采用消防水池 TMD 减震装置进行减震。

西宁市海湖新区体育中心

设计单位：深圳市建筑设计研究总院有限公司
建设地点：青海省西宁市海湖新区
建筑面积：149883m²
设计时间：2008-11/2009-12
竣工时间：2013-11

设计团队：

冯咏钢

刘琼祥　黄伟　龚文伟　陈建华　张晓燕
李家亮　曾锦轩

技术难点、项目特殊性、技术难点、技术创新：

　　西宁市海湖体育中心位于青海省西宁市海湖新区内，本项目由4万座的体育场，7千座的体育馆，1千2百座的游泳馆共同组成，一场两馆优美的折叠表皮建筑造型犹如三朵绽放的雪莲花，傲然挺立在青藏高原上。总建筑面积为149883m²，其中体育场60216m²，体育馆20796m²，游泳馆15604m²，其他辅助用房53267m²。各场馆看台及地下功能用房，采用现浇钢筋混凝土框架－剪力墙结构，屋盖均采用钢结构。

　　"一场两馆"建筑之间的轴线关系以体育场圆心为基点，呈发散状布局，形成互动协调的总图布局，交相辉映的场馆布置。为了使场地在视觉和空间上产生延伸感，本项目采用下沉式的场地设计手法，与北侧的湿地公园相融合，从而将本项目打造成集竞技体育、商业活动、休闲健身于一体的生态体育文化公园。

　　"一场两馆"钢屋盖系统采用了国内外首创的单层折面空间网格结构体系，该创新技术已获国家专利（授权 CN202081507U）。多达 25 管钢铸节点的使用在国内尚属首次，该节点采用了合理的构造措施，使用结果表明设计安全可靠。本项目的建成填补了青海省大型现代化、综合性体育文化设施的空白，必将为青海人民的体育事业和业余文化生活增光添彩！

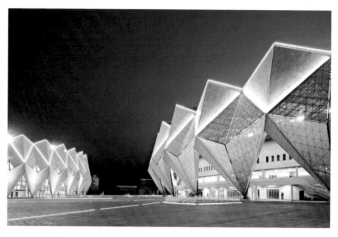

郑州东站结构设计

设计单位：中南建筑设计院股份有限公司
建设地点：河南郑州
建筑面积：415000m²
设计日期：2007-02/2009-09
竣工日期：2012-08

设计团队：

周德良

李霆　魏剑　李功标　熊森　王毓
万海洋　袁波峰

Ⅰ－Ⅰ剖面图

Ⅱ－Ⅱ剖面图

一、项目简介

　　郑州东站为国内第一个采用全高架"桥建合一"铁路枢纽站房，建筑面积为41.5万㎡。其中，主站房为地上3层（局部4层）大跨度超大平面框架结构，其最大平面尺寸为239.8m×490.7m。

　　站台层中铁路桥梁结构为"桥建合一"结构，站台层结构的柱距：在顺轨方向为19.1m+20m+24m+30m+24m+20m+19.1m；在垂直于轨道方向为14.8～22m。在世界上首次将"钢骨混凝土柱+两向预应力混凝土箱形框架梁"结构应用于"桥建合一"站台层结构。

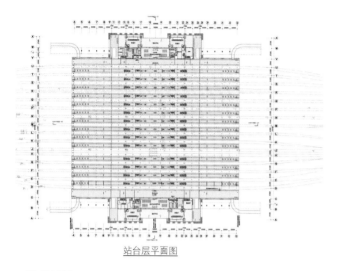

站台层平面图

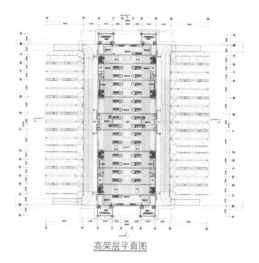

高架层平面图

二、技术创新

　　"桥建合一"站房站台层铁路桥梁结构采用世界首创的"钢骨混凝土柱＋双向预应力混凝土箱形框架梁"结构。结构分析计算和连续 3 年的运营阶段结构健康监测表明 :(1)结构受力明确、直接、合理，具有良好的安全性；（2）结构具有良好的经济技术指标，经济指标在同类型站房结构中名列前茅，节约了大量工程投资; (3)柱网尺寸 21.5m×30m 的铁路桥梁结构,柱截面 2.3m×2.3m,梁高仅 2m,极大地提高了出站层的建筑净空和使用功能。

对跨度大于 40m 的重型钢结构楼盖进行了楼盖竖向舒适度的理论分析和现场检测，关于舒适度的研究和实践的 4 项成果填补了国内外空白，研究成果达到国际领先水平，获得了 2013 年度湖北省科技进步一等奖，解决了列车和人行动力荷载作用下大跨度钢结构楼盖竖向舒适度问题。

在国内外首次系统性地对"桥建合一"大型枢纽站房进行了长达3年的运营阶段整体结构健康监测，进行了列车进出站过程中站台层主要结构受力特性的实时动态监测，包括不同股道之间列车动力荷载的相互影响，在国内外首次得到了在列车荷载作用下该新型站台层结构实测动力响应；对超长无缝站台层和钢结构屋盖的温度及其作用进行了监测。监测表明：站台层结构具有良好的空间受力特性、疲劳性能和安全性，站房整体结构安全可靠，上述成果达到国际领先水平。

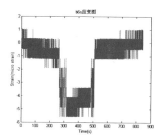

大跨度钢结构屋盖节点型式包括空间 KK 节点、空间 KKK 节点，多维复杂空间节点和主方支圆节点，通过 30 组足尺节点试验和有限元分析，不仅确定了多维复杂空间相贯节点的承载力和破坏形态；而且在世界上首次通过理论分析与节点实验相结合的方法，较为全面地研究上述复杂节点隐蔽焊缝焊接与否对复杂相贯节点承载力的影响，并提出了节点有限元分析中焊缝计算模型。结构设计获得 3 项新型专利技术。

在国内外首次斜幕墙结构作为主体结构的一部分参与整体结构工作，不仅巧妙地解决了跨度为 78m 、楼盖结构高度为 3.35m 的商业夹层楼盖的竖向舒适度问题；而且提高了建筑立面的美观性。为了考虑网格结构对结构抗震性能的影响，采用 ANSYS 对结构进行抗震性能化设计，分析表明结构具有很高的抗震性能。

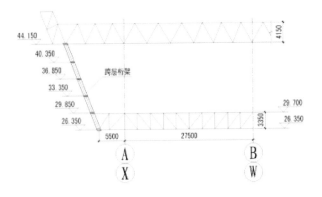

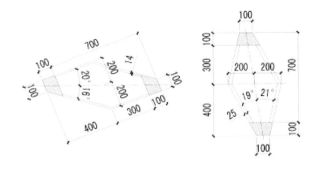

安徽广播电视新中心

设计单位：中国建筑科学研究院
建设地点：安徽省合肥市
建筑面积：37 万 m²
设计时间：2009-05/2013-09
竣工时间：2015-12

设计团队：

邱仓虎

刘建平

詹永勤 齐国红 刘 健 王 丁 李 毅
刘少华

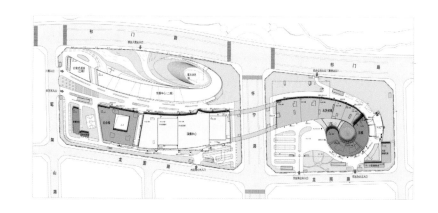

一、篆字幕墙结构系统

篆字幕墙通过轴线上竖向悬挑的钢结构和不锈钢拉索受力，悬浮在玻璃器墙表面 800mm 左右。不锈钢索作为篆体字的承载体，既能安全可靠地承载篆字幕墙的自重、水平风压以及侧向风压和平面内的地震载荷，也较为轻巧，不与篆字幕墙产生视觉干涉。不锈钢索之间每层布置不锈钢支撑杆件，杆件之间加以横向的不锈钢拉杆，既起到水平稳定的功能，又可以起到固定字的作用，是中国传统书法艺术与现代科技、现代建筑的有机结合，是世界独有的大体量篆字幕墙系统。

二、主楼大堂悬索穹顶设计技术

主楼大堂屋顶投影形状为最大直径 41m 的椭圆形，穹顶中心设直径 2m、高 4m 的内环钢柱，上弦由内环钢柱顶向四周 15 度放射形沿斜下方布置钢弦杆（焊接矩形 400x250x12x20 型钢），井环向间距 2m 布置檩条；下弦由内环钢柱底向四周 15 度放射形沿斜上方布置钢索（7x31 平行钢丝束），并环向在直径 17m、29m 处设置直径 401mm 钢拉杆；上下弦间在直径 17m、29m 处设置立柱（焊接矩形 300x400x25 型钢）；上弦杆和下弦拉索均固定干外圈钢环梁上。通过对下弦钢拉索的向下同步顶升张拉，形成轻盈美观的悬索穹顶钢结构体系。

三、主楼结构体系

主楼合理采用框架－双核心筒的结构布置，结构布置，抗侧刚度大，突破了框架——核心筒结构的常规建造高度，避免了伸臂桁架的设置及结构刚度的突变，经济性优。

东南大学九龙湖校区体育馆

设计单位：东南大学建筑设计研究院有限公司
建设地点：江苏省南京市江宁区
建筑面积：22068m²
设计时间：2009-04/2010-10
竣工时间：2014-06

设计团队：

孙　逊　　　　舒赣平

唐伟伟　黄　凯

一、工程概况

　　本工程地上 4 层，长 155.3m，宽 94.2m，总建筑面积 22068m²，平面分为主馆和 4 个副馆，以抗震缝断开，主馆室外地面到主屋面高度为 27.23m，其中室外地面到混凝土主看台顶高度为 12.50m，混凝土看台共两层，看台顶部有局部一层设备屋面，上部为圆形钢屋盖，采用中心刚性环加径向张弦梁方式。副馆室外地面到主屋面高度为 9.75m，有两个副馆为一层结构，另外两个为二层结构，副馆屋面为大跨度混凝土屋面，采用变截面预应力梁加预应力空心板形式。

二、基础

　　采用 φ500 预应力混凝土管桩，基础设计等级乙级，桩基设计等级乙级，以 (4-1) 层强风化泥质粉砂岩层为持力层，有效桩身长度不小于 28m，单桩竖向承载力特征值 2000kN。

三、主馆

主馆下部采用混凝土现浇框架结构，框架抗震等级二级。结构采用整体计算，沿四个角部设置四条后浇带减小温度应力；在看台下部设置吊梁吊柱用来搁置静压箱底板；混凝土看台挑板边设置板槽与钢结构竖向构件分开；支撑钢柱的环梁及落地柱抗震等级增加一级设计。材料选用：混凝土强度等级 C40，钢筋 400。

主馆上部钢屋盖采用轮辐式张弦梁结构。该结构长轴投影跨度为 88.0m，短轴投影跨度为 76.8m。外轮廓近似椭圆，由四个圆弧段构成。各榀张弦梁绕水平投影面的中心呈放射状布置。张弦梁的中心通过刚性环连接，上压力环与下受拉环半径不等。张弦梁矢高为 3.00m，垂度为 5.00m。张弦梁的上弦设置环向支撑（4 道），保证张弦梁平面外的稳定性。张弦梁的下弦拉索呈抛物线形布置。

钢屋盖通过 48 榀弧形钢柱支撑与主馆大环梁上，钢柱指向四段圆弧的圆心，即距离正中心 9600mm 的位置。左右两侧各四榀；上下两侧各八榀。各榀柱分内外柱，内外柱间设有双角钢支撑。每两榀弧形柱与其之间支撑，形成三个落点，落于下部圆形混凝土环梁与混凝土柱轴心上。

钢柱与混凝土连接方式为：左右两侧采用成品固定盆式橡胶支座，中间采用与混凝土柱刚接。

四、副馆

副馆采用大跨预应力混凝土框架结构，有效地减小了结构高度，增加了使用净空。楼面采用了通长布置的无粘结预应力，解决了超长结构的温度应力问题。

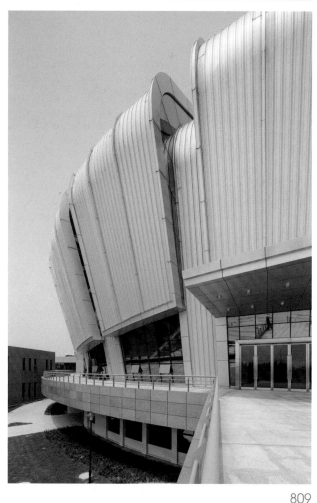

九江文化艺术中心

设计单位：东南大学建筑设计研究院有限公司
建设地点：九江市主城区
建筑面积：27726m²
设计时间：2009-09/2011-05
竣工时间：2015-12

设计团队：

韩重庆

张翀

唐伟伟 王 晨 孙 逊

九江文化艺术中心已完成实景外立面

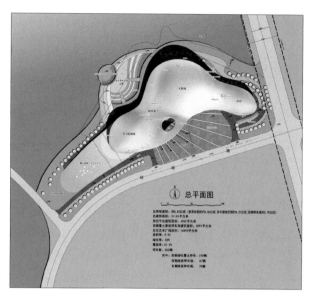
总平面图

一、工程概况

九江文化艺术中心（文化馆）位于江苏省九江市，该工程位于九江环湖一路与十里河出口处西南侧，西北侧隔八湖，里与建设中的九江市博物馆和胜利碑遥相呼应。文化艺术中心主要由大剧院，多功能艺术馆和文化艺术广场四部分组成，建筑面积25890m²，为4层钢筋混凝土框架-抗震墙结构，层高5m，三栋建筑由一整片双层钢网壳屋面覆盖，屋面最高点约40m，局部一层地下室，层高3m。基础形式为桩基础。

二、结构概况

1.下部混凝土结构体系布置

该工程下部结构为钢筋混凝土框架-抗震墙结构体系，由三个建筑使用功能相对独立的部分组成。其中大剧

培训楼　　跨度90m 自由曲面钢屋　　大剧场　　小剧场

九江文化艺术中心已完成实景二

院与小剧场之间的二层通过钢平台相连接，钢平台与小剧场间设变形缝。下部结构在二层楼面以上为三个相对独立的结构体系，每一个结构体系内部均设有若干钢筋混凝土剪力墙形成的筒体，保证下部结构具有足够的刚度，为上部屋面提供稳定的支点，并协调整体结构在地震作用下的共同工作。

2.屋顶钢结构体系布置

屋面结构为一空间双层网壳结构，双层网壳可适应自由曲面的外形及受力，支座处的管桁架弥补了双层网壳整体性不足的缺点，树状支撑改进了大跨部位的传力机理，三种网格结构的联合运用是解决该项目技术难题的关键。

钢屋面总长度243m，起伏明显，曲面屋盖可将一部分温差引起的面内轴向变形转化为面外弯曲变形，设计中可利用这一特性减小温度作用对曲面结构的不利影响。屋盖最高点结构标高为39.843m，最低点结构标高为20.364m，在主入口上方跨度90m，考虑支撑后矢高约15m，矢跨比1/6，大于球面网壳和立体桁架的最小矢跨比要求；支撑间网壳跨度65m，厚度2m，高跨比为1/32.5。

每个单体外圈混凝土柱顶设置了一圈环向空间桁架，桁架横截面为倒三角形。主入口上方屋盖跨度方向设置了3道空间管桁架，利用两侧剪力墙设置斜撑，支撑间跨度减小为56m，斜撑与管桁架共同形成拱形受力体系，大大提高了结构的受力效率。

钢屋盖外形为轻盈的自由曲面，采用螺栓球双层网壳、管桁架、树状支撑组合受力的结构体系，以很低的工程造价圆满实现了建筑效果。

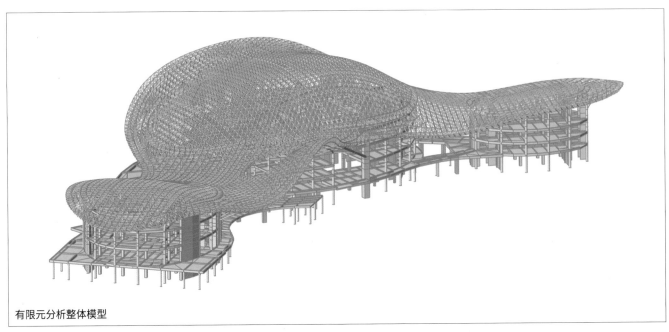

有限元分析整体模型

九江文化艺术中心已完成室内实景

九江文化艺术中心已完成实景一

813

昆明西山万达广场—双塔

设计单位：广东省建筑设计研究院

建设地点：云南省昆明市

建筑面积：307900m²

设计时间：2012-06/2013-05

竣工时间：2015-12

设计团队：

陈 星 卫 文

张伟生 李 鹏 张竟辉 任恩辉 金 蕾
林南蓝

项目简介

本工程地面以上66层，建筑物总高度为307m，地处8度高烈度设防区，地震分组第三组，场地类别Ⅲ类，为典型的地震控制项目。结构设计的重点和难点在于选取高效的、具备合理耗能机制的抗侧力体系，在满足规范位移限值的前提下，合理控制结构刚度和结构自重，从而控制结构的地震响应。主要有以下设计特点及技术创新：

1.高效、经济的结构抗震体系。本项目采用带加强层的钢管混凝土框架——型钢混凝土核心筒混合结构体系，设置四道结构加强层，加强层由环带桁架和伸臂桁架组成，于34层、46层、58层设置伸臂桁架，在22层、34层、46层、58层设置环带桁架。

2.有限刚度的结构加强层设计。

3.带约束多型钢剪力墙设计。

4.软土地区桩端后注浆技术。本项目处于软土地区，为提供足够的单桩承载力，采用桩端后注浆技术的旋挖灌注桩，提高单桩承载力80%以上，节约了大量的桩基施工成本。

5.软土基础沉降控制措施。

武汉光谷国际网球中心 15000 座主场馆屋盖建筑钢结构设计

设计单位：中信建筑设计研究总院有限公司
建设地点：武汉市东湖新技术开发区奥体中心西侧
建筑面积：54339.42m²
设计时间：2013-03/2014-03
竣工时间：2015-09

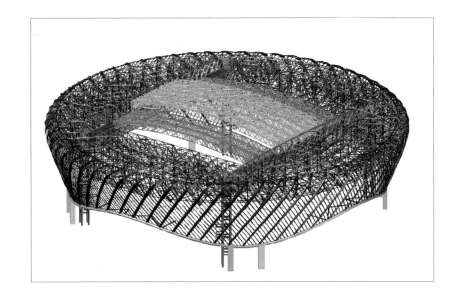

设计团队：

董卫国

温四清

王　新　曾乐飞　赵文争　范　浩　何小辉
蔡继生

一、项目特殊性及技术难点

　　项目为一座具有可开合屋盖的现代化网球馆，可实现"场"与"馆"的自由转换，极大改善建筑使用条件，提高建筑利用率。
建筑造型独特，外表皮由 64 根空间弯扭构件自下向上扭曲倾斜，似飞速旋转的网球，形成"旋风"的造型意象。

二、技术创新

结构由下部混凝土框架、外围单层网壳气旋、大跨度固定屋盖及活动屋盖四个分体系组成。结构布置中巧妙地将 4 个电梯井设计成钢管混凝土格构柱，支撑大跨度轨道桁架。

外围 64 根空间弯扭柱气旋结构既作为建筑语言的一部分具有装饰功能，又充当外幕墙主支架，参与整体结构受力，实现建筑功能和结构安全的协调统一。

活动屋盖最大开启尺寸为 60m×70m，由四个结构单元构成，上下层各两个单元叠放平行布置，在两条独立的轨道上水平运动。因结构形态为拱形，在跨度方向产生很大水平推力，影响台车及驱动系统运行。为减小拱脚推力，采用预应力索拱桁架。拉索沿下弦管内布置，结构占用空间少。活动屋盖为移动荷载，开合屋盖结构各部分之间相互作用机理复杂，根据结构实际对台车正确模拟、进行结构分析，准确反映了结构的实际受力情况。

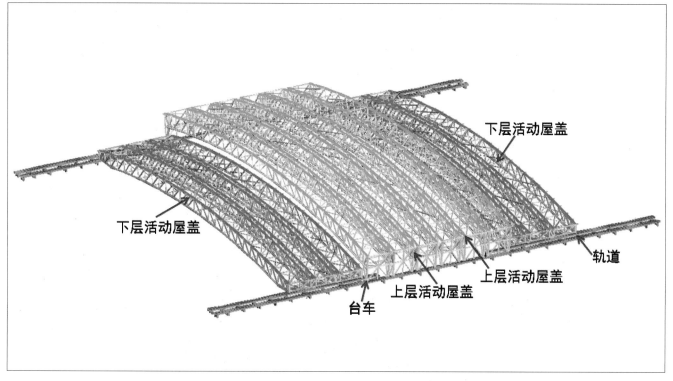

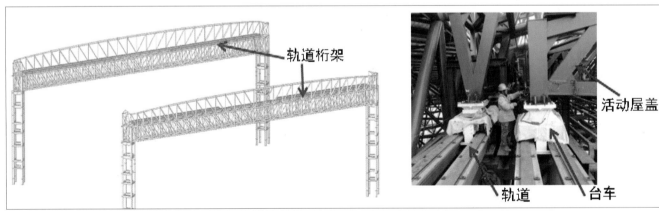

轨道桁架

活动屋盖

轨道　台车

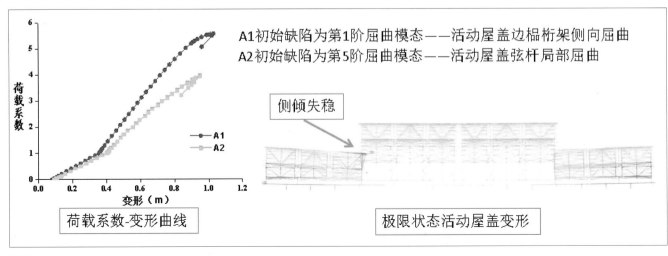

荷载系数

A1
A2

变形（m）

A1初始缺陷为第1阶屈曲模态——活动屋盖边榀桁架侧向屈曲
A2初始缺陷为第5阶屈曲模态——活动屋盖弦杆局部屈曲

侧倾失稳

荷载系数-变形曲线

极限状态活动屋盖变形

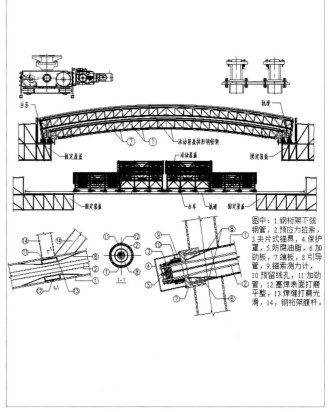

图中：1.钢桁架下弦钢管，2.预应力拉索，3.夹片式锚具，4.保护罩，5.防腐油脂，6.加劲板，7.端板，8.引导管，9.锚索测力计，10.预留线孔，11.加劲管，12.塞焊表面打磨平整，13.焊缝打磨光滑，14.钢桁架腹杆。

正佳海洋世界生物馆改造工程

设计单位：广东省建筑设计研究院
建设地点：广州市天河区天河路与体育东路交汇处
建筑面积：4 万 m²
设计时间：2014/2016
竣工时间：2016

设计团队：

陈 星　　　　张小良

林扑强　谭堂州　燕志刚　龙秀海　陈 航
彭文蔚

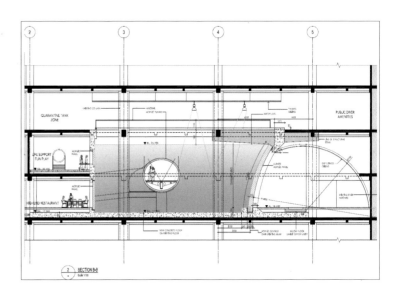

项目简介

　　正佳广场位于广东省广州市 CBD，天河路与体育东路交汇处，占地 5.7 万 m²，总建筑面积约 42 万 m²，地上 7 层，地下两层（局部三层），是一栋集娱乐、餐饮、休闲、旅游、商务等多功能于一体的大型综合体建筑。正佳海洋世界生物馆是对原有结构体系进行改造和加固设计

得以实现的，结构设计充分考虑了海洋馆大荷载的影响，采用了多项结构新技术确保建筑物安全，是原有商业综合体再开发利用升级的成功案例。综合改造如下：在建筑物 E 区（1~7 轴 ×D~N 轴）的二、三、四层修建大型水族馆，水族馆跨越 2 层（二层楼面至四层楼面）。其中主缸水深约 8.5m，中缸水深约 6.5m，小缸水深约 1~2m。将 4×H 轴的二层楼面至四层梁底柱子整体切除，4 层以上采用托梁转换。7 层夹层建造海洋剧场，水深约 4m，看台容纳观众约 1000 人。

工程设计项目特点简述：（1）通过增加钢板剪力墙，将原框架结构体系改造为框架 - 剪力墙结构体系。改变结构体系，提高了结构的抗震性能，保证了结构在地震下的安全；同时解决了框架柱因新旧规范的更替所产生的关于抗震等级的设计难题，避免了因抗震构造措施变更所产生的额外加固，节约了大量成本。（2）将原有桩基础改为桩箱基础。将底板柱子通过剪力墙连成一个整体，并且在底板面新浇捣 250 厚混凝土板与底板形成整体，将负二层、负一层组合成箱型基础。从而达到不破坏底板以提高基础承载力，调整建筑物因局部荷载加大所产生的不均匀沉降，并使工期明显缩短。（3）增加阻尼器与耗能斜撑，提高建筑物地震下延性。通过增加阻尼器与耗能斜撑，大部分的楼层剪力和楼层层间位移角均有明显的减小，中震及大震下减震效果明显，消减了增加巨大水池重量对抗震的不利影响。（4）截柱增加转换梁加固。转换梁采用创新型的窄、高型复合梁结构，在保证承载力的同时最大限度地减轻了梁自重，使基础富余得到进一步保证。（5）主缸底板区新型梁柱加固节点。新型节点通过增设两端刚性区来提高梁支座端的承载能力，降低对梁跨中的承载要求。

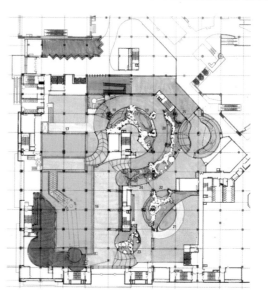

中国石油驻新疆乌鲁木齐企业联合指挥中心——生产办公区

设计单位：中信建筑设计研究总院有限公司
建设地点：新疆自治区乌鲁木齐市
建筑面积：139173m²
设计时间：2007-01/2008-01
竣工时间：2012-12

设计团队：

王　新　　　　金　波
胡意荣　杨　洁　温四清　张　浩　杨　蕾
邵国芬

项目简介

　　本工程主楼为位于8度区150m超高层建筑，建筑长宽比较大（长宽比2.5），在结构选型阶段，进行了多方案的结构方案比选。钢筋混凝土束筒结构、矩形钢管混凝土框架－钢支撑结构、钢框架－钢支撑结构。综合考虑建筑使用功能、抗震性能、施工的可行性、施工周期、经济性，最终选定钢框架－钢支撑结构的方案。结构进行多方面的计算分析，以保证结构的安全。采用具有高伸长率和高强度的Q345GJ钢材，以增加结构在地震作用下的高延性、节约钢材。团队在《建筑结构》、《钢结构》、《工业建筑》发表多篇论文，分别从结构选型、钢结构设计、静力弹塑性分析对本工程设计进行了介绍，为类似工程提供了设计借鉴。

普洱民族大剧院

设计单位: 云南省设计院集团
建设地点: 云南省普洱市
建筑面积: 27026.4m²
设计时间: 2007-09/2010-12
竣工时间: 2012-10

设计团队:

董卫青　　　　王宏伟
马　俊　刘　健　方志学

一、工程概况

　　普洱民族大剧院位于云南省普洱市,是以表演民族歌舞和民族声乐为主的大型综合性剧院建筑,由1267座剧场、473座音乐厅、227座新闻发布厅等组成。总建筑面积为27026.4m²,大屋面高18.2m,层数地上3层、地下局部3层。抗震设防分类为重点设防类,按8度0.2g第二组进行抗震设计。

二、结构设计特点

　　(1)采用对抗震有利的结构布置:采用不脱缝整体设计,使建筑高宽比达到了极低的0.174,通过合理和精细设计,上部结构用钢量仅为58kg/m²,经济性明显低于同类建筑。

　　(2)复杂结构的精细建模:本建筑平面和立面复杂,特殊构件较多,设计采用PMSAP的SpaceCAD模块和ETABS软件进行详细真实建模和对比分析,对斜梁、斜板、桁架、马道、楼梯等进行精细建模。

　　(3)高烈度区复杂结构抗震设计:通过调整结构布置或做法处理结构不规则问题,制定抗震性能目标,进行小震、中震和罕遇地震分析,对结构重要和薄弱部位、疏散通道等采取相应加强措施,确保结构抗震性能。

（4）结构设计与机电的统一设计方法：主台和观众厅大跨屋面采用桁架结构，葡萄架层和观众厅上空设备管线从桁架中间通过，大幅降低了建筑屋面高度，较好的实现了机电与结构设计的统一。

（5）采用了多种创新设计手段，如超深台仓设计、斜看台处理、"八字"梁布置楼座设计、采用斜板处理错层屋面、超长结构设计等；

（6）巧妙的装饰结构（茶笋）设计：外围装饰条悬出屋面达22m，设计选择装饰杆形成环向框架解决桁架稳定问题，较好的实现了建筑效果。

合肥新桥国际机场航站楼

设计单位：中国五洲工程设计集团有限公司
建设地点：合肥市肥西县高刘镇
建筑面积：111862m²
设计时间：2008-03/2009-12
竣工时间：2012-12

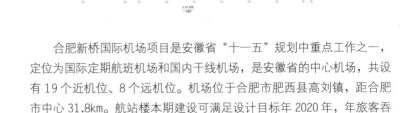

设计团队：

丁大益

郑岩

马冬霞 王 健 蒋湘闽 刘 威 邵庆良
舒 畅

合肥新桥国际机场项目是安徽省"十一五"规划中重点工作之一，定位为国际定期航班机场和国内干线机场，是安徽省的中心机场，共设有19个近机位、8个远机位。机场位于合肥市肥西县高刘镇，距合肥市中心31.8km。航站楼本期建设可满足设计目标年2020年，年旅客吞吐量1100万人次，高峰小时旅客量4031人，货邮吞吐量15万吨的需求。

航站楼是航站区的主要建筑，也是整个机场的中心建筑。本期航站楼设计为前列式布局，主楼居中坐落在南北主轴线上，平面呈曲线，正立面正对进场路，建筑造型轻巧独特、形态完整、视觉效果良好。航站楼位于基地北侧，长801m，最大进深159m。地上三层，局部四层。地下局部一层，建筑高度30m。

　　航站楼用地面积45168m²；总建筑面积111862m²，其中地上108125m²，地下3737m²；总用钢量（航站楼钢结构部分）约8700T；总投资（航站楼）约：11.48亿元。

　　建筑设计获得了第三届百年建筑优秀作品奖。

　　合肥新桥国际机场航站楼采用伸缩缝将其分成五部分，3区居中，1、2区与5、4区基本对称，1、5区采用钢框架结构，2、3、4区底部楼层采用大柱网预应力钢筋混凝土框架，屋盖采用大跨度钢结构体系，结构设计首次应用了立体桁架转换为箱型截面的新型转换节点，解决了大跨度钢结构关键节点技术问题，既减少了结构自重，节约了用钢量，又使得箱型斜柱外形简洁，节省空间，更好满足了建筑功能要求。对于箱型截面斜柱曲梁，首次提出基于性能化的箱型斜柱抗震设计方法和相应的壁板宽厚比限值，弥补了国家规范对轻屋盖大跨度、非地震作用控制的箱型截面构件宽厚比限值的不足，并直接应用于实际工程，取得了显著的经济效益。

　　研究成果推进了大跨度钢结构的应用发展；促进了节能环保和绿色建筑业的发展；提高了我国大跨度钢结构的整体技术水平。

苏州广播电视总台现代传媒广场

设计单位：中衡设计集团股份有限公司
合作单位：（国外）株式会社日建设计［方案设计（结构），初步设计（结构）］
建设地点：苏州工业园区南施街东，翠园路南
建筑面积：330778.89m²
设计时间：2010-09/2012-04
竣工时间：2016-04

设计团队：

张　谨　　　　谈丽华

塚越治夫　新亚宏　路江龙　杨律磊
王　伟　　傅根洲　杨伟兴　向　红

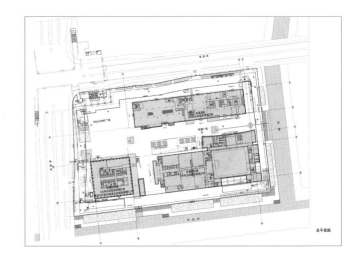

总平面图

项目简介

　　苏州广播电视总台现代传媒广场建筑造型优美，结构形式新颖，是苏州市乃至江苏省地标建筑之一。该项目建筑高度228m，结构屋面楼板高度近200m（顶部为钢结构花冠造型）。各单体建筑功能综合，包括高档办公、酒店、千人大型演播厅及结构悬挑16m的全隔音演播室等。建筑中高度接近70m、跨度40m的垂幕状中庭，连接两栋塔楼的M形大型钢结构雨棚，以及塔楼顶部自由曲面钢结构花冠造型等，均体现了结构与建筑、力与美的完美结合。

梧州市体育中心—体育场

设计单位：广西壮族自治区城乡规划设计院
建设地点：广西壮族自治区梧州市红岭新区
建筑面积：22113.65m²
设计时间：2010-10
竣工时间：2015-08

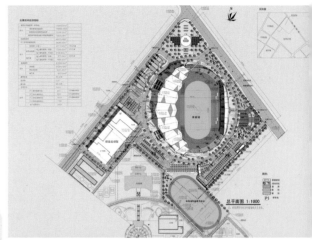

设计团队：

周德勋　　　　胡可莘　　　　彭　淳　　　　陆武南

崔　皓　　　　谢立冬　　　　黄志尚　　　　宁剑锋

一、结构体系创新，经济指标国际先进

西看台屋面首次在国内大型公共建筑中采用独立桅杆—斜拉折板桁架拱的多重复杂混合钢结构骨架体系，充分利用钢材受拉优势，44m 的大悬挑屋面计算用钢量仅 67kg/m²。

结构以 7 根 60 ~ 80 m 不等的倾斜独立梭形桅杆作为竖向构件，通过后部索体张拉，提供逆时针方向力矩，平衡自重下的顺时针方向力矩。同时，桁架端头穿索拉至地面，利用前后索对拉阻止拉索在风吸作用下退出工作。桁架前端的钢管拱则保障了桁架的侧向稳定。

二、节点构造创新，受力与立面和谐统一

为实现梭形桅杆的铰接要求，确保立面效果，支座构造通过平面外转角验算，扩大耳板间隙，使销轴支座适应双向铰假定的应用范围。

东看台屋面间隙节点则降低了84m切向长度产生的温度应力，为节点两侧杆件提供相互的竖向支承，保障立面连续。

三、分析计算全面，兼顾施工及后期维护

屋盖设计采用了ANSYS有限元软件进行了多次张拉的施工模拟计算，并对断索工况进行了分析，证明换索或意外断索时结构仍处于弹性状态，保障结构赘余度，实现了初始态设计要求。

中国博览会会展综合体——北块 B1 区

设计单位：清华大学建筑设计研究院有限公司
合作单位：华东建筑设计研究院有限公司
建设地点：上海市西部
建筑面积：147 万 m²
设计时间：2012/2013
竣工时间：2015-04

设计团队：

刘彦生

李 果 周建龙 经 杰 刘培祥 包联进
陈 宏 任晓勇

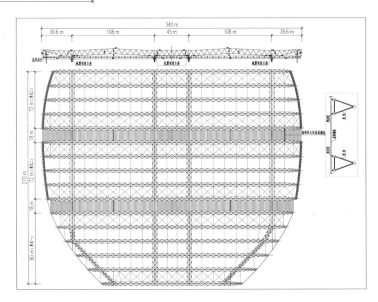

项目简介

本工程位于上海市西部，用地面积 85.6 公顷，总建筑面积 147
万 m²，会展面积 53 万 m²，无论在总体规模还是单体展厅规模上均为
当今世界之最。展厅为四叶草造型，分为 A、B、C、D 四个形状相似
且独立的展厅，其中 B 区展厅面积共 13.6 万 m²，建筑高度 43m，纵
向长度为 270m，横向总长度为 341m，屋顶结构标高 41.9m，无地下室。

重庆国瑞中心（建筑结构设计）

设计单位：重庆市设计院
建设地点：重庆市南岸区
建筑面积：102827.56m²
设计时间：2010-07/2013-11
竣工时间：2014-12

设计团队：

彭　友　　　　　舒云峰

苏卫东　林　锋　翟　影　李仁佩　谢壁联
申崇胜

项目简介

　　重庆国瑞中心，是一个含酒店、办公、剧院三大主要功能的超高层公共建筑。酒店塔楼结构高度202.4m，地上42层和地下3层，采用框架－核心筒结构体系；剧场及宴会厅建筑高度41.5m，地上7层和地下3层，采用框架－剪力墙结构体系。酒店塔楼结构单元高度超限，有两层通高的中空大堂，开洞造成这两层的结构刚度突变。剧场及宴会厅结构单元为大空间结构，楼层开大洞，对结构的刚度削弱很大。通过合理布置结构的框架柱及剪力墙，保证结构的平面和竖向刚度的均匀性，实现地震下结构的二道防线的目标。本工程的设计特点主要有：

　　1.基础抗滑移和抗倾覆验算

　　场地开挖后基岩出露，核心筒采用筏板基础、塔楼框架柱采用人工挖孔桩、车库框架柱采用独立柱基，埋深为结构高度的1/46。对于岩质地基，进行了抗滑移和抗倾覆验算，保证结构在各工况下的抗倾覆和抗滑移稳定性。

　　2.屈曲约束支撑的应用

　　在首层、25层设置了屈曲约束支撑，减小楼层的刚度突变，提高结构抗震性能。在中震作用下，屈曲约束支撑率先屈服耗能，保护梁柱等重要的主体结构在中震下不屈服；大震下，屈曲支撑变形能力强，滞回性能好，能参与耗能，使结构真正做到大震安全。采用规格为TJ-E235-280-W的耗能型屈曲约束支撑，与主体结构外包钢板后，采用焊接连接方式。

方案一鸟瞰

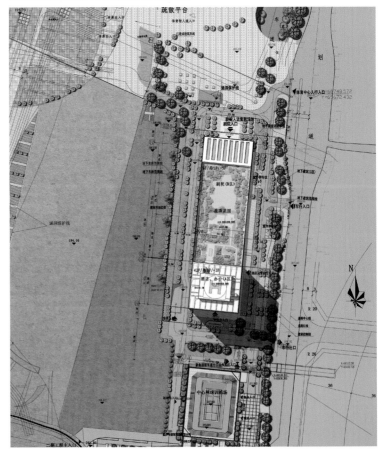

3. 型钢混凝土柱的应用

酒店塔楼采用了型钢混凝土柱，增加建筑使用面积，提高框架柱延性，减小柱子截面、增大建筑使用面积，经济效益明显。混凝土梁纵筋与型钢混凝土柱的连接，采用了套筒连接和连接板连接两种方式配合使用，有效提高了施工效率和施工质量。

4. 大跨度预应力技术的应用

剧场屋面最大跨度 31.4m，而且设计活荷载很大，采用了框架梁 500×2400 和非框架梁 500×2200 预应力梁。采用抗扭刚度不折减的结果设计主梁抗扭；顶层边柱设置无粘结预应力筋提高其抗裂性能。宴会厅、中餐厅两个楼层 17.1m 大跨度主梁与 26m 大跨度次梁，也采用了预应力混凝土技术。

5. 悬挑看台预应力梁的应用

两层剧场楼座看台悬挑，最大悬挑净尺寸为 7.4m，悬挑梁高度限制为 850mm，采用预应力悬挑梁解决挠度和裂缝问题。

6. 斜撑转换

为满足剧场侧台建筑功能要求，剧场的 4 根框架柱不能落地，采取了设置人字形桁架转换的方式，达到经济合理的要求。

7. 酒店入口悬挑 12m 钢桁架雨篷

在上部结构已经施工的情况下，需要在酒店和宴会厅入口增设 12m 的悬挑酒店入口雨篷，并不能设置斜向拉杆；选取为附着于主体结构的轻钢管桁架悬挑雨篷。

8. 剧场主入口螺旋楼梯

剧场主入口部位，为解决一层大厅和二、三层楼座之间的竖向交通，设置钢筋混凝土螺旋楼梯。

贵港市体育中心主体育场
（建筑结构专业项目）

设计单位：广西壮族自治区建筑科学研究设计院
建设地点：广西贵港市
建筑面积：43988.99m²
设计日期：2011-08
竣工日期：2016-03

设计团队：

李杰成　　　　　谢雪玲

程国红　卢宏　韦亮　陈远森　柯晓灵
金逸鲜

技术难点和创新：

1. 锥形膜结构采用钢管对角交叉刚性支撑，使罩棚形成一个整体的交叉杆系的水平支撑系统，加强主体管桁罩棚的水平和竖向的整体性和稳定性，获得更好的空间刚度、增加屋面整体刚度和协调变形。与传统的"飞柱"形式相比，减少了水平支撑体系、又增强了钢罩蓬的整体刚度和稳定性，罩棚桁架整体变形的协同性能更好，保证大悬挑檐口线平滑美观，减少了用钢量。该方案工人可以在膜上部进行张紧膜层操作，减少搭设满堂高大脚手架，节约巨额脚手架费用，取得良好的经济效益。

2. 国内首次采用膜面"锣杆顶升活套环张膜体系"，四根对角交叉的刚性支撑交点上设置"锣杆顶升活套环"来顶升和张紧 PTFE 膜。这种创新技术体系和常见的飞柱体系不同，工人在膜顶面操作收紧锣杆顶升活套环，使顶膜板顶升逐步张紧，至 PTFE 膜达到设计要求后拧紧螺母固定。造价仅为传统 "飞柱" 体系的一半左右。

3. 应用先进的温度应力控制技术，通过巧妙设置端部多个滑动支座来解决钢结构挑蓬超长导致的温度应力影响，既减少了用钢量，又解决了温度应力问题，取得了良好的效果。

获奖情况：

◆ 2017 第十届 "中国空间结构设计金奖"

◆ 2017 年度 "南宁市优秀工程勘察设计特等奖"

◆ 2017 年 "广西优秀工程勘察设计一等奖"

◆ 2017 年 "广西优秀勘察设计奖（专项类）建筑结构专业一等奖"

◆ 2015 年度 "中国钢结构金奖"（国家优质工程）

◆ 2016-2017 年度 "广西优质工程奖"

◆ 2016-2017 年度 "国家优质工程奖"

◆ 2017 年度 "中国勘察设计行业奖结构专业项目三等奖"

PTFE 膜帽刚性帽撑及活塞式顶升套筒

PTFE 膜帽外观顶升螺杆

透明 ETFE 索膜体系

滑动支座

2017 年度中国建筑设计行业奖
作品集

绿 | 建 | 类

东湖国家自主创新示范区公共服务中心绿色建筑工程设计

设计单位：中信建筑设计研究总院有限公司
合作单位：美国这方建筑师事务所 Zephyr(US) Architects P.C
建设地点：武汉光谷
建筑面积：147391㎡
设计时间：2011
竣工时间：2014

设计团队：

汤 群 　　　　杨勇凯

赵仲贵　邹淄旻　王 新　谢丽萍　王 疆
喻 辉

一、设计理念

利用地形特点，建立一个与自然环境协调的生态场所，而不是做一个单体建筑，由建筑群围合成几个空间各异的院落。

二、技术创新

结合地形高差设计架空停车区。

利用场地低洼水塘设计为景观水池，作为雨水收集系统蓄水池。

建筑设计采用局部架空，形成通风廊道，增加园区内部行人舒适度，在采用架空设计前后，场地平均风速由1.2m/s提升至1.8m/s。

三、绿色技术

1）多层次的绿化——屋顶绿化、透水地面、下沉庭院，室外透水地面面积比达到了 53.4%；

2）温湿度独立系统——年节能量 5 万 kWh；

3）可再生能源利用——太阳能集热系统提供热水量比例达 48.4%；

4）能源监控平台——提供数据报表与趋势分析表，实现节能管理

5）场地雨水收集——年节约水费约 2.26 万元；

6）建筑外遮阳一体化——降低太阳辐射，防止室内眩光；

7）自然采光——采用小进深使室内 76.7% 的面积满足采光要求；

8）自然通风——过渡季节部分取代空调的作用；

9）空气监控系统——通过 CO 感应器实现通风调节提升室内环境。获得住建部颁发的三星级绿色建筑设计标识证书。

上海自然博物馆（上海科技馆分馆）

设计单位：同济大学建筑设计研究院（集团）有限公司
合作单位：PERKINS+WELL 设计事务所
建设地点：上海市静安区
建筑面积：45086m²
设计时间：2007
竣工时间：2014

设计团队：

丁洁民　　　　陈剑秋

丁洁民　陈剑秋　车学娅　汪　铮　雷　涛
杨　民　钱必华　蔡英琪

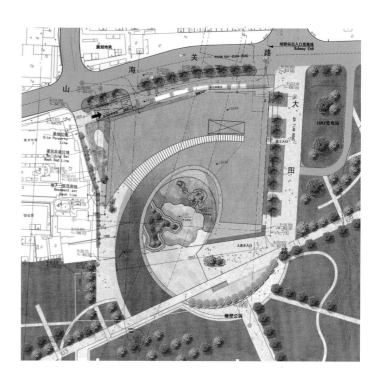

一、设计理念

城市绿螺，建筑的整体形态灵感来源于绿螺的壳体形式。

二、项目特殊性

地下空间、轨道交通贯穿、细胞墙、展品存量、展示手段，将名列国内三大自然博物馆的前茅；项目达到绿色三星和 LEED 金奖标准。

三、技术难点以及技术创新

建筑主体空间设计丰富，主要展示空间位于地下，但设计之后保证了各层能够自然采光；地下室有超深、高大空间、楼板大开洞的特点，基础底板下有地铁 13 号线区间隧道贯通布置并整体连接；建筑主立面设置有一片形式为植物细胞形状的约 35m 高的格构式墙体，沿中庭全高设置，采用空间杆系的钢结构体系，使整片墙体的结构布置与建筑造型完美结合。

项目通过十二大生态节能技术体系实现绿色节能目标：建筑节能幕墙、绿化隔热外墙及绿化屋面一体化、地源热泵技术、热回收技术、太阳能综合利用、自然通风策略、自然光导光技术、雨水回收系统、绿色照明、绿色建材、生态节能集控管理平台、全寿命研究平台。上海自然博物馆运用适应的生态节能技术，成为绿色、生态、节能、智能建筑的典范。

"幸福堡"综合楼超低能耗建筑示范项目

设计单位：新疆维吾尔自治区建筑设计研究院
合作单位：德国文化桥建筑设计事务所
建设地点：新疆乌鲁木齐市天山区幸福路
建筑面积：7790.26 ㎡
设计时间：2011-10
竣工时间：2014-10

设计团队：

王维毅　　　　　刘　鸣

田敏敏　万小波　王　亮　王柯全　周旭辉
杜文旭

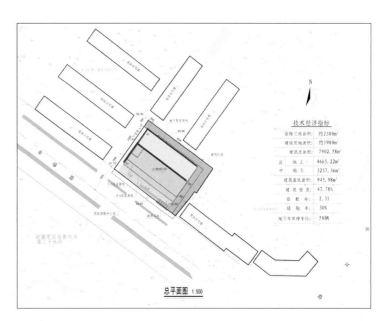

总平面图 1:500

幸福堡工程技术措施及特点

1. 优异的外围护保温性能：外墙、屋面、外挑楼板、地下车库顶等处采用优质高效的保温材料，外墙聚苯板厚度达到 300 厚，并错缝拼贴。屋面设 300 厚 XPS 保温，地下室外墙设 300 厚 XPS 保温，深度达到 — 5.7m；地下二层车库顶采用 250 厚憎水玻璃棉。这些保温措施就像羽绒服，具有优良的保温隔热性能，使热量不易散出。K 值 ≤ 0.15（传热系数）。普通公建外墙、屋面、外挑楼板的 eps 保温层厚度大多在 100 厚以内，K 值 ≥ 0.25。地下室外墙无保温层。

2. 优质的外窗质量及其保温隔热性能：门窗采用 80 系列 6 腔三密封塑料窗，内设增强纤维材料不用钢衬，减轻了重量并增强隔热性能，窗玻璃为三层 Low-E 玻璃 + 惰性气体。内开内倒，方便开启。（K 值 = 0.8，目前国内通用窗户 K 值在 1.5 至 2.8 之间）。

3. 优异的外围墙体绝热性能：外围护保温形成封闭的厚壳，没有漏洞。建筑为悬挂式铝合金装饰幕墙，幕墙只用极少的挑梁承担结构，大量减少普通幕墙结构所见的热桥。外窗采用悬挂结构，与墙体交接处避免了热桥。

4. 高效的空气热回收新风系统：空气热回收效率 ≥ 75%，二氧化碳含量 ≤ 1000，在节能的同时保证室内空气清新，甚至 $PM_{2.5}$ 优于室外。

5. 密闭的围护结构：传统的建筑外门、窗、管道周边缝隙，在施工隐蔽位置留有空、洞、缝隙造成大量冷风侵入。这一现象会引起大量热损失。只有通过严格的建筑气密性实测，才能保证建筑的漏气量控制在一定范围内。本工程外门窗、外墙采用密闭的构造设计，在施工阶段努力避免漏洞及缝隙，并经过气密性测试实验，大量减少室内空气与室外空气的对流。避免室内热量的对流热损失。在压差 50Pa 时，建筑换气次数 ≤ 0.6 次 / 小时。

6. 结构科学、美观，空间利用率高。采用框架剪力墙空心大板（楼板厚 350），没有结构梁，层间隔声、隔热性能良好。空间利用率高，房屋净高大。

7. 采暖系统为地盘管辐射供暖、制冷。

8. 1 ～ 3 层设有中庭，一侧玻璃幕墙可电动开启，有利夏季通风换气。低压配电设计采用了光伏发电系统。

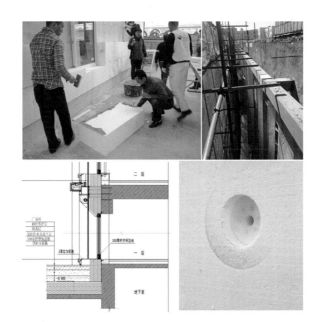

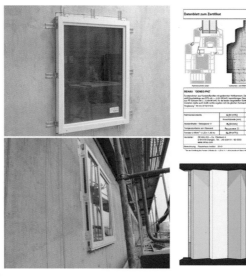

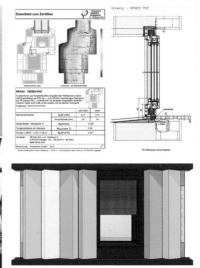

安徽省城乡规划建设大厦

设计单位：安徽省建筑设计研究总院股份有限公司
建设地点：安徽省合肥市滨湖新区
建筑面积：46617m²
设计时间：2012-03
竣工时间：2016-03

设计团队：

　　左玉琅　　　　　　陈　静

王　勤　谢亦伟　刘　辛　毕丽敏　李锦进
陈建辉

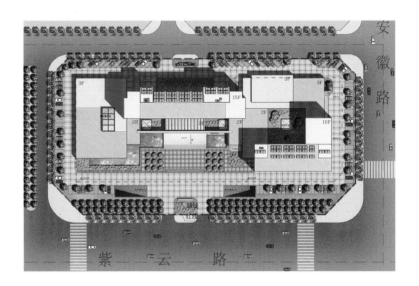

设计理念

　　本项目作为政府办公建筑，秉承理性、绿色、体现地方文化特色的设计理念，理性对待场地、绿色、形体、地方文化特色表达。

　　理性：本项目的设计与建设坚持适用、经济、绿色、美观的建筑设计原则，依据其功能关系，形体富于变化，体型简约，符合政府办公建筑低调不张扬的特性。

　　绿色：在本项目的绿色实践中，提出"有限舒适、接近自然"绿色设计理念。主要体现在自然通风、自然采光、延长过渡季。底层架空、浅进深、室内共享空间改善空间环境；可调节遮阳、电风扇改善人体感觉；中庭内院让阳光洒满大小空间。本项目已获得中国绿色三星级设计标识，为办公建筑绿色样板。

　　地方文化特性：充分结合安徽地域建筑文化特色，体现皖南建筑空间聚落感。

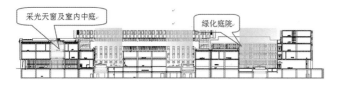
裙房中庭、庭院采光示意

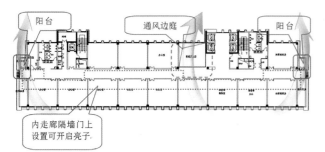
标准层平面，改善通风采光效果

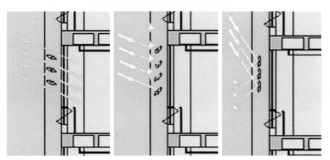
手动可调节水平遮阳剖面示意图

外遮阳实景
垂直外遮阳与水平外遮阳相结合，降低太阳辐射热对室内环境的影响

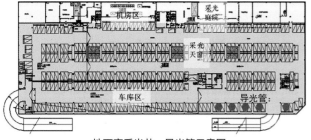
地下室采光井、导光管示意图

景观门厅，两侧均设绿化庭院

辅楼一层架空，提高空间渗透性

绿化庭院内景

主楼架空层实景

屋顶绿化实景

设备集中布置，增加绿化面积

屋顶垂直绿化实景

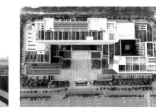
屋顶景观全景

地下整洁有序

天津大学 15 教学楼（生命科学学院）绿色化改造工程

设计单位：天津大学建筑设计研究院
建设地点：天津大学校园内
建筑面积：5380m²
设计时间：2012-11
竣工时间：2013-10

设计团队：

高 伦　　　　刘丛红

李 杜　窦玉斌　王丽文　刘小林　谭 浩
杨 壑

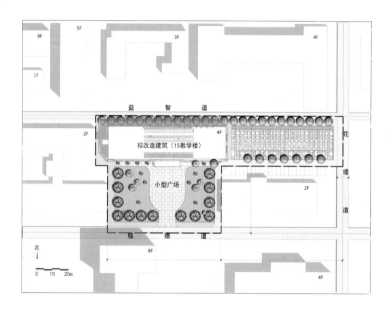

一、设计理念

原有建筑为 4 层普通教学楼，经过多年使用，建筑外墙出现破损，整体能耗水耗高、舒适性差，难以满足使用要求。改造工程将被动式改造策略与主动技术融合在一起，创造出崭新的建筑形象。本项目通过绿色建筑二星级。

二、特色技术

方案通过保留场地内原有树木、设置透水地面、利用太阳能空调、围护结构节能改造、外立面设计功能性钢构架、更换节水设备与中水利用、能耗分类分项计量等绿色化改造策略，综合实现建筑室内外环境质量与外部形象的显著提升。在原墙体的外侧新增模数化的钢构架可以承托改造新增的结构荷载，同时遮阳、引导竖向绿化、遮蔽实验室通风竖井，实现建设方对于建筑形象创新的诉求。

三、技术成效

改造工程保留场地生态环境，建筑节能节水效果优异相对改造前，年节能量约为 151716kWh，节能率 24.2%，折合 12.1 万元，年节约用水量 3788m³，节水率 21.7%，折合 1.76 万元。

提升建筑设计企业管理水平

促进建筑设计行业创新发展

设计与管理

建筑匠人

中国勘察设计协会
建筑设计分会
网址：www.jzsjfh.com

图书在版编目(CIP)数据

中国建筑设计行业奖作品集 ：2017年度全国优秀工程勘察设计行业奖获奖项目选登 ／ 中国勘察设计协会建筑设计分会编．-- 北京 ：中国建材工业出版社，2018.8

ISBN 978-7-5160-2262-7

Ⅰ．①中… Ⅱ．①中… Ⅲ．①建筑设计－作品集－中国－现代 Ⅳ．①TU206

中国版本图书馆CIP数据核字(2018)第103362号

中国建筑设计行业奖作品集：2017年度全国优秀工程勘察设计行业奖获奖项目选登

中国勘察设计协会建筑设计分会 　编

出版发行：中国建材工业出版社
地　　址：北京市海淀区三里河路1号
邮　　编：100044
经　　销：全国各地新华书店
印　　刷：北京天恒嘉业印刷有限公司
开　　本：889mm×1194mm 　　1/16
印　　张：55.5
字　　数：1700千字
版　　次：2018年8月第1版
印　　次：2018年8月第1次
定　　价：480.00元